U0517561

教育部人文社会科学青年项目
杭州师范大学“望道青年学者激励项目”
浙江省社科规划项目成果

西方德性伦理传统批判

胡祎赟 著

中国社会科学出版社

图书在版编目（CIP）数据

西方德性伦理传统批判 / 胡祎赟著. — 北京：中国社会科学出版社，2016.1
ISBN 978-7-5161-7325-1

Ⅰ.①西… Ⅱ.①胡… Ⅲ.①伦理学—思想史—西方国家 Ⅳ.①B82-095

中国版本图书馆CIP数据核字(2015)第300918号

出 版 人 赵剑英
责任编辑 凌金良
责任校对 闫 萃
责任印制 张雪娇

出　　版 中国社会科学出版社
社　　址 北京鼓楼西大街甲 158 号
邮　　编 100720
网　　址 http://www.csspw.cn
发 行 部 010-84083685
门 市 部 010-84029450
经　　销 新华书店及其他书店

印　　刷 北京金瀑印刷有限公司
装　　订 廊坊市广阳区广增装订厂
版　　次 2016 年 1 月第 1 版
印　　次 2016 年 1 月第 1 次印刷

开　　本 710×1000 1/16
印　　张 19.25
字　　数 255 千字
定　　价 78.00 元

凡购买中国社会科学出版社图书，如有质量问题请与本社营销中心联系调换
电话：010-84083683

目录

序

20 世纪 90 年代，针对我国道德建设中存在的问题，不少学者开始从制度层面拓展伦理学研究，提出了一些富有启发性的观点，其中，最引人注目的是对所谓“制度伦理”的讨论。我虽然并不否认道德建设中引入制度因素的必要性甚至重要性，但对当时一些过于倚重制度来拯救道德甚至呼吁将道德法律化的观点却极不以为然。在我看来，道德虽然需要制度的支持，但道德又不止于制度或不能完全归结为制度。如果把道德建设等同于制度建设，或者完全诉诸法律等外在制约来推行道德，那么，康德所说的道德的独特方面即自律性便不复存在或无以催生，如此得以保留的道德还能叫做道德吗？如此之道德约束又与法律约束、纪律约束等有什么质的区别呢？

基于这些考虑，我针对上述问题专门写了一篇文章：《道德建设：从制度伦理、伦理制度到德性伦理》（全文载香港出版的《中国社会科学季刊》1999 年冬季号，内地刊物《学习与探索》2000年第1期刊发该文的压缩版）。在该文中，我明确指出："建立和完善制度伦理、伦理制度，是道德建设的基础任务。但是，道德建设又不能局限于、止步于制度伦理、伦理制度。"

在我看来，实现制度伦理、伦理制度的外在约束，虽然不可或缺，但只是道德建设中的低层次的任务。有关道德的各种规范、制度，毕竟总是以外在于人的形式存在的。只要人还没有形成内在的德性，还没有成为真正的自由的道德主体，有关道德的规范、制度的道德意义就是不完全的，因为在规范、制度的压力、强制下，可能导致产生某些合于道德却又并非出于道德的行为。而使人的品质德性化，造就出高于制度伦理、伦理制度的德性伦理，才是道德建设所应达到的更为重要、更为根本的目标。既"得于心"又"形于外"的德性，使得人的行为不仅合乎道德，而且出于道德。依凭德性的伦理，即德性伦理，因此而具有完全的道德意义。因此，在当时那种制度伦理高歌猛进甚至几乎形成制度崇拜的情况下，我觉得尤有必要提醒人们不要忘了德性伦理，应当在德性伦理研究方面有更多更重要的突破。在上面那篇文章发表之后，我自己将主要精力调整到对德性伦理的研究，打算先对中国伦理思想史上的一些基本的德性范畴进行梳理。于是，就有了《"让"的伦理分析》、《"俭"的道德价值》、《慎微与慎独》、《论诚信》、《"谦"的德性传统及其当代命运》及《"勇"德的中西异同及其扬弃》等论文的形成与发表。

2000年，受信息化背景下形成的信息经济学、信息法学的启发和影响，我认识到信息伦理问题可能是当代社会变化中最需要引起人们关注的问题，信息伦理研究此时已显示出其必要性和紧迫性。在这种情况下，我决定暂时搁置德性伦理研究，将主要精力和时间投入到对信息伦理问题的探讨。虽然如此，但我仍然觉得对德性伦理问题的研究不能放松或完全停下来。为了解决德性伦理研究与信息伦理研究之间在精力与时间上的矛盾，我在主要由自己进行信息伦理研究的同时，决定在我的博士生中选择资质、基础较好者从事德性伦理方面的研究。本书的作者胡祎赟，就是第一个按照我的要求展开德性伦理研究的博士生。

胡祎赟的这部专著，由其博士论文充实、修订而成，其主题是对于西方德性伦理传统失落原因的探究。我之所以向他提出这样的研究选题，是因为我已经开始了对中国传统德性伦理的梳理，而与之相对应的西方传统德性伦理是亟待有人予以专门研究的问题——因为只有在中西德性伦理的相互对比、彼此观照之中，才有可能科学地发现德性伦理兴衰的规律，才有可能为德性伦理的当代振兴和发展给出可行的方案和举措。麦金太尔在诊断当代西方社会的道德症状时，曾开出回到亚里士多德的处方。大家知道，亚里士多德是公认的德性伦理学的古典代表。但看到麦金太尔的这一观点后，我感觉可能有一定的问题，因为在西方社会的发展过程中，其德性传统的失落一定有其特定的历史原因，这样的历史原因其实也就表明了西方传统德性伦理失落的历史必然性；而且亚里士多德所处的时代，已不能同当代西方社会同日而语，故对于当代西方社会的道德问题，大概也不是通过简单地回到亚里士多德就能够解决的。这些只是我当时的一些直觉，但要真正立论则必须有扎实而细致的研究作为支撑。应当说，胡祎赟在脱产攻读博士学位的三年期间，克服重重困难，为完成我交给他的这个课题下了很大的功夫。在他攻读博士学位时，我经常去检查学生的学习情况，每次检查中他提交给我的读书笔记都是最多的，从几大本写得密密麻麻的笔记本上，我看到了他学习、思考的勤奋和刻苦。功夫不负苦心人，现在出版的这部著作，表明他较好地完成了我所托付的任务，为解答我提出的问题提交了一份让我比较满意的答卷。特别应当指出的是，胡祎赟从两个重要的方面揭示了西方传统德性伦理式微的思想根源：一是从特定的文化背景来展示德性伦理传统的淡出；二是从伦理思想本身的演进轨迹来透视德性伦理传统的式微。在这个基础上，他进一步指出，德性伦理传统式微的根本原因在于社会结构的转型。如此一来，麦金太尔为西方社会道德病开出的回到亚里士多德的处方，就有充分理由为人们所弃用了。然而，胡祎赟并没有完全否定麦金太尔对德性伦理的高扬，他之所谓现代性伦理应该是规范伦理与德性伦理之统一的观点，其实也吸取了麦金太尔思想中的积极因素，从而为现代性社会的道德建设提供了一种扬弃了各种偏颇主张之弊端的辩证框架。

胡祎赟为我指导的博士们的德性伦理研究序列开了一个好头，之后的赵永刚、黎良华，沿着德性伦理研究的方向继续努力，在这方面做出了更为深入的研究。读到他们的研究成果，我每每感到欣慰，每每有青出于蓝而胜于蓝的喜悦，又时常有一种对已经中断多年的德性伦理研究的眷念和不舍。其实，在我内心深处，始终存在着对德性伦理的根深蒂固的热爱与向往，这似乎成了永远也挥之不去的情结。总有一天，我会回到德性伦理的研究之中。待我将目前尚在进行的其他研究项目结束之后，我一定会重新拾起德性伦理的课题，与我的弟子们共同推进这方面研究的发展！

是为序。

吕耀怀
2015 年 7 月 28 日
于长沙岳麓山下

导论：德性的求索

一言以蔽之：做个圣徒。一切人生要义尽在于此。美德是至善的链条，是一切快乐和幸福的中心。它能使人谨慎、明辨、机敏、通达、明智、勇敢、慎重、诚实、可敬、真实……总而言之，使你成为一个功德圆满的人。有三件事使人获得幸福：圣洁、智慧及明慎。美德是尘世的太阳，这个太阳有一半是由良心构成的。美德是如此让人喜爱，既赢得了上帝的恩爱，又获得了人类的善意。没有什么比美德更可爱，比邪恶更可恨的了。只有美德是真实的，其余的东西都是虚伪的。个人的才华和伟大依存于美德，而非取决于财势。只有美德是自满自足的。它使我们爱惜生者，记住逝者。①

——巴尔塔沙 · 葛拉西安

① ［西］巴尔塔沙·葛拉西安：《智慧书》，李汉昭译，哈尔滨出版社2004年版，第300页。

第一节　研究的缘起

希腊有日出，喷薄欲破晓。理性或德性之光照耀下的西方道德形而上学，经过两千多年的逻辑演绎，步入21世纪的困境。昔日奥林匹亚山上辉煌的日出，现代竟要沦为悲壮的日落，难道信仰真的要向我们呈现出一副撒娇的姿态？精神也要随同功利主义的狂热和躁动而日益媚俗？德性真的要从往日观照我们心性生活的中心位置而退居到现代人精神生活的边缘？

追求秩序的和谐是人类永恒的主题，不管是内在生活世界还是外在生活世界，基本的秩序都是不可或缺的。德性是内在秩序的根源。它使人类超越自然属性的羁绊和生理本能的绝对驱使，成为一种能够自我节制的社会存在。德性使人类具有了道德意义上的自我创设能力，它以其根源于超越性的观念力，永远深情地眷顾着人性的提升、人情的陶冶和美好习俗的护养，承担起为人类构筑精神家园，为人之为人确立形而上学基础的历史使命。正是在这个意义上，德性就是人在不断超越自身自然属性的过程中所获得的一种人性上内在的“卓越或优秀”。

从伦理思想演变的逻辑来说，自人类进入文明社会之后，德性之光始终照耀着人的精神世界，提升着人的生命质量。德性问题在中西方伦理学史上曾一度占有非常重要的地位，以至于当代学者在论及德性伦理时，他们思维的视觉仍要回溯到德性的悠久传统，从中挖掘具有现代意义的伦理资源和吸收伟大的心灵为人类缔造的伦理智慧。在人们的道德生活中，不可能没有或丢失美德。人在道德生活中追求崇高和自我完善的愿望和努力是伴随着人类整个历史过程的。不断地走向完善，这是人类的理想和使命。“道德是主体基于自身人性完善和社会关系完善的需要而在人类现实生活中创造出来的一种文化价值观念、规范及其实践活动。”[①]作为一名严肃的理论学习和研究者，我们无法割裂与传统的脐带，也无法拒绝人类以往的思想家给我们的理论遗传。我们理当在对传统的反观中寻求文化再生的有效途径。

现代性的经济合理性、政治合法性在逻辑上的必然要求是伦理价值的普遍性。这种伦理价值的普遍性在伦理学的知识形态上的表现就是以理性为基础搭建的诸种形态的规范伦理。事实上，现代性价值谱系具有两面性。根本而言，社会的发展不仅要关注个人的物质利益、权利、自由和规则等，而且更要追求个人、共同体的内在利益、内在秩序和心性的完美。规则伦理和德性伦理都有各自的理论限度。从其现实性上讲，规范伦理确实有对现实道德生活引导的先天品格，这是一个不争的逻辑必然。然而，就伦理学自身的品格和道德的运行机制、目标而言，规范伦理还不能穷尽所有的理论和实践问题，还应诉诸德性伦理。

西方德性伦理传统是西方道德思维代表自己的时代对社会道德生活、伦理秩序的关注、对人格力量的探索、人类命运的反思和把握。中西方哲学思维的内在差别造成中西方伦理思想和价值观念的本质性差异，但是，各民族文化不仅有其特殊性，而且存在着共同性。现代化是中国社会既必须面对又无法逃避的现实。审视西方的根本是为了反观自身。今天，我们正在现代化的道路上迅猛前进，我们的社会制度、经济结构和文化制度正在急剧地转型之中，这种全方位的转型正在改变着广大民众的生活态度、价值观念、思维方式和行为方式。现代化不仅仅是一种制度方式，而且是

① 肖群忠：《道德究竟是什么》，《西北师范大学学报》2004 年第 6 期。

一种文化生存样态，现代化从某种程度上可以说就是工业化。西方德性伦理传统的断裂和在现代社会生活中的边缘化正是西方现代道德困境的理论表现，西方社会在工业化过程中出现的道德困境，我们正在遇到或者即将遇到，这是历史的必然趋势。在社会由传统向现代转型中，我们的德性传统也出现了断裂。他山之石，可以攻玉；前车之鉴，后人之师。研究西方德性思想、关注我国的道德现实是我们的义务和责任。通过对西方德性伦理传统相关问题的讨论，如何思考现代性规范伦理与德性伦理各自的理论限度，探索一条超越德性伦理与规范伦理的对峙的路径，是本书研究的理论归宿，同时也是本书研究的目的所在。

第二节　研究的思路

在展示西方德性伦理传统样态之前，我们对“arête”（德性）的含义做了文本学意义上的诠释，并对德性伦理做了一种道德类型学意义上的说明。在古希腊文化的源头，“arête”用来指称任何事物的特长、用处和功能。古希腊人除了对自然界中其他事物的功能用“arête”表示以外，对人的品性、特长、优点、技艺和才能也是用“arête”来描述的。“arête”获得伦理学上的意义经过了一个比较漫长的演化过程。作为一种道德类型学意义上的德性伦理，这一概念的意义不仅仅体现在学术分类上，而且它对于我们理解本书的核心问题具有关键性的作用。

对于德性伦理问题的说明，本书是从构成西方文化的源头之一的《荷马史诗》所描述的神话世界开始的，对于这一思路的合法性问题，我们在正文中将给予必要的澄清。然后主要考察了希腊城邦世界中的德性观。希腊城邦中的德性观，主要以苏格拉底、柏拉图和亚里士多德的德性思想为主。之所以这样安排，主要基于两个方面的考虑：一方面，他们师徒三人不仅仅在一般的哲学思想上存在着一种逻辑上的内在联系，而且在德性问题上更是如此，这一点是不容否认的；另一方面，从当时社会的客观现实来说，作为一种城邦伦理，它经历了一个逐步完善的过程。具体来说，在历史由神话解释的世界向实体生活的城邦共同体演进的过程中，随着社会结构的变化，德性的内涵也发生了显著的变化。在英雄社会，一种德性就是一种品质，它的表现形式就是某人能够完满地履行他被明确规定了的社会角色所要求的义务。“除非我们先了解了荷马社会中的关键性的社会角色和每个社会角色的要求，否则我们不能弄清荷马列出的德性。担负某种角色的人应当做什么的概念先于德性的概念，只有通过前者，后者才有实际意义。”[①] 在雅典城邦中，智者的相对主义思想使得当时人们的价值观念出现了无所适从的状态。为了追求一种绝对的、具有永恒意义的道德价值，苏格拉底和柏拉图都为之进行了不懈的努力。苏格拉底的“德性即知识”明确肯定理性知识在人的道德生活中的决定作用，这就在古希腊哲学乃至整个西方哲学中首次建立起一种理性主义的道德哲学，赋予道德价值以客观性、确定性和普遍规范性。柏拉图从人的灵魂状态出发，对于德性做了讨论。尽管苏格拉底和柏拉图的德性观不尽合理，但他们的工作为亚里士多德伦理体系的诞生准备了思想条件。同时，希腊城邦的完型，则为他伦理思想的完型提供了现实的社会条件。到了亚里士多德的城邦社会中，德性演化为一种能够促使人接近实现人的特有目的的品质。拥有德性就会使一个人获得幸福，缺

① [美]麦金太尔：《德性之后》，龚群等译，中国社会科学出版社1995年版，第232—233页。

少德性就会妨碍行为者达到实现幸福的目的。

本书对希腊化罗马时期思想家在德性问题上的看法做了比较简单的分析，主要是因为这一时期思想家们在伦理学方面没有什么大的创新，他们基本是继承了亚里士多德的伦理思想，并把他的理论付诸道德实践。最后，我们对奥古斯丁和托马斯·阿奎那的德性思想做了一个基本的概括，重点在于对托马斯·阿奎那德性论的说明上。这样安排的原因在于两个方面，一是托马斯·阿奎那是中世纪经院哲学的集大成者。他在伦理学上的贡献就是以亚里士多德德性体系为框架，建立了比较完备的基督教德性伦理思想。在他的德性论中，对于德性的定义、德性的类别等做了神学意义上的论证。二是我们将在后文提出与麦金太尔对于这个问题上的不同态度：麦金太尔认为，托马斯·阿奎那的德性论构成了亚里士多德德性传统的一个有机组成部分；而我们则认为，托马斯·阿奎那对亚里士多德德性论的神学改造，恰恰在客观上促进了德性伦理向规范伦理的转化。这一点可能是麦金太尔本人始料未及的，而这也正好构成了本书对麦金太尔德性论批判的一个重要方面。以上是第一章的主要内容。

在第二章中，对德性伦理式微的思想文化原因做了必要的分析。麦金太尔认为，在亚里士多德目的论的伦理学体系中，存在着一种“偶然成为的人”与“一旦认识到自身的基本本性后可能成为的人”之间的重要对比。伦理学的任务就是教导人们明白如何从前一种状态转化为后一种状态。据此，伦理学必须以对人的潜在的能力和行动的说明为前提条件，以对作为一个有理性的动物的本质的解释为前提条件，更重要的是建立各种德性禁绝各种恶行的戒律，教导我们如何从潜能过渡到行为，如何认识我们的真实本性，如何达到我们真正的目的。麦金太尔认为，包括休谟和康德在内的近代以来的西方道德理论家，他们都抽掉了上述三个方面中非常重要的一个环节，即“一旦认识到自身的基本本性后可能成为的人”这一因素彻底被放逐，这就意味着现代道德理论放弃了目的论的观念，也即他们把理想人格这一超验因素丢弃了。在麦金太尔看来，现代伦理学背离了人类道德生活的内在目的、意义和品格基础，使道德成为纯粹外在的约束性规范，这在功利主义伦理学和义务论伦理学中表现得淋漓尽致。

应该说，麦金太尔对现代西方社会道德困境及其根源的诊断是不无启发意义的，这为我们进一步深入分析现代道德困境及其根源提供了一个很好的参照系。对于麦金太尔提出的这一问题，我们将实事求是地从西方文化演变的轨迹中，比较合理地探求传统德性边缘化的思想根源。基于此，本书对传统德性伦理式微的思想根源将从两个方面来切入：一是从特定的文化背景来展示当时的思想形态对于传统德性伦理的冲击；二是从伦理思想本身的演进轨迹来透视德性伦理传统的式微。就前一个方面而言，本书主要是从文艺复兴、宗教改革和启蒙运动三个方面来刻画传统德性伦理式微的思想文化背景。就后一个方面而言，在启蒙运动所张扬的理性精神下，伦理学的知识形态和话语系统呈现出了两种状态：以经验论为哲学基础的感觉主义伦理学和以先验论为逻辑前提的理性主义伦理学，前者在休谟那里达到了最为系统的效果论表达，后者在康德那里完成了严密的义务论体系。效果论由于过分主张道德行为的后果，德性完全被外在化为获得行为最大效果的一种手段；而义务论过于强调道德动机的纯粹性，把义务看成是凌驾于个体一切感性利益之上的绝对命令，因而也使得个体的德性变得虚无缥缈，无从落实到行为主体的伦理实践中来。在当代，义务论的伦理学正被以罗尔斯为代表的新自由主义权利伦理在另一个维度上刻画着。新自由主义权利伦理把对制度的正义德性作为首要的价值追求，在他们看来，要把正义作为制度选择的首要伦理原则，这个原则比任何其他社会道德价值和个人道德价值都更为重要。因此，德性的正当性取决于原则的正当性，后者先于前者。人们在道德生活中最重要的问题是遵守道德规则，道德哲学的主要任务是制定道德规则。一个人只要不违反道德原则，他就尽了一个作为道德存在的本分；而一种道德哲学只要建立一组道德规则，它也就完成了它的任务。至于个人的道德修养及德性的培养，则最后只被缩减到一种倾向，这种倾向就是对道德规则的服从。这便是“正义（权利）优先于德性”的基本含义。应该说，这些都是德性伦理传统式微的最为直接的思想根源。

麦金太尔教授在《德性之后》中认为，德性伦理的失落是启蒙运动以来近代“自我观念”取代传统的以“德性——目的论”为特征的道德体系的结果。因为，自进入现代社会以来，个体不断从社会中抽身而去，社会不再被看作是具有内在“好”的共同体，而是被视为保护一己私利的外在屏障。所以，在伦理学的知识形态和评价系统上，出现了以“功利”和“规范”取代“目的”和“德性”的话语霸权，由此，德性伦理的存在意义和社会价值被消解而越来越退居道德生活的边缘。

麦金太尔这里所说恰恰暴露了社会结构的变迁是德性伦理逐渐式微的最为根本的社会现实原因。但是，仅仅做出这样的判断还不够，必须以某种合理的方式来展现这一话语背后所蕴含的深层问题，揭示最根本的因素是什么。那么，从什么地方开始讨论这一问题呢？我们只有在对亚里士多德德性伦理传统本身做出分析说明的基础上，揭示出传统德性伦理赖以生长的社会结构——具有等级性质的社会共同体，再结合现代的社会结构——市民社会，通过两种社会结构的对比，才能对传统德性伦理失落的根本原因做出比较合理的解释和说明。一方面，如果说，前一章对德性伦理式微的原因主要是从思想逻辑方面展开的话，那么，这一章的讨论将是从社会历史方面来展示德性伦理式微的原因。另一方面，对亚里士多德德性伦理传统本身做出分析说明，也是对德性伦理传统样态分析的进一步延伸。从这两个方面来说，本书的讨论是符合逻辑与历史相一致原则的。

前两章中，我们从思想学理和社会历史两个方面入手，对德性伦理失落的原因做了考察。从宽泛的意义上来说，这种考察也是对于麦金太尔所主张的“回归亚里士多德以拯救现代德性”哲学努力的一种批判，尽管不是直接针对他的德性论的。换句话说，我们前面的讨论客观上为批判麦金太尔本人的德性论做了一个必要的理论准备。就此而言，前面的讨论正好构成了我们分析麦金太尔德性论的理论基础。本章我们将思维延伸到麦金太尔这里，在对他的德性论予以把握的基础上，结合论题的需要，对相关的问题做出一种反思批判。这里需要说明的是，对麦金太尔德性论的批判是在两种意义上展开的，首先是对他的德性论的合理成分的肯定态度，其次才是对他的德性论中与我们主题相关的一些问题的否定态度。在开展这一工作之前，需要对“社群主义伦理”这一理论做一必要的讨论，因为麦金太尔本人就是这一理论的代表人物，当然，这不是本书讨论这一问题的最根本原因，最根本的原因在于这一理论流派所坚持的“回归共同体以拯救现代德性”的主张，这一主张也是社群主义与新自由主义伦理争论的焦点所在。而这一点正好是我们批判麦金太尔“回归亚里士多德以拯救现代德性”这一最为实质的问题。从这个意义上来说，社群主义自然成为题中应有之义。

无论从思想学理方面对德性伦理式微的直接原因的分析，还是从社会结构转型的角度对其根本的社会原因的诠释，我们的讨论都离不开现代性这一话题。因为，从伦理学的理论形态来说，功利论、义务论、权利论诸形态都属于普遍理性主义的伦理学，它们都是启蒙运动后现代社会的产物。从社会结构来说，市民社会就是现代的社会结构和秩序建构方式。所以，思考如何超越德性伦理与规范伦理对峙这一问题，需要从现代性入手才能找到解决问题的思路。规范伦理在现代社会道德生活中的宰制性地位，是现代性精神理念在伦理道德领域的渗透和延伸。客观地说，思想启蒙运动所设计的现代性方案在全球范围内还没有完成，那么，现代性精神理念就不能仅仅归于个人、权利、利益、自由、理性等价值观上，还应该关注价值观上的另一个维度即共同体、内在的目的、德性等。换句话说，现代性的精神价值具有两面性，无视任何一方面的思维态度都是不合法的。现代性的精神价值具有两面性表现在伦理学上，就是规范伦理与德性伦理存在着各自的理论优势和限度。就此而言，现代性伦理应该是规范伦理与德性伦理的合题与统一。但是，仅仅做出这样的判断还不够，需要寻求规范伦理与德性伦理结合的切实有效的途径。在这个问题上，本书从两个向度上对规范伦理与德性伦理结合这一问题进行了解释和论证。一是在道德系统中，德性与规范的关系呈现为历史与逻辑两个层面。二是对制度伦理何以可能予以探究之后，对德性伦理与制度伦理的关系做了必要的把握，进而提出了一个具有建设性的路径：即从制度伦理走向德性伦理。

在现代社会文化的多元视景中，德性伦理的研究大体可以分为三种：一是行为分析中的德性伦理学，二是现代性批判中的德性伦理学（以麦金太尔为中心的德性伦理研究——万俊人、陈泽环等语）[①]，三是转型社会中的德性伦理学。本书可以说是在后两个意义上来讨论的。德性伦理研究还涉及一个中国文化的视阈，通过对中西德性伦理传统的文化特征、式微的社会原因、德性伦理资源的转化等问题的讨论，应该说对思考本书的理论归宿具有可资借鉴的价值。这便是结语的内容。

① 参见万俊人《关于美德伦理学研究的几个理论问题》，《道德与文明》2008年第3期；陈泽环：《多元视角中的德性伦理学》；《道德与文明》2008年第3期；万俊人：《美德伦理的现代意义：以麦金太尔的美德理论为中心》，《社会科学战线》2008年第5期。

第三节　研究的方法

一　逻辑与历史相一致的方法

在马克思主义哲学的方法论中，“历史的”主要有两方面的含义：一是“历史的东西”，即对象自身的客观历史过程；二是“历史的方法”，即按照对象的发展顺序对对象进行探索的方法。而“逻辑的”也具有两方面的含义：一是“逻辑的东西”，即由一系列概念组成的理论逻辑体系，二是“逻辑的方法”，即通过概念、范畴的演绎来展示对象具体的方法。从第一种含义看，逻辑与历史的一致，即理论逻辑与历史进程的一致，是思维和存在的统一在方法论上的具体贯彻；从第二种含义看，逻辑与历史的统一，也即逻辑方法和历史方法的统一，是两种理论研究方法的相互促进。

无论从时间还是空间上，对西方德性伦理的批判考察，我们的思维所触及的那些伟大哲人生活和思想的领域，距离我们都是如此的遥远。要真实领悟他们伦理的智慧和聆听他们思想的真谛，逻辑与历史相一致的方法是我们无法拒绝的思维方式。具体来说，在对西方德性伦理传统样态的分析中，一方面我们非常重视德性伦理传统理论自身的内在逻辑关系，另一方面对德性伦理传统赖以存在的社会结构做了充分的讨论。这一点最为明显地表现在我们对《荷马史诗》中英雄德性和古希腊德性伦理的讨论上。古希腊城邦社会实质上是一个伦理实体，等级化是这一社会秩序最显著的特征。处于社会不同等级秩序中的成员拥有各自的功能，他们功能的有序发挥意味着德性的和谐与统一。德性的统一从两个向度上折射出来：一是哲学家的理论努力，二是等级化的社会现实。如果撇开等级化的社会秩序，德性的统一将无从谈起。除此之外，逻辑与历史相一致的方法还体现在对德性伦理式微原因的讨论上。如果说，对德性伦理传统式微的思想文化原因的讨论是一种逻辑的态度的话，那么，从社会结构转型的方面对德性伦理传统式微的根本原因的探究则是一种历史主义的思维。因为，从伦理学的理论形态来说，功利论、义务论、权利论诸形态都属于普遍理性主义的伦理学，它们都是启蒙运动后现代社会的产物，而亚里士多德主义的德性论属于传统社会的产物。普遍理性主义和德性论实质上反映的是社会转型前后两种不同的社会结构和秩序建构方式。就此而言，逻辑与历史相一致的方法在本书中的运用是一以贯之的。

二　文献研究法

文献研究是指利用文献资料间接考察历史事件和社会现象的研究方式，它是人文社会科学研究的重要方法和必要过程。作为一种完全独立的、完整的、非辅助性的研究方法，文献研究可以应用在认识社会历史发展趋势的研究中，这是文献研究法相对于调查、实验、观察等研究方法所具有的最大优势。依据内容的不同，文献研究可以分为历史文献研究、统计资料文献研究和内容分析。

本书对西方德性伦理相关问题的研究上，尽可能充分利用第一手文献和第二手文献资料。在历史文献研究方面，对个人文献研究和非个人文献研究都给予了足够的重视。比如在对西方德性伦理传统历史样态的刻画上，在对柏拉图、亚里士多德、奥古斯丁、托马斯·阿奎那等代表性思想家著作中的德性思想进行提炼、概括的基础上，采用分类法、比较法和定性分析来把握其思想的内核。文献研究中的内容分析法是指对文献内容作客观的、系统的描述和分析，其实质在于对文献内容所含信息量及其变化的分析，即由表征信息的有意义的词句推断出准确意义的过程。本书对西方德性伦理传统的梳理，并非只是一种简单的历史描述，而是立足于思想家的著作，对其内在逻辑、内在精神、现代命运等做了比较合理的把握。在对西方德性伦理式微的思想文化原因的探究上，本书指出，在启蒙运动所张扬的理性精神下，伦理学的知识形态呈现出了两种状态：效果论和义务论。效果论将德性工具化，义务论中的义务高于德性，而权利论则遮蔽了德性。另外，在对亚里士多德德性统一问题、麦金太尔德性论的批判等问题的研究上都充分应用了文献研究中的内容分析法。这在接下来的批判反思法和社会学的思维方法中有相关的说明。

三　批判反思的方法

人类思维的反思就是“对思想的思想”“对认识的认识”，也就是以“思想”为对象的再思想、再认识的特殊维度的思想活动。作为哲学反思活动的最本质特征的批判性，就是对“思想”的否定性的思考方式，或者说，把“思想”作为“问题”予以追究和审察的思考方式。“批判”是人类特有的活动方式，它包括观念形态的精神批判活动和物质形态的实践批判活动这两大批判形态或批判方式。哲学的反思活动是一种观念形态的精神批判活动，它直接地表现为对“思想”的批判过程。这主要表现为使含混的思想得以澄清、使混杂的思想得以分类、使混淆的思想得以阐释和使有用的思想得以凸显的过程。

从上述意义上来说，对于麦金太尔德性论的批评，我们主要是从两种意义和三个层面上来展开的。就两种意义而言，即对他的德性论中合理成分持肯定态度，而对他的德性论中与我们论题相关的不合理成分则持否定态度。三个层面也即：一是对他主张的德性与传统的关系的肯定；二是从现代性的角度，对他“回归共同体以拯救现代德性”的批判；三是对他主张“托马斯的德性论是亚里士多德德性传统的一个重要的组成部分”的批判。事实上，批判态度不仅仅表现在对麦金太尔的德性论的肯定和否定态度上，与逻辑与历史相一致的方法一样，批判反思的精神是贯穿于本书中的一条红线。比如，在对德性伦理传统式微的思想文化原因的讨论中，对于功利论把德性作为一种实现利益的外在工具，义务论把德性拔得过高而使德性脱离了人的道德生活的实际，权利论对个人德性忽视等方面做了批评；再如对现代社会中规范伦理、德性伦理各自的理论和实践限度所做的反思批评。从宏观角度来说，对德性伦理传统式微的思想和社会因素的分析，也构成了我们对于麦金太尔所谓的“回归共同体以拯救现代德性”的批判态度。

四　社会学的思维方法

本书从社会结构转型这一社会学的视角入手，运用社会学的话语知识来分析德性伦理传统式微的根本原因。从社会结构形态来说，传统社会的社会结构主要是共同体，而现代社会结构呈现为市民社会。共同体是基于自然感情而紧密联系起来的社会有机体，它强调的是群体成员间唇齿相依的情感关系和相互肯定的或一致的意志关系。市民社会是与传统共同体相对的概念，这一概念在于强调社会是一个生产、分工、交换和消费的经济领域。传统共同体的主要特征是人们之间的交往缺乏一个中介性的环节而使得社会关系表现为直接性和个体对共同体的全方位依赖；而市民社会的主要特征则表现为社会关系以物化的货币或商品为中介以及个体的独立性。

传统社会中共同体和现代市民社会强烈的反差正好是我们说明传统德性伦理为什么在现代社会边缘化的原因。因为，从根本上说，传统社会是一种身份制的等级社会结构，等级制的社会需要一种等级制的德性观。与传统共同体的社会秩序不同，现代市民社会的社会秩序是契约制的。以身份制建构社会秩序，实际上就是依据个人的出身和血缘关系等自然性的东西来分配社会的基本权利和义务。如此，个人对自己的身份以及权利和义务，就不存在一个自由选择的情形。现代市民社会的秩序整饬是契约性的。契约关系是一种区别于身份关系的人与人之间的社会关系。它所反映的是缔约主体之间的独立的和平等的关系。传统共同体与现代市民社会秩序建构方式的区别，绝非仅仅表现在社会关系建构方式的不同，而且更为重要的是它们在社会秩序整饬上的调节方式的差异。诚如在逻辑与历史相一致的方法中提到的，德性伦理属于传统社会的产物，而普遍理性主义的伦理学是启蒙运动后现代社会的产物。具体地说，如果我们单从伦理道德调节的社会秩序方面来说，传统共同体及其身份制度主要依靠德性伦理的方式来调节社会成员的行为，而现代市民社会及其契约制度则以规范伦理的方式来规范社会成员的行为。其实，从传统社会向现代社会的秩序转型，最实质的就是从身份到契约的转变，这一转变恰恰是麦金太尔所说的在进入现代社会以来，以功利和权利为表现形态的规范伦理取代以往的以“德性”和“目的”为精神内涵的德性伦理的根本原因。

第一章

逻辑与历史：德性伦理的传统样态分析

> 传统就是代代相传的事物。传统是现在的过去，但它又与任何新事物一样，是现在的一部分。①
>
> ——希尔斯

在展示西方德性伦理传统样态之前，我们对“arête”（德性）的含义做了文本学意义上的诠释，并对德性伦理做了一种道德类型学意义上的说明。作为一种道德类型学意义上的德性伦理，这一概念的意义不仅仅体现在学术分类上，它对于我们理解本书的核心问题具有关键性的作用。

对于德性伦理传统形态的讨论，本书是从构成西方文化的源头之一的《荷马史诗》所描述的神话世界开始的，对于这一思路的合法性问题，我们在正文中将给予必要的澄清。然后主要考察了希腊城邦世界中的德性观。希腊城邦中的德性观，主要以苏格拉底、柏拉图和亚里士多德的德性思想为主。对希腊化罗马时期思想家在德性问题上的看法做了比较简单的分析，主要是因为这一时期思想家们在伦理学没有什么大的创新，他们基本是继承了亚里士多德的伦理思想，并把他的理论付诸道德实践。最后，我们对奥古斯丁和托马斯·阿奎那的德性思想做了一个基本的概括，重点在于对托马斯·阿奎那德性论的说明上。这样安排的原因在于两个方面，一是托马斯·阿奎那是中世纪经院哲学的集大成者。他在伦理学上的贡献就是以亚里士多德德性体系为框架，建立了比较完备的基督教德性伦理思想。在他的德性论中，对于德性的定义、德性的类别等做了神学意义上的论证。

---

① ［美］希尔斯：《论传统》，傅铿、吕乐译，上海人民出版社 1991 年版，第 15 页。

二是我们将在后文提出与麦金太尔对于这个问题上的不同态度：麦金太尔认为托马斯·阿奎那的德性论构成了亚里士多德德性传统的一个有机组成部分；而我们则认为，托马斯·阿奎那对亚里士多德德性论的神学改造，恰恰在客观上促进了德性伦理向规范伦理的转化。这一点可能是麦金太尔本人始料未及的，而这也正好构成了本书对麦金太尔德性论批判的一个重要方面。需要说明的是，本章对于西方德性伦理传统样态的刻画，并非只是一种简单的历史描述，本书始终坚持逻辑与历史相一致的精神原则，在重视德性伦理传统理论自身的内在逻辑关系的同时，也对其赖以存在的社会结构做了必要的交代。

第一节　德性与德性伦理

在我们的思维即将触及西方德性伦理传统话语之前，有必要对 arête（德性）这一希腊词语做本身的逻辑考察和说明，因为这一概念最初特有的含义与现代意义上的理解并不完全吻合。对德性原始含义的解释必须诉诸当时特定的文化背景。如此，我们才可能比较合理地展示它自身从特定意义向伦理意义衍化的过程。在此基础上，需要阐明德性伦理这一基础的话语系统。换句话说，我们是在什么意义上来理解西方传统德性伦理的？在道德系统内，它的参照对象是什么？它的内涵和外延究竟该如何界定等一系列重要的学理问题，都需我们认真清理。舍此，我们对问题的言说就缺乏一定的合理性。

一　德性的话语雏形：古希腊语境中“arête”衍化

“Arete”获得伦理学意义上的德性含义是有一个比较长的过程的。最初，在古希腊人的思想观念中，任何事物（无论是自然的还是人造的）都有自己本性所固有的功能或效用。他们把事物的这些特长、用处和功能称为arete。希腊词语arete的英文翻译为good或virtue，相当于中文的“性能”“用处”和“好处”。事物的arete是这一事物区别于其他事物的标志。马的奔跑能力是鸟所没有的，而鸟的飞翔能力也是马所欠缺的，所以马的arete不同于鸟的arete。不但自然界的事物有各自的arete，人造物也有自己的arete，椅子能让人坐，刀能切割，这些都是它们各自的arete。比如，在《荷马史诗》中，描写英雄阿基琉斯为他的战友帕特克洛斯的葬礼而举行的赛车场景中，曾经多处表明善于奔跑的马就是拥有更高的arete。“我们知道，我的马远比其他驭马快捷，那两匹神驹，波塞冬送给家父裴琉斯的礼物，而裴琉斯又把它们传给了我。”“这对驭马，蹄腿飞快，地道的普洛斯血种，拉着他的战车。”“听到主人愤怒的声音，驭马心里害怕，加快腿步，很快接近了跑在前面的对手。”“驭马奋蹄疾跑，拉着主人和战车，穿越在平旷的原野。”[①]在希腊人看来，如果一个事物越能发挥自己的功能，那么它的arete也就越好，而失去了各自的这些本性就是arete的缺失。后来在诗人的韵文中，关于事物的arete用法仍在继续，土地有土地的arete，喷泉有喷泉的arete。“公元前五至四世纪还保持这样的用法，例如修昔底德讲到伯罗奔尼撒半岛和帖撒利、玻俄提亚等地的土地肥沃时，就将它叫做土壤的arete，阿提卡土地贫瘠就说缺少土壤的arete。希罗多德的《历史》中

---

① ［古希腊］荷马：《伊利亚特》，陈中梅译，中国戏剧出版社2005年版，第508、509、513、516页。

还讲到棉花的 arete。”[①] 后来，柏拉图在他的好几次对话中都提到了关于事物 arete 的讨论。他在对话录《理想国》中讨论马、剪刀的 arete。通过列举这些事物的 arete，他对 arete 的含义做出了归纳。“所谓马的功能，或者任何事物的功能，就是非它不能做，非它做不好的一种特有的能力。”他提出：“事物之所以发挥它的功能，是不是由于它特有的德性；之所以不能发挥它的功能，是不是由于特有的缺陷？”而色拉叙马霍斯表示认同。[②] 他在《克里底亚篇》中，克里底亚指出阿提卡的居民长期从事手工业和耕战，接着说，这些地方的 arete（优势、特长）适于耕战。“有许多事实可以证明这块土地的优越。”[③]《法篇》讲到对财产要加以限制时说，分配土地的原则是：远地和城市近郊相搭配，还要根据地块的肥沃与贫瘠程度来调整土地的面积，使分配达到平等。[④] 也就是好地和坏地相搭配。这里的“好”“坏”后来被译为“善”“恶”的两个字。

古希腊人除了对自然界中其他事物的功能用 arete 表示以外，对人的品性、特长、优点、技艺和才能也是用 arete 来描述的。这一点《伊利亚特》中表现得淋漓尽致。荷马在多处用“捷足的阿基琉斯”来表现希腊头号英雄的勇猛无比。在描写裴里菲忒斯时，“这个拙劣的父亲，却生了一个好儿子，一个在一切方面都很出色的人，无论是奔跑的速度，还是战场上的表现”[⑤]。在描写波鲁多罗斯时，“腿脚飞快，无人可及。但现在，这个蠢莽的年轻人，急于展示他的快腿，狂跑在激战的前沿，送掉了卿卿性命”[⑥]。柏

① 汪子嵩、范明生、陈村富、姚介厚：《希腊哲学史》（第 2 卷），人民出版社 1997 年版，第 167 页。

② ［古希腊］柏拉图：《理想国》，郭斌和、张竹明译，商务印书馆 2002 版，第 40、41 页。

③ ［古希腊］柏拉图：《柏拉图全集·克里底亚篇》（第 3 卷），王晓朝译，人民出版社 2002 年版，第 352 页。

④ ［古希腊］柏拉图：《柏拉图全集·法篇》（第 3 卷），王晓朝译，人民出版社 2002 年版，第 504 页。

⑤ G.E.M.Anscomber，“Modern Moral Philosophy”，Philosophy33(1958).

⑥ 同上书，第 454 页。

拉图在《理想国》中除了讨论马、剪刀的 arete 外，还讨论了作为人的感觉器官的眼睛和耳朵的 arete。眼睛的功能就是看，视力强就是功能好，就是眼睛的 arete；耳朵的功能就是听，听力强就是耳朵的功能完善，尽到耳朵的功能达到它的目的，就是耳朵的 arete；“如果耳朵失掉它特有的德性，就不能发挥耳朵的功能了”[①]。柏拉图认为，不仅这些感觉器官具有自己的 arete，包括心灵、生命在内一切东西都有特殊的 arete，有各自特殊的功能。

古希腊人看到人不同于动物，需要依靠共同体生活；在社会共同体中需要某种共同的规范，形成当时最为迫切的能受到大家赞赏的共同品质，而这种共同品质是随时代变化的。在荷马时代，为维护共同体而奋力作战就是最有价值最需要的共同规范、共同品质，它就成为 arete。当时还没有“勇敢”这样的词语，就用“arete”来表述：谁最勇敢就拥有最高的 arete，这就是英雄时代最高的善，最高的德性。随着社会的发展和人们的思想觉悟的提高，人和动物的区别也越受人们的重视，这样人类社会生活方面的品性、特长、优点、才能等特质也就日益备受推崇，在社会活动方面的优点日益成为重要的 arete。在梭伦时代，dike（正义、公平）占重要地位，谁能够公平地待人接物就是拥有最高的 arete。到哲学产生以后，理性灵魂受到重视，成为最大的 arete，“深思熟虑是最大的 arete”[②]。由此可见，对人的 arete 的看法已经发生了质的变化，即从指称人的天然本性和天然功能转向人的社会本性；人的 arete 不仅指生理方面的特长和功能，而且主要指人在社会生活中的品德和优点，这就接近伦理意义的德性了。然而在智者活动时期伦理学尚未形成，人们还是从优点和功能方面理解 arete 的。[③] 和智者同时代的德谟克利特说过，“驮兽的优越性在于它们体格的健壮，但人

---

① [古希腊] 柏拉图：《理想国》，郭斌和、张竹明译，商务印书馆 2002 年版，第 41 页。

② 转引自汪子嵩等《希腊哲学史》（第 2 卷），人民出版社 1997 年版，第 169 页。

③ 关于智者对于 arete 的看法，我将在后文讨论柏拉图德性伦理思想中的“美德可教吗？”这一问题时再做说明。

的优越性则在于他们性格的良好禀赋”[①]。可以看出，他对人的优越性的言说仍然在 arete 的原始含义之内。

必须指出的是，在翻译古希腊的 arete 中，包括中文在内的其他文字都很难找到一个确切的词语来与之对应。[②] 从词源学的角度来说，希腊语“arête”是从战神阿瑞斯（Aress）派生来的，拉丁语将其翻译为 virtus，virtus 对应的词根是 Vir。“Vir 指人的才能、特长、优点，也指刚强、勇敢等品德，它和 arete 有共通之处，但在用于物和动物方面有差异。”[③] 近代西方语文都遵循拉丁文 virtus，英语将其翻译为 virtue，汉语根据英语将其翻译为“德性”。其实“德性”和“善”是 arete 后来才发展成的一种含义。

二　德性伦理：一种道德类型学的划分

1958 年，英国著名哲学家伊丽莎白·安斯库姆（G.E.M. Anscomber）发表了《现代道德哲学》，该文章被认为是德性伦理学在现代西方社会复兴的标志。她严厉地批评了现代道德哲学忽略对道德品质、道德动机和德性的说明，甚至在这些问题上是分裂的。[④] 她主张我们应当停止思考义务、责任和正当等问题而返回到亚里士多德的思维方式，让美德重新回到道德生活的中心位置上来。受安斯库姆的影响，麦金太尔把现代道德哲学的讨论推到了更为实质的层面。他在其名著 *After Virtue* 书中，对现代西方道德生活和道德理论存在的问题展开了猛烈的批判。他从现实社会和理论的历史

① 周辅成：《西方伦理学名著选辑》（上卷），商务印书馆 1964 年版，第 75 页。

② 汪子嵩等：《希腊哲学史》（第 2 卷），人民出版社 1997 年版，第 170 页。

③ 同上书，第 170 页。“vir 意指男子，所以 Virtus 就是有力量和丈夫气概。”另参见 [德] 康德《道德形而上学原理》，苗力田译，上海人民出版社 2002 年版，第 2 页。

④ G.E.M.Anscomber，“Modern Moral Philosophy”，Philosophy33(1958).

变迁中考察了现代社会道德秩序失范的原因。从现实社会来说，人们通常把摆脱了身份、等级和出身等封建传统对个人的约束的现代的自我的出现看成是历史的进步，麦金太尔却认为，这种在"争取自身领域主权的同时，丧失了由社会身份和把人生视作是被安排好的朝向既定目标的观点所提供的那些传统的规定"①。这是当代道德问题的最深刻的根源所在。从道德理论的流变来说，自思想启蒙以来，以理性为支撑构建的各种道德理论，包括休谟的情感主义道德，康德的形式主义道德，克尔凯郭尔的选择论，边沁、密尔的功利主义，西季威克、摩尔的直觉主义理论等对于道德合理性的努力，都没有确立道德的合理权威，都经不起理性的驳难，因此都不可避免地陷入了失败的命运。

麦金太尔认为，现代社会个人生活已经不是一个整体，个人生活已经被撕成碎片化的状态，在生活的不同空间和时间有不同的品性要求，而作为生活整体的德性已经没有存在的余地了。而且，进入现代社会，具有内在利益的实践概念和人类生活整体的概念这样一些背景概念从大部分人类生活领域撤退和隐匿，结果就是对亚里士多德哲学的坚决抛弃，同时社会变迁的这种结果就使得德性丧失了社会背景条件，从而使得传统意义上的德性退居现代社会的生活边缘。与此同时，新的德性概念随之出现，"德性是由一种较高层次的欲望（在这种情况里就是一种按相应的道德原则行动的欲望）调节的情感，这些情感亦即相互联系着的一组组气质和性格"②。功利和权利概念打倒德性并占据其中心地位，在现代人的生活中，德性已经成为实现外在利益的工具。所以，现代社会正处于"德性之后"的时代。

规范伦理与德性伦理的分野，应该是现代伦理的学术话语。与强调责任或规范的义务论和强调后果或效果的功利论不同，德性伦理是一种以

① ［美］麦金太尔：《德性之后》，龚群等译，中国社会科学出版社 1995 年版，第 45 页。

② ［美］罗尔斯：《正义论》，何怀宏等译，中国社会科学出版社 2001 年版，第 90 页。

人的德性为中心的伦理学，它关注的中心问题是“我应该成为什么类型的人”。德性伦理关注人的内在品质，以个体道德人格的整体生成与个体道德精神的高尚性和个体道德行为的完美性为核心目标。换句话说，所谓德性伦理就是指以个体内在德性完成或完善为基本价值尺度或评价标准的道德观念体系。从德性伦理的基本含义可以看出，与“我们应当如何行动”为中心的规范伦理不同，德性伦理的内容包括道德主体的道德品质、道德情感、道德评价、道德教育、道德修养、德性与幸福、人生价值等诸多方面。从德性伦理概念的内涵和外延来说，我们后面所讨论的西方传统的样态正是在这样的意义上来进行的，因为无论是《荷马史诗》所表征的希腊英雄的“勇敢”，还是希腊城邦社会所倡扬的“智慧、勇敢、节制、正义”，甚至基督教所宣扬的“信、望、爱”等德性范畴，都是与道德主体的内在品质紧密关联的，而且这些德性范畴本身就成为行为评价的标准，在诸多伦理话语中，德性与幸福的关系是一个永远值得讨论的话题。

所以，在道德系统内，德性伦理这一概念的参照对象是规范伦理。作为完整的道德系统，道德运行的目标是实现个体心性的完善和社会关系完善的统一；道德运行的机制也是主体自觉和社会调控、自律与他律的统一。换句话说，不仅道德系统中的德性与规范在逻辑上和现实上难以分开，而且，作为伦理学理论类型和道德评价类型的德性伦理与规范伦理也是伦理学的不可分割的统一体，这种统一不只是主观逻辑上的要求，也是客观逻辑上的必然。所以说，对于德性伦理和规范伦理的讨论只是在道德类型学意义上来说的。由于思想家们所处的时代背景不同，面临的道德主题不同，对伦理问题关注的重点不同，因而在伦理学的知识形态上形成了不同的理论类型。即是说，从主观逻辑上，我们可以允许思想家从研究的角度对规范与德性各有侧重，但是从伦理生活的客观逻辑来说，规范与德性伦理的区分是没有任何意义的。换句话说，这样的分类仅仅只是一种出于学术讨论上的方便而已，舍此，就谈不上什么合理性可言。明白这一点对于我们的讨论是非常重要的，其重要意义不仅在于为后文我们理论的归宿做思想准备，而且这本身就体现了逻辑与历史相一致的原则，即西方德性伦理演进过程中本身的理论和其赖以存在的社会现实之间的内在关联。①

第二节　荷马史诗中的英雄德性

《荷马史诗》是西方文化和思想的经典之作，《伊利亚特》和《奥德赛》

① 万俊人教授在《关于美德伦理学研究的几个理论问题》(《道德与文明》2008 年第 3 期）一文中，专门对这个问题做了学理和现实方面的澄清。万教授指出："我自己也一度曾经把'美德伦理学'、'规范伦理学'和'元伦理学'看作是西方伦理学史上具有历史演进和更替意味的三种基本伦理学理论范式。但现在看来，这一学术判断仅仅是一种出于学术便利的大致的类型学分辨而已，仍需要许多学术解释和学理论证。一种较为准确的学术刻画似乎应该是这样的：'规范'和'协调'始终是道德伦理的文化功能，甚至可以看作是道德伦理始终不渝的基本目标。就此而言，所有的道德伦理——无论以何种形式表达出来——都是规范性的，因之任何一种伦理学——无论以何种理论形式或方法建构和表达——也都是某种形式的规范理论研究，美德伦理学如此，规范伦理学更是如此，即便是所谓'元伦理学'其实也是在通过寻求某种'严格的理论'方式，给予道德伦理规范以'科学的''客观的'理论证明。如此看来，所谓美德伦理学、规范伦理学和元伦理学的类型学划分，更多的在于其学理分梳的意义，而非其实质性的价值规范意义。然而，这并不意味着上述类型学划分是无足轻重的，恰恰相反，正是通过这一划分，使我们有可能揭示和了解，在现代社会文化语境中，由于道德伦理作为现代文化元素的意义和作用，已同其作为传统文化元素的原有意义大为不同，因而伦理学的理论类型分化和转变也包含着重大的社会历史和文化意义变化，其中最为关键性的一点是，随着现代社会生活的日趋公共化和现代社会文化日趋世俗化、大众化、乃至市场运作商业化，不仅使得'社会公共生活领域'与'私人生活领域'之间的界限越来越明显，而且也使得前者对后者的挤压和冲击不断加剧。在此情况下，个人美德伦理的实践及其目的性价值一样逐渐被忽略，以至于常常被现代社会和现代人作为'纯粹的个人私事'而置于伦理学的视野之外，因之，作为以个人美德及其实践为中心研究主题的美德伦理学也渐渐式微，无法获得足够的理论重视。与此同时，伦理学也同许多其他人文学科一样，逐渐被卷入到这种'社会结构和公共转型'之大潮当中，寻求具有社会公共性和'普世性'规范功能的'普遍理性主义规范伦理'逐渐成为现代伦理学的中心主题。由是，所谓美德伦理学与规范伦理学之间的区分和对照，便逐渐凸显出来，并且被人们自觉或不自觉地视为一种自然而然的'现代性'理论转型。"

两部史诗从各方面记载了先祖的智慧和初民的情态。尽管这只是在“文学”而非“历史”的意义上刻画一种“真实”的场景。但是，经典之所以为经典，就在于它积淀了祖辈对世界、社会（城邦）和人生的看法。“古希腊的神话不仅仅是寓言、启示、原始理性或远古历史，而且是包含历史、自然、道德、社会、宗教等因素在内的百科全书，是希腊文化的一种载体。”[①]《荷马史诗》打开了古希腊文化乃至整个西方思想历程的大门，引领我们走进一个伟大的世界。“拥有荷马是希腊人的幸运，而像他们那样使用荷马则是他们的智慧。”[②]

我们以《荷马史诗》所展示的社会背景来诠释英雄社会德性观的合法性究竟有多大，这是需要首先讨论的问题。也许麦金太尔教授在这个问题上的观点是有道理的。在他看来，《荷马史诗》所表现的英雄社会也许曾经存在过或没有存在过，但是，认可这样的社会曾经存在对于我们探讨后来社会的道德状况是非常重要的。因为，无论是雅典城邦社会还是基督教社会，它们都把自己看作是英雄社会的冲突的产物，而且，人们部分地是依据这样的思想观念来确定他们自己的观点的。尽管这些传说中所刻画的人物形象与后来它们现实社会中人物的活动大相径庭，但他认为：“英雄时代的文学是这些后来社会的道德经典的主要部分；而且，正是由于这些经典与现实活动相联系的困难，才产生了这些后来社会的许多关键的道德特征。”[③]他在其他地方也表述了相似的观点，“雅典人的传统必定是从荷马开始的。而且，我们在雅典人的冲突中发现了我们自己有关正义和实践合理性［讨论］的两个最重要的开端之一，因此我们也别无选择，也不得不从荷

---

① 王晓朝：《希腊哲学简史：从荷马到奥古斯丁》，上海三联书店2007年版，第19页。

② ［英］基托：《希腊人》，徐卫翔、黄韬译，上海人民出版社2006年版，第57页。

③ ［美］麦金太尔：《德性之后》，龚群等译，中国社会科学出版社1995年版，第156页。

马开始。”[①]正如有学者认为，“不过，我们确实认为史诗具有某种伦理教化的作用，它们传达了当时的伦理生活的基本方面，也表达了以史诗诗人为代表的对伦理的‘诗性智慧’的思索。史诗能教化，因为正如耶格尔所说的，在古代没有‘纯文学’‘纯伦理哲学’等细密分工，一切智慧都混沌不分”[②]。所以，对英雄社会的理解，是理解古代社会和它的后继社会的一个必要部分。这一思想见解也得到了后来哲学界的普遍认同。“格里思在《希腊哲学史》的‘前言’中说：阿西奥德、奥菲斯、斐瑞居德等，‘他们作为哲学家的先驱，以及在他们之中存在一种离开神话向理性思想发展的倾向，其重要性也最近已经越来越清楚地被认识到了。’”[③]

对于希腊英雄社会的德性范畴，必须把它置于当时特定的社会秩序中来做诠释。《荷马史诗》所展示的社会是一个由亲属关系和家庭所构成的社会结构。在这样的社会结构中，个体是通过认识到他在这个社会系统中特定的角色来识别自己的，通过这样的认识，他自己也就意识到了自己应当承担什么样的责任，相应地，与这一特定角色发生关系的其他社会角色也就自然承认本该属于这一特定角色的所有物，这包括物质方面的财产以及精神方面的社会地位、荣誉等。“社会的基本价值标准是既定的、早就确立了的，一个人在社会中的位置以及来自与他的社会地位的权利和责任也同样如此。”[④]“一个履行社会指派给他的职责的人，就具有德性。然而，一种职责或角色的德性与另一种职责和角色是完全不同的。国王的德性是治理的才能，武士的德性是勇敢，妻子的德性是忠诚，等等。如

① [美]麦金太尔：《谁之正义？何种合理性？》，万俊人等译，当代中国出版社 1996 年版，第 19 页。

② 包利民：《生命与逻各斯：希腊伦理思想史论》，东方出版社 1996 年版，第 31 页。

③ 汪子嵩等：《希腊哲学史》（第 1 卷），人民出版社 1997 年版，第 72 页。

④ [美]麦金太尔：《德性之后》，龚群等译，中国社会科学出版社 1995 年版，第 153 页。

果一个人具有他的特殊的和专门职责上的德性，他就是善的。”[①] 由于这种一定的品质对于履行一个社会角色的职责是必需的，而《荷马史诗》中故事的主人公都是英雄角色，所以，正义、勇敢、荣誉等就具有了特殊的社会价值。那么，在这样的社会秩序中，英雄和德性的含义究竟是什么就显得非常重要了。

古希腊语的“arete”（后来被译成“德性”）在《荷马史诗》里，被用来表达任何一种卓越。一般来说，几乎任何史诗的主题和主角都是英雄。《伊利亚特》是英雄的颂歌，歌唱战斗英雄；《奥德赛》也是对英雄的纪念，只不过奥德修斯以智慧和审慎来同神明、妖怪、风暴和觊觎者做斗争。英雄是具备凡人所羡慕的一切，是希腊人中的杰出代表。他们出身高贵，坐霸一方，王统天下。他们相貌俊美，仪表堂堂，在芸芸众生之中鹤立鸡群。阿基琉斯是诸多英雄中的佼佼者，阿伽门农是领导希腊诸邦攻打特洛伊的盟主，自然就是英雄的首领。在荷马看来，英雄是神的后裔。“哦，朋友们，达奈勇士们，阿瑞斯的随从们！”[②] 所以，在英雄这一特殊的社会角色之中，力量的卓越将是衡量他们是否优秀的天然标准，换句话说，勇敢将是英雄主要的德性，甚至可能是唯一主要的德性。崇尚武力是英雄的先天品格。在荷马笔下，英雄们膀大腰圆，力大无比。英雄埃阿斯的战盾如同一面围墙；需要三个希腊勇士才能拉开的插杠，阿基琉斯却凭借自己的力量就可以把它拉开；英雄狄俄墨得斯能够把硕大的岩石高高举过头顶。在荷马看来，神的后裔们如果没有超人的勇力，那就不配称英雄的美名。

所谓英雄就是出类拔萃的人。阿基琉斯、阿伽门农、赫克托尔等都是最优秀的人。对于英雄来说，不仅自己要做一个最优秀者，其对手也要最

① ［美］麦金太尔：《伦理学简史》，龚群译，商务印书馆 2003 年版，第 31 页。

② ［古希腊］荷马：《伊利亚特》，陈中梅译，中国戏剧出版社 2005 年版，第 127、346、427 页。

优秀：赫克托尔是特洛伊国王普里阿摩斯的儿子，也是特洛伊的英雄，他挑战希腊人的英雄埃阿斯。“两位勇士先以撕心裂肺的仇恨扑杀，然后握手言欢，在友好的气氛中分手。”[①] 就连被赫克托尔讥讽为相貌俊美、勾引拐骗女人迷，但生性怯懦、缺乏勇气的公子哥亚历克山德罗斯（即帕里斯，拐走海伦的特洛伊王子）也要挑战英雄墨奈劳斯（斯巴达的国王，海伦原丈夫）。出自赫克托尔之口的“我知道作为壮士的作为，勇敢顽强。永远和前排的特洛伊壮勇一起战斗，为自己，也为我的父亲，争得巨大的光荣”[②]。这些都反映了古希腊人的基本观念：要永远成为最勇敢最杰出的人，不可辱没祖先的种族。这既是英雄的目标，也是所有尊敬祖先的民族共同追求的目标。那么，英雄德性观的价值理念具体体现在哪些方面呢？

英雄最主要的德性就是勇敢。在《荷马史诗》中，英雄的勇敢与我们现代意义上的理解不同。勇敢的德性概念还与友谊、命运、死亡和荣誉等概念密切相关。在荷马所描述的这种社会结构中，勇敢之所以具有重要的地位，绝不仅仅因为它只是一种个人的品质，更重要的在于它是维持一个家庭和一个共同体所需要的品质。“英雄时代最大的荣誉是归属于‘勇敢’这一优秀品质的。勇敢是英雄为了家庭、朋友、自己的名声而冒险厮杀，也是英雄接受自己命运时的豪迈。”[③] 勇敢可以说是英雄的代名词。“英雄”用作形容词时，意思就是勇敢、英勇。英雄勇敢坚韧、心胸如狮，就是说英雄的心或精神要像狮子一样勇猛坚强。尽管战争是可怕的，但是英雄们在战场上奋勇杀敌、同仇敌忾，早已把自己的生命置之度外。“他们无一例外地把生命奉献出来，这使他们每个人都获得了永世常青的荣誉……

① [古希腊]荷马：《伊利亚特》，陈中梅译，中国戏剧出版社 2005 年版，第 154 页。

② 同上书，第 141 页。

③ 包利民：《生命与逻各斯：希腊伦理思想史论》，东方出版社 1996 年版，第 41 页。

这些人应当成为你们的榜样，我们认为幸福是自由的成果，而自由是勇敢的成果，他们从不在战争的危险面前有所退缩。”[①]格劳科斯对他的父亲狄俄墨得斯说：“要我英勇作战，比谁都顽强，以求出人头地，不致辱没我的前辈，生长在厄芙拉和辽阔的鲁基亚的最勇敢的英壮。这便是我的宗谱，我的可以当众称告的血统。”[②]在奥德修斯看来，勇敢的战士在任何险境都坚定不移，无论是进攻敌人，还是被敌人攻击。这种坚定不移的精神就是柏拉图在《理想国》中所说的：“勇敢就是一种保持。就是保持住法律通过教育所建立起来的关于可怕事物——即什么样的事情应当害怕——的信念。我所谓‘无论在什么情形之下’的意思，是说勇敢的人无论处于苦恼还是快乐之中，或处于欲望还是害怕中，都永远保持这种信念而不抛弃它。”[③]所以，要在精神上保持这种让人歌颂的品质，则必然有一种伟大的信念在背后起支撑作用，因信而勇，则上升为高贵勇敢。

英雄们的勇敢不是一种莽撞，他们是智勇双全的人。文治也是英雄必备的品格之一。能言善辩，口若悬河方显英雄本色。“阿基琉斯言罢，众人缄默，萧然无声，惊诧于他的话语，强厉的言辞。”[④]能言善辩的奥德修斯之所以受到全军将士的爱戴，除了作战勇敢和受到智慧女神雅典娜的特别关注外，出众的辩才也是一个不可忽视的因素。特洛伊智者安忒诺耳盛赞英雄墨奈劳斯的表述，认为他用词精练，出言敏捷，却更为赞赏奥德修斯的稳健，赞美和欣赏他的词锋和无与伦比的话辩。“但是，当洪亮的声音冲出他的丹田，词句像冬天的雪片一样纷纷扬扬地飘来时，凡人中就不会有他

① [古希腊]修昔底德：《伯罗奔尼撒战争》，徐松岩、黄贤全译，广西师范大学出版社2004年版，第102页。

② [古希腊]荷马：《伊利亚特》，陈中梅译，中国戏剧出版社2005年版，第132页。

③ [古希腊]柏拉图：《理想国》，郭斌和、张竹明译，商务印书馆2002年版，第148页。

④ [古希腊]荷马：《伊利亚特》，陈中梅译，中国戏剧出版社2005年版，第195页。

的对手；谁也不能匹敌奥德修斯的口才！”[①]年轻的狄俄墨得斯既是战场上的主将，又是会场上的儒者，他的才华博得了老英雄奈斯托耳的极高评价。“图丢斯之子，论战斗，你勇冠全军；论谋辩，你亦是同龄人中的佼杰。阿开亚人中，谁也不能轻视你的意见，反驳你的言论。”[②]英雄们善战的品格和能力在各方面表现得淋漓尽致。在赫克托尔与埃阿斯这两位英雄的厮杀中，赫克托尔对其对手说：“不要设法试探我，把我当作一个弱小无知的孩童，一个对战事一窍不通的妇人……我知道如何驾着快马，杀入飞跑的车阵；我知道如何攻占，荡开战神透着杀气的舞步……”[③]

与勇敢相联系的是友谊。在这种依靠亲属关系和家庭所构成的社会结构中，人们把友谊看作比生命本身更为可贵。假如某人杀死了我的亲人或朋友，我将把复仇作为对亲人或朋友所应该承担的责任，相应地，被我杀死的那个人的亲人或朋友也就欠了那个人的债务，他们必须随时要偿还他们所欠别人的债务。理解了这一点，我们就会明白阿基琉斯听到他最亲密的战友帕罗克罗斯死于赫克托尔之手的噩讯时，他已经出奇愤怒了，复仇的欲望一发不可收拾。“他十指钩屈，抓起地上的污秽，撒抹在自己的头脸，脏浊了俊美的相貌，灰黑的尘末纷落在洁净的衣衫上。”[④]而在此之前，帕罗克罗斯和奥德修斯等人曾劝他回来帮助希腊联军攻打特洛伊，而他是那样的固执不肯回来。在战斗中，面对骁勇的阿基琉斯，赫克托尔深知自己不是对手，他希望能够化干戈为玉帛，而阿基琉斯恶狠狠地对他说，“不要和我谈论什么誓约，赫克托尔，你休想得到我的宽恕！……现在，我要你彻底偿报我的伙伴们的悲愁，所有被你杀死的壮勇，被你那狂暴的枪头！”[⑤]

---

① [古希腊]荷马：《伊利亚特》，陈中梅译，中国戏剧出版社2005年版，第63页。

② 同上书，第182页。

③ 同上书，第152页。

④ [古希腊]荷马：《伊利亚特》，陈中梅译，中国戏剧出版社2005年版，第403—404页。

⑤ 同上书，第488—489页。

对于英雄来说，真正的勇敢是敢于直面惨淡的人生，敢于正视淋漓的鲜血。与勇敢德性紧密联系的还有命运和死亡的概念，我们对这些概念的解读也必须还原到荷马所言说的社会结构之中来。换句话说，德性观念的统一存在于能够使一个人对他的角色的概念之中。英雄的命运是由冥冥中的神意注定了的，但即使这样，他们也会毅然决然、义无反顾地担当起自己的责任和使命。"真正勇敢的人无疑应属于那些最了解人生的灾难和幸福的不同而又勇往直前，在危难面前不退缩的人。"[①]作为荷马笔下的两位最伟大的英雄阿基琉斯和赫克托尔，他们都是充分意识到这一点的。赫克托尔深深知道特洛伊终有一天会被希腊盟军攻克，自己也将毙命于这场旷日持久的战争之中，但是他不能因此就退缩。在他与妻子的谈话中道出了他的命运，"我知道壮士的作为，勇敢顽强。永远和前排的特洛伊壮勇一起战斗，为自己，也为我的父亲，争得巨大的光荣。我心里明白，我的灵魂知道，这一天必将到来，——那时，神圣的伊利昂将被扫灭，连同普里阿摩斯和他的手握长矛的壮勇"[②]。在与阿基琉斯的决战中，他终于明白，死神已经向他开始招手了。"完了！完了！神们终于把我招上了死的归途……现在，我已必死无疑。但是，我不能窝窝囊囊地死去，不做一番挣扎。不，我要打出个壮伟的局面，使后人都能听诵我的英豪！"[③]荷马借海神塞提斯之口告诉她自己的儿子阿基琉斯，阿基琉斯一旦杀死赫克托尔，死亡也会即将追逐他。但是，阿基琉斯对母亲言道，"现在，我要出战赫克托尔，这个凶手夺走了我所珍爱的生命。然后，我将接受死亡，在宙斯和列位神祇把它付诸实现的任何时光……我也一样，如果同样的命运等待着我的领受，一旦我死后，我将安闲地舒躺"。[④]他的勇敢的灵魂绝不允许他在死神之前苟

① 程志敏：《荷马史诗导读》，华东师范大学出版社 2007 年版，第 204 页。
② [古希腊]荷马：《伊利亚特》，陈中梅译，中国戏剧出版社 2005 年版，第 141 页。
③ 同上书，第 489—490 页。
④ 同上书，第 107—108 页。

且偷生，他也必须担当起为战友复仇的重任。作为英雄的他们，必须与命运进行抗争。正是在与命运进行不屈不挠的抗争之中，方显英雄本色。罗素在《西方哲学史》中指出："在荷马诗歌中所能发现与真正宗教感情有关的，并不是奥林匹克的神祇们，而是连宙斯也要服从的'命运'、'必然'与'定数'这些冥冥的存在者。命运对于整个希腊的思想起了极大的影响，而且这也许就是科学之所以能得出对于自然律的信仰的根源之一。"[①]

荣誉属于在战斗中或在竞赛中的优胜者，是为他的家庭和他的共同体承认的一种标志。与勇敢相关的其他品质能得到社会的承认，原因在于这些品质在调节社会公共秩序方面有一定的价值和意义。"荣誉是同等地位的人授予的，没有荣誉，也就没有价值。"[②]英雄世界的价值观的中心内容是荣誉。他们把个人的荣誉和尊严看作是比生命更为可贵和重要的东西。损害英雄们的荣誉，践踏他们的尊严，夺走本该属于他们自己的所有的话，无疑意味着对他们的冒犯。维护自己的荣誉也就是维护自己的人格、家族的名誉和人际关系的公正秩序。所以当阿基琉斯的言语冒犯了当时的盟军主帅阿伽门农，而后者扬言要夺走他的女仆布里塞伊斯时，阿基琉斯受到了极大的精神刺激，他的情绪因此极度高涨，要不是雅典娜及时赶来阻止阿基琉斯的冒失行为，他肋边的铜剑早已经刺入阿伽门农的胸膛。这场争执的发生，使盟军中两位最杰出的英雄之间的关系出现裂痕，阿基琉斯因此负气出走，致使希腊军队在后来的战事上节节败退。

荣誉是支撑英雄们之所以表现出视死如归的大无畏品质的精神动力。"传统的战士捍卫自己的 kleos，把 kleos 视为自己宝贵财产，并会骄傲地夸耀他的名字、种族、出身和他自己的家乡，就如在《伊利亚特》中，格

① [英]罗素：《西方哲学史》（上卷），何兆武、李约瑟译，商务印书馆 1963 年版，第 34 页。

② [美]麦金太尔：《德性之后》，龚群等译，中国社会科学出版社 1995 年版，第 158 页。

劳科斯遇见狄俄墨得斯那样。”[①]英雄主义的含义就是对尊严和自我意义的寻求。对于英雄们来说，要他们在保全自己的性命而放弃对荣誉的追求和为了崇高的荣誉而献出自己宝贵的生命之间做出抉择的话，他们会毫不犹豫地选择后者。所以，赫克托尔心里明白，必将有一天神圣的伊利昂和他手握长矛的壮勇将被希腊军队扫灭，自己也离死亡的道路不远，但是他并不能因此不做任何的挣扎而窝窝囊囊地死去，他要永远和前排的特洛伊壮勇一起战斗，为自己，也为他的父亲，争得巨大的光荣。大英雄阿基琉斯也知道，死亡对于他来说是永远无法逃避的因素，但为了共同体的荣誉而最终放弃了自己的生命。从他和战友奥德修斯的交流中，我们可以深深地体会到这一点。他告诉奥德修斯，他的母亲曾经跟他说过，有两种命运支配着他趋向死亡轨迹的终点：要是他在希腊联军中参与这场特洛伊战争，他将会丧失回家的机会，但是他将会拥有永垂不朽的名声；如果他选择回家，这将意味着他会失去作为一名伟大英雄所承载的荣誉，但是他的生命却得到了保全，死亡之神不会很快地向他招手。在这里，我们可以看出两种英雄主义的张力：阿基琉斯的英雄行为是属于个人主义的行为，这种行为完全依赖于个人的情感，并体现了他个人的存在对于希腊盟军的重要意义。而赫克托尔的英勇无畏来自于他的祖国之爱。在他身上，英雄个人主义被英雄集体主义所代替。虽然两位英雄的特点不同，但他们的本质是一致的，那就是他们拥有共同的英勇无畏、舍生取义的人格魅力。[②]

英雄们为什么这样珍视他们的荣誉呢？在荷马笔下，英雄是介于神明和普通人之间的角色，相对于人和神的距离而言，他们是住在神明近旁的，由于他们的命运是被神意注定的。在神明的惠顾下，人只有两种选择，一种是与神和好，回到宇宙的大全之中。另一种是与神明进行抗争。荷马史

① [古希腊]柏拉图《理想国》，郭斌和、张竹明译，商务印书馆2002年版，第206页。

② 宋希仁：《西方伦理思想史》，中国人民大学出版社2004年版，第13页。

诗中的希腊英雄一方面在不停地寻求与神明和好的途径，但也不放弃与神明抗争来赢得人的尊严的机会。所以荣誉成了他们接近神明的精神动力。

麦金太尔对于英雄社会德性的言说是有思想穿透力的，他主张在英雄社会中，道德和社会结构事实上是一而二，二而一的事情。事实判断与价值判断的二元思维方式在这样的社会中根本是不存在的，评价问题就是社会事实问题。这是因为，在他看来，根本就不存在与这样的社会结构性质不同的道德结构。所以，荷马总是谈论关于做什么和如何判断的认识问题。既定的规则不但分派了人们在社会秩序中的秩序和位置，而且还规定了他们应该付出的和应该得到的东西；规定了他们如果不能履行这些规则的后果，他们将会受到应有的处置和对待。在这样的社会秩序之中，一个人如果缺乏这样的特定身份的话，不仅对于他人来说是无法认识的，而且对于自己来说，他也无法识别自己究竟是谁，这样的人也就是所谓的陌生人。所以，在英雄社会中，存在两种非常明显的对比：勇敢德性以及与勇敢德性相关的其他德性的拥有者和这些方面的缺乏者。对于前者来说，他就是完整的社会意义上的人，他们可以参与城邦社会的公共事务，因而拥有公民的合法资格；而对于后者来说，他就是陌生的外邦人或其他缺乏公民资格的人。所以，后来就有亚里士多德这一经典的表述："城邦显然是自然的产物，人天生是一种政治动物，在本性上而非偶然地脱离城邦的人，他要么是一位超人，要么是一个鄙夫；就像荷马所指责的那种人：无族、无法、无家之人，这种人是卑贱的，具有这种本性的人乃是好战之人，这种人就仿佛棋盘中的孤子。"①荷马社会中的社会共同体和亚里士多德这里所言的城邦，虽然它们的形式不尽相同，但在社会结构的意义上，它们都强调这种共同体之于德性维系和存在的价值所在。

① [古希腊]亚里士多德：《政治学》，颜一、秦典华译，中国人民大学出版社2003年版，第4页。

在荷马史诗所表征的社会结构和特定的话语形态背景下，从英雄豪迈、悲愤的气息中，我们聆听到的是与英雄的勇敢德性相联系着的死亡、命运、友爱以及荣誉等音符的亢奋，这些精神气质始终映衬于英雄们生命的展开之中，一直伴随他们走向死亡的道路。所以，我们有理由认为，如果把英雄社会的德性与特定的社会结构的关系割裂开来，或者说把这些德性赖以依存的社会结构抽空，那么，我们对这些德性就无法进行合理的解释和说明，一如人们企图对于英雄社会的社会结构的合理论述不可能不涉及对英雄的德性的论述一样，如此，德性的存在就会成为无源之水、无本之木，德性的价值和意义就会被遮蔽，从而走向隐匿的神秘道路。

对于希腊社会的英雄形象，西方人给予他们一个这样的总体性评价：“荷马笔下的英雄是彻头彻尾的凡人，但也拥有卓越之处——arete（德性），这使他们与众不同……他们意识到了自己的凡人之身和必死性。他们知道自己的局限。他们知道如何运用凡人身体上和智慧上的资源来对付问题。他们感到某种英雄般的孤独，同时也知道自己作为凡人而必须在人类社会中起作用。他们知道苦难是人类与生俱来的感受，而且他们也不回避面对不得不面对的东西。他们为人的行为和性格提供了可资学习、欣赏甚至模仿的榜样。荷马笔下的英雄吸引着我们，因为我们在他们身上认识到自己的凡人身份，也认识到那种凡人身份的充分可能性。”[①]或许这一评价是比较客观和公允的。

荷马、赫西奥德一类的希腊古代诗人和宗教家是希腊哲学家的先驱。他们已经思考了自然和物理世界本身的起源这样一类由后来伊奥尼亚学派做出合乎理性解释的问题。“没有希腊宗教、没有希腊艺术和希腊的国民生活，他们的哲学是不能成立的，而那些哲学家所夸耀的那种科学的效果却

① JohnE.Rexine，The Concept of the Hero, in Kostas Myrsiades(ed.)，*Approaches to T-eaching Homer's Iliad and Odyssey*，p.76

是皮相的，无足轻重的东西。”[①]“被亚里士多德称作‘神学家’的希腊哲学家的先驱们，在一种奇妙的宗教和哲学的曙光中呈现在我们面前。”[②]所以，从思想演进的逻辑本身来说，我们对于《荷马史诗》中英雄德性观的讨论是必需的。

第三节　希腊城邦与德性

“追问哲学问题从来不是哲学家们的独占的特权，只有在古希腊城邦整体的文化环境中我们才能恰当地理解哲学话语的发展。”[③]在前面介绍arete概念演化的过程中指出，虽然在当时的社会关系中已经形成了一系列制约人和人、人和城邦关系的伦理规范，这些规范表现在社会生活的各个方面，比如在经济生活领域已出现了节制、挥霍、奢侈、豪华等，在行为举止方面有粗鲁、礼貌、风度等，在待人接物方面有友谊、和善、热情、粗暴等，在商品交换和是非方面的dike已经分化为公平、公正、恰当、正义等意义。但是真正意义上的伦理学概念还没有形成。为什么这样说呢？因为在苏格拉底之前，哲学家的兴趣在于探索自然的奥妙，他们兴奋于面前的这个世界究竟是如何开始的。早期自然哲学家们不戴着神话的有色眼镜看自然，不对自然进行宗教的权威和信仰的润色。他们只把自然当作自然，

---

① [美]杜威：《哲学的改造》，许崇清译，商务印书馆1958年版，第10页。

② [德]策勒尔：《古希腊哲学史纲》，翁绍军译，山东人民出版社1996年版，第19页。

③ 转引自[英]泰勒主编《从开端到柏拉图：劳特利奇哲学史》(第1卷)，韩东晖等译，中国人民大学出版社2003年版，第42页。参见王晓朝《希腊哲学简史：从荷马到奥古斯丁》，上海三联书店2007年版，第23页。

当作诉诸人的感觉的物质世界来认识。因此，他们在探索自然界的本原时，其原理放在“逻各斯”（logos）里，即放在开放性的理论探讨里进行把握。他们不是凭借主观的想象来理解世界，而是追求客观的合理说明。以米利都学派为首的自然哲学家泰勒斯最先开始了对于“水是万物本原”的探讨，同时也有毕达哥拉斯学派把世界本原归为“数”的哲学努力。但是，从米利都学派的泰勒斯到爱利亚学派的巴门尼德，他们都没有形成对伦理学问题的专门考察，更不用说是对于与意志相关的人的德性问题的关注了。虽然期间也不乏诸如毕达哥拉斯的“美德在于和谐”的论断，但这些判断都是在他们探索世界本原的问题基础上衍生出来的，这样的判断缺少一种深刻的人文关怀。对于早期自然哲学家的最后一位集大成者德谟克利特来说，他生活在智者已经活跃的时代，哲学家关心的主要问题已经开始从自然界转向人类社会和伦理道德方面，在他关于社会伦理问题的思想中，我们也很难发现他对于德性问题的思考。当然，这并不意味着这些思想家的相关言论并不重要，相反，他们在一定程度上为后世伦理思想的生成做了思想准备。比如毕达哥拉斯学派在教团生活中倡导“节制”“友爱”“诚实”的美德，灵魂要想得到真正的满足，必须拥有智慧与节制，遵照“逻各斯”而做到理性生存时才能达到。再如德谟克利特主张的“罪恶的原因在于对美好事物的无知”，这些思想观念是苏格拉底所主张的“对灵魂操心”和“知识即美德，无知即罪恶”思想的先声。[①]“但是苏格拉底并不是像一颗菌子一样从土壤中生长出来的，他同他的时代有着一定的联系。他不仅是哲学史中极其重要的人物——古代哲学中最有趣味的人物——而且是具有世界史意义的人物。”[②]看来，对于人类德性问题的深入分析就历史地落在了后

① 宋希仁：《西方伦理思想史》，中国人民大学出版社 2004 年版，第 17、18 页。

② ［德］黑格尔：《哲学史讲演录》（第 2 卷），贺麟、王太庆译，商务印书馆 1995 年版，第 39 页。

来的思想家身上，苏格拉底就表现出了为人类建立伦理秩序而思考的理论勇气。

一 苏格拉底："德性即知识"

"苏格拉底受教于阿那克萨戈拉的弟子阿凯劳斯，在他以前的古代哲学研究数和运动，研究万物产生和复归的本原；这些早期思想家热衷于探究星辰和一切天体的大小、间距和轨程。是苏格拉底第一个将哲学从天空召唤下来，使它立足于城邦，并将它引入家庭之中，促使它研究生活、伦理、善和恶。"[①]苏格拉底生活在希腊智者时代，他认为，智者相对主义感觉论只能助长个人利己主义和个人享乐主义，是造成社会动荡的思想根源；因此他强调知识，贬低感觉，要以理性去探讨伦理观念和道德价值，确定普遍的绝对的善。为此，他把道德和知识统一起来，要求人们"认识自己""真正的我，"即心灵或理智。只有灵魂或理智才能使人明辨是非，明辨什么是"善"和"恶"，才能做一个有道德的人。他的基本命题是"德性即知识"。这一命题大体包含以下三个方面的含义。

第一，"正义和其他德性都是智慧。"前文已经说过，希腊词语"arête"（德性）不仅指人的优秀品质，也指任何事物的优点、长处和美好的个性。苏格拉底把人在生活行为中表现出来的所有优秀善良的品质，如正义、自制、智慧、勇敢、友爱、虔敬等都称为arête，一般将其译为"德性"（virtue）。这些都是高尚的、善的，体现了人的道德本性。"德性即知识"这一命题确定了苏格拉底的全部道德对话活动，他同人讨论种种德性的定

① 转引自［古罗马］西赛罗《在图库兰母的讲话》，见弗格逊编《苏格拉底史料》，第193页；汪子嵩等：《希腊哲学史》（第2卷），人民出版社1997年版，第464页。

义，经过反复辩驳，最终都归结到这个命题上。他在《美诺篇》中专门讨论了这个问题。当美诺询问苏格拉底“德性是否可教？”时，他回答说他自己实际上根本不知道德性是否可教，也不知道德性本身是什么。“如果连什么美德都不知道，又如何能够知道它的性质呢？”[①]在美诺列举了男人的德性就是善于管理城邦，女人的德性就是料理好家务和服从丈夫，以及老人小孩的德性时，苏格拉底说，“尽管美德多种多样，但它们至少全都有某种共同的性质而使它们成为美德的。任何想要回答什么是美德这个问题的人都必须记住这一点”[②]。在对德性是什么的进一步讨论中，苏格拉底指出，如果德性是心灵的一种秩序，并且人们都认为是有意的，那么它一定是智慧，因为一切心灵的性质凭其自身既不是有益的也不是有害的，但若有智慧或愚蠢出现，它们就成为有意的或有害的了。“如果我们接受这个论证，那么美德作为某种有意的事物，一定是某种智慧。”[③]

苏格拉底认为，有智慧能认识正义、德性的人，也就会认识勇敢、友爱、节制等德性，不能设想不能认识自己、不自制、非正义的人会有勇敢、友爱、节制等德性。色诺芬对此作了比较通俗的解释说明：“正义和一切其德行都是智慧。因为正义的事和一切道德的行为都是美而好的；凡认识这些事的人决不会愿意选择别的事情；凡不认识这些事的人也绝不可能把它们付诸实践；即使他们试着去做，也是要失败的。所以智慧的人总是做美而好的事情，愚昧的人则不可能做美而好的事情，即使他们试着去做，也是要失败的。既然正义的事和其他美好的事都是道德的行为，很显然，正义的事和其他一切道德的行为，就都是智慧。”[④]

① [古希腊]柏拉图：《柏拉图全集·美诺篇》（第1卷），王晓朝译，人民出版社2002年版，第492页。

② 同上书，第493页。

③ 同上书，第521页。

④ [古希腊]色诺芬：《回忆苏格拉底》，吴永泉译，商务印书馆1997年版，第117页。

第二，“德性是可教的。”“德性即知识”中的“‘知识’主要是指要能认识人自己的本性（physis）”①。既然德性的共同本质是知识，人的理智本性贯通在道德本性之中，德性就有整体性和可教性。当苏格拉底问普罗太戈拉，智慧、节制、勇敢、正义和虔敬这五个具体德性是一个单一的实体，还是各自是一个实体，有其自身分离的功能，相互之间是否不同？普罗太戈拉认为，“它们全都是美德的组成部分，其中有四个组成部分相互之间非常相似，但是勇敢则与它们很不相同。我的论据是，有许多人可以发现他们是不正义、不虔诚、不节制、无智慧的，然而却又是非常勇敢的”②。苏格拉底则认为，道德人格内部不存在分裂，它是有理性构成的内在和谐的整体。有了知识，便有了德性；没有知识，便没有德性。知识的可教性蕴含着德性的可教性。“你们中有一个在开始的时候说美德不可教，但是后来却自相矛盾，想要证明一切都是知识，比如正义、节制、勇敢，等等，以为这是证明美德可教的最佳方式。如果像普罗太戈拉想要证明的那样，美德是知识以外的东西，那么显然它是不可教的。但若它作为一个整体是知识，这是你苏格拉底所热衷的，那么如果美德不可教，就可太奇怪了。另一方面，普罗太戈拉一开始假设美德可教，现在则矛盾地倾向于说明它是知识以外的东西，而不是知识，而只有把它说成是知识才最容易把它说成是可教的。”③

第三，“无人愿意作恶。”苏格拉底认为，由于对理性的普遍知识原则的确认，没有人从认识上就自愿去作恶。那些看起来似乎在期望邪恶的人，实际上必定“不知道”他所期望的就是恶；那些公然谴责正义的人，如果

---

① 汪子嵩等：《希腊哲学史》（第2卷），人民出版社1997年版，第435页。

② [古希腊]柏拉图：《柏拉图全集·普罗太戈拉篇》（第1卷），王晓朝译，人民出版社2002年版，第474页。

③ [古希腊]柏拉图：《柏拉图全集·普罗太戈拉篇》（第1卷），王晓朝译，人民出版社2002年版，第488页。

不是在说谎，就是根本不知道正义的含义。他通过和普罗太戈拉关于“德性是否可教？”的辩论得出：“无人会选择恶或想要成为恶人。想要做那些他相信是恶的事情，而不是去做那些他相信是善的事情，这似乎是违反人的本性的，在面临两种恶的选择时，没有人会在可以选择较小的恶时去选择较大的恶。”[①] 色诺芬对“无人愿意作恶”这一命题的解释是：“那些认识自己的人，知道什么事情对于自己合适，并且能够分辨，自己能做什么，不能做什么，而且由于做自己所懂得的事就得到了自己所需要的东西，从而繁荣昌盛，不做自己所不懂的事就不至于犯错误，从而避免祸患。而且由于有这种自知之明，他们还能够鉴别别人，通过和别人交往，获得幸福，避免祸患。但那些不认识自己，对于自己的才能有错误估计的人，对于别的人和别的人类的事务也就会有同样的情况，他们既不知道自己所需要的是什么，也不知自己所做的是什么，也不知道他们所与之交往的人是怎样的人，由于他们对这一切都没有正确的知识，他们就不但得不到幸福，反而要陷于祸患。”[②]

苏格拉底“德性即知识”的命题明确肯定了理性知识在人的道德生活中的决定作用，这就在古代希腊哲学乃至整个西方哲学中首次建立起一种理性主义的道德哲学，赋予道德价值以客观性、确定性和普遍规范性。这是一种理性主义道德思维方式和感觉论的相对主义道德思维方式的较量。“智者从相对主义的感觉论出发，或者主张道德是认为约定（nomos）的，或者像反 nomos 的人所认为的将道德归为个人追求快乐的欲望的 physis，因此他们所说的美德是依据个人意欲而转移的闪忽不定相互矛盾的碎片；道德价值也完全是主观的变化的，没有确定性可言，也就没有普遍的是

① ［古希腊］柏拉图：《柏拉图全集·普罗太戈拉篇》（第 1 卷），王晓朝译，人民出版社 2002 年版，第 484 页。

② ［古希腊］色诺芬：《回忆苏格拉底》，吴永泉译，商务印书馆 1997 年版，第 149—150 页。

非善恶的道德尺度和规范。”[①]“他通过对自己的意识和反思来关心他的伦理，——普遍的精神既然在实际生活中消失了，他就在自己的意识中去寻求它；因此他帮助别人关心自己的伦理，因为他唤醒别人的伦理意识，使人意识到在自己的思想中便拥有真和善，亦即拥有产生道德行为和认识真理的潜在力。”[②]

二　柏拉图：德性即心灵的良好秩序

柏拉图从人的灵魂状态出发，对于德性做了讨论。他认为，人的灵魂由于在进入肉体之前“观照”现实世界的时间不同，从而产生了素质上的优劣。个人的灵魂包括理智、激情、欲望三个部分。虽然人的灵魂都拥有理智、激情、欲望的冲动，但是，每个人的冲动有所侧重，各不相同。有的人善于思考，热爱智慧；有的人充满激情，追求荣誉和权力；而大部分人渴望满足低级的欲望，对金钱与美色格外关注。这些都是每个人的灵魂素质优劣的具体表现。所以，对于他们的德性要求也不可能一样。擅长思考的人以追求智慧为德，富有激情的人以崇尚勇敢为德，而欲望强烈的人则要求他们必然以节制为德性。“就柏拉图的论点而言，‘dikaisoune’很不同于任何现代的正义概念；当然几乎所有柏拉图的译者都以‘正义’这词来翻译它，恰当地说，‘dikaisoune’就是给灵魂各个部分配置其特殊的功能的德性。”[③]

---

① 汪子嵩等：《希腊哲学史》（第2卷），人民出版社1997年版，第436页。

② ［德］黑格尔：《哲学史讲演录》（第2卷），贺麟、王太庆译，商务印书馆1995年版，第65页。

③ ［美］麦金太尔：《德性之后》，龚群等译，中国社会科学出版社1995年版，第178页。

在古代希腊城邦社会中，个人与国家的关系是不可分割的。个人是缩小的城邦，城邦是扩大的个人。所以，城邦的制度相应地和个人的灵魂存在着同构关系。城邦的全体公民同样也可以分成三个等级，每个等级都拥有自己的德性。柏拉图对于包括正义在内的诸美德的讨论是在其对话名篇《理想国》中完成的。[①]他认为，一个善的国家应该具有智慧、勇敢、节制、正义这四种基本的美德。对于一个国家来说，智慧并不意味着它具有某种技艺的知识，而在于它有治理整个国家的知识，能够考虑国家大事，改善内外关系，“唯有这种知识才配称为智慧，而能够具有这种知识的人按照自然规律总是最少数”[②]。国家的勇敢属于保卫它的战士，也即能够在战场上为国家作战的军人，这种勇敢不是野兽或奴隶的那种凶猛，而是“一种保持。就是保持住法律通过教育所建立起来的关于可怕事物——即什么样的事情应当害怕——的信念。我所谓‘无论在什么情形之下’的意思，是说勇敢的人无论处于苦恼还是快乐之中，或处于欲望还是害怕中，都永远保持这种信念而不抛弃它”[③]。节制是一种协调或和谐。“节制是一种好秩序或对某些快乐与欲望的控制。”[④]在一个国家里多数人包括小孩、女人和奴隶的苦乐欲望是低级的，要受少数人的理性和正确意见的指导。所以如果多数人愿意接受统治，少数人能正确统治，统治者和被统治者能和谐一致，这个国家就是节制的，可以成为自己的主人。所以，节制和智慧、勇敢不同，并不专属于某一个阶级，它贯穿于全体公民的生活之中。“节制就是天性优秀和天性低劣的部分在谁应当统治，谁应当被统治——不管是在国家里还是在

① 关于柏拉图为什么要从这个角度讨论德性问题，我们将结合麦金太尔教授对这一问题的看法，在接下来的问题中专门讨论。

② [古希腊]柏拉图：《理想国》，郭斌和、张竹明译，商务印书馆2002年版，第147页。

③ 同上书，第148页。

④ 同上书，第150页。

个人身上——这个问题上所表现出来的这种一致性和协调。”[①]柏拉图认为，一个国家具备了智慧、勇敢、节制三种美德之后，正义的美德也就实现了。所谓正义就是：每个人就自己的智慧、勇敢和节制为国家做出最好的贡献，即每个人做自己职责范围内的事情而不干涉别人，就实现了正义原则。可见，正义并不是在智慧、勇敢和节制之外的、和它们并列的另一种德性，而是在这三种德性之上，是比它们更高一个层次的普遍使用的德性。无论是智慧、勇敢或节制的行为，都有做得是否合适的问题，这就是正义和不正义的问题。

柏拉图从人的灵魂状态出发进而把德性放在城邦中来讨论，这一思维转换是有着深刻的社会背景的。麦金太尔认为，柏拉图在其对话录中借苏格拉底之口，通过苏格拉底和一般雅典人讨论“德性究竟是什么？”这一问题，它的目的不在于说明苏格拉底的严谨和一般雅典的人粗糙的对比这一更为表面的问题，而是要透露出这样一种信息：柏拉图所要指出的是，在当时的雅典文化中，评价语言已经发生了前后不一致的状态。“当柏拉图在《国家篇》中提出他自己的对德性的完整一致的陈述时，他的策略的一部分就是把荷马的继承物从城邦中清除掉。探求古典社会德性的一个起点就是确立古典社会中某些基本的不一致与荷马背景的关系。”[②]麦金太尔通过借助于悲剧作家索福克勒斯的《菲罗克忒忒斯》说明了他所处的雅典城邦已经不同于荷马时代的血缘共同体。前文所述，在荷马时代的道德共同体中，由于社会结构是以家庭和亲属关系为中心的，社会的价值标准也是确定了的，每一个个体的职责都与他的社会角色相一致，根本就不存在任何外在的标准。而在雅典城邦这一道德共同体中，对于德性的理解就存在很大的差异。“雅典人对德性的理解，提供了据以对他自己的共同体的生活质

① [古希腊]柏拉图：《理想国》，郭斌和、张竹明译，商务印书馆2002年版，第152页。
② [美]麦金太尔：《德性之后》，龚群等译，中国社会科学出版社1995年版，第178页。

疑的标准和探究这个或那个做法或政策是否正义的标准。"[①] 麦金太尔指出，雅典时期希腊人对德性概念的理解，在公元前6世纪、公元前5世纪前期和公元前5世纪后期，在重要的方面都是不同的。这一时期的德性观至少有四种：智者派的、柏拉图的、亚里士多德的和悲剧作家的。他分别以索福克勒斯的《菲罗克忒忒斯》、伯里克利、《高尔吉亚》和《理想国》中的智者为代表，讨论了他们对于德性的不同看法。通过这些代表人物对于德性的言说，麦金太尔想表达的是：在雅典时代，"存在着相互匹敌的德性概念，对一种德性，有相互匹敌的论点"[②]。

这里集中关注的问题不在于麦金太尔对于这些派别的德性观点的具体解释，而在于他对柏拉图《高尔吉亚》和《理想国》这两篇对话录中的观点。因为我们的目的是为了讨论柏拉图为什么要把德性置于《理想国》中集中讨论的原因。他认为，《理想国》中的智者色拉叙马霍斯把成功看成行为的唯一目标，获得为所欲为的权力是成功的全部内容。因此，德性就是确保成功的品质。智者认为，在每一个城邦中，德性都是为他们所认为是在该城邦中是德性的东西，根本就不存在一般正义这类东西，而只有在雅典被理解为正义的东西或在其他城邦被理解为正义的东西。当这种相对主义的思维方式与把德性理解为确保个人成功的品质的论点相结合时，这种相对主义的信奉就出现了一系列困难。而在《高尔吉亚》中，卡利克勒斯认为，德性和善的概念与幸福、成功、欲望的满足等概念之间有着不可分割的联系。柏拉图也同意接受希腊人普遍接受的常识概念。所以，柏拉图不能对善的东西将导致幸福和欲望的满足这一卡利克勒斯的论点挑战，因而不得不向卡利克勒斯的幸福和欲望的满足的观念质疑。

① [美]麦金太尔：《德性之后》，龚群等译，中国社会科学出版社1995年版，第169页。
② [美]麦金太尔：《德性之后》，龚群等译，中国社会科学出版社1995年版，第179页。

为了克服智者在德性问题上的相对主义的观点和回答对卡利克勒斯质疑的需要，柏拉图便从人的灵魂状态出发，对德性做了他自己的论述。“如果说，对于卡利克勒斯来言，欲望的满足是在对城邦的统治中，在暴君的生活中得到，那么，对于柏拉图来说，合理欲望在这物质世界中的任何实际存在的城邦中都不可能得到真正满足，而只有在有着一种理想制度的理想国里得到。”①事实上，麦金太尔在他的后来的另一部著作《谁之正义？何种合理性？》论及雅典德性观念时，他表达了同样的思考路径和问题意识，只不过他从“优秀善”和“有效善”两个方面对正义概念本身做了一种文化学意义上的解释，他对问题的把握是相当深刻的。②

---

① [美]麦金太尔：《德性之后》，龚群等译，中国社会科学出版社1995年版，第177页。

② 麦金太尔认为，在古希腊，正义原本有着两种不同的但是却相互联系的概念，即作为美德的正义概念和作为规则的正义概念。而且，它首先是作为美德的概念而出现的。麦金太尔认为，古希腊人的两种相互对应的正义概念又有着两方面的不同含义：其一是按照优秀或完美（excellence）来定义的正义；其二是按照有效性（effectiveness）来定义的正义。作为一种社会的道德规则，正义既表征一种社会的道德理想，也表示对一种社会合作的有效规则的服从和践行。作为一种个人的道德美德，正义若按照优秀或完美来定义，则表示一种个人的美德品质，即给予每个人以应得的善或按照每个人的功德来给予善的回应的品质。这也就是我们所说的人的公道、正直的品质；而如果按照有效性来定义正义，则正义的美德是个人遵守正义规则的品质。麦金太尔认为，“正义美德与正义规则的关系互不相同，但对于两者来说，下面这一点却是一样的，即：不仅作为美德的正义是整个美德范畴中的一种美德，而且，无论是在社会秩序中树立正义，还是在个体身上把正义作为一种美德树立起来，都要求人们实践各种美德，而不是实践正义。这些支撑着正义的美德（justice-sustaining virtues）的范例是节制、勇敢和友谊。而这些美德中的每一种美德都被人们从两种选择性的立场出发作了不同的设定。”（参见[美]麦金太尔《谁之正义？何种合理性？》，万俊人等译，当代中国出版社1996年版，第56—57页。）我们认为，麦金太尔对于古希腊关于按照优秀或完美（excellence）和有效性（effectiveness）来定义正义的知识类型学的分析，对于说明古希腊雅典社会的德性观的内容是很有理论说服力的。按照这样的分类，我们可以把柏拉图的德性观归于前者，而智者关于德性的讨论归于后者。麦金太尔从这样的角度来讨论问题，一方面有助于加深对德性本身的理解，同时从学理的角度来说，使他对古希腊社会德性伦理的理解形成了一种比较连贯的论述。这种从多学科讨论问题的思维方式，使得我们不能不佩服作为当代一位伟大思想家的麦金太尔对于德性问题言说的思想力度。另外，我本人比较倾向于把正义的优秀方面的含义理解为正义的内在价值，而把正义的有效性的含义理解为正义的外在价值。

三　亚里士多德：理智德性与伦理德性[①]

（一）德性如何生成？

亚里士多德在对前人批判的基础上，提出了自己关于德性问题的思考。他指出，自然哲学家毕达哥拉斯的“美德在于和谐”的观点是不恰当的，因为他企图把德性归结为数目的比例关系，这显然是幼稚的。同时他也对苏格拉底和柏拉图的德性观作了批评。他认为苏格拉底的“德性即知识”过分夸大了知识在道德中的作用，他在抛弃灵魂的非理性部分的同时也就抛弃了激情和道德。虽然柏拉图从灵魂的有理性和无理性两个部分出发，赋予它们各自的德性的功能的观点是正确的，但是他又把德性与善混合在一起，这一点是不恰当的。[②]亚里士多德明确表示，他对于德性问题的研究是为了更好说明幸福问题。“既然幸福是灵魂的一种合于完满德性的实现活动，我们就必须考察德性。”[③]他认为，政治学和伦理学的研究都必须从分析灵魂即人的心理状态开始。灵魂有理性的和非理性的两个部分，在非理性部分中有一种生长和营养的能力，这是包括人在内的一切生物所共同拥有的能力。灵魂的非理性的部分虽然和理性是对立的，但是它也分有理性，可以受理性的约束，这一点可以从能够自制的人那里得到证明，这就是欲

① 作为古希腊思想的集大成者，亚里士多德在伦理学上的贡献是最为突出的。他第一次把伦理学从哲学中独立出来，他的伦理学著作包括《尼各马可伦理学》、《大伦理学》和《优台谟伦理学》，其中最为著名的是《尼各马可伦理学》，因为这部著作比其他两部在结构上更为完整、在内容上更为丰富，我们对于他的德性思想的考察将以《尼各马可伦理学》为根据。《尼各马可伦理学》可以说是西方第一部经典的关于德性伦理的著作。在这一部著作中，他对于德性伦理所涉及的问题几乎都谈论到了。包括善的概念、幸福、德性、幸福与德性及其相互关系、意志、选择、快乐痛苦等情感与德性的关系、具体德目的论述等方面。所以陈真教授把亚里士多德美德伦理学称为“经典美德伦理学”。（参见陈真《当代西方规范伦理学》，南京师范大学出版社 2006 年版，第 235—267 页。）我们这里关于亚里士多德德性伦理的介绍主要以《尼各马可伦理学》第一、第二卷和第三卷第一到第五章的内容为根据，对亚里士多德关于德性伦理的总论部分做一基本的概述。

② ［古希腊］亚里士多德：《亚里士多德·大伦理学》，徐开来译，中国人民大学出版社 1994 年版，第 242 页。

③ ［古希腊］亚里士多德：《尼各马可伦理学》，廖申白译注，商务印书馆 2003 年版，第 32 页。

望。如果将这部分非理性的本原说成是也分有理性的，那么理性的本原就有两个部分，一部分是严格的理性本身，另一部分是像儿子听从父亲的教导那样分有理性。德性的区分也是同灵魂的划分相适应的。我们把一部分德性称为理智德性，而把另一部分德性称为伦理德性。智慧、理解和明智是理智德性，慷慨与节制是伦理德性。亚里士多德接下来讨论了德性的生成问题。“理智德性主要通过教导而发生和发展，所以需要经验和时间。道德德性则通过习惯养成，因此它的名字‘道德的’也是从‘习惯’这个词演变而来。”[①]伦理德性不是自然生成的，因为自然本性是不能改变的，而伦理德性却是可以改变的，它既不是出于自然本性，也不是违反自然本性的，而是将它自然地接受下来，通过习惯使它完善起来的。

（二）伦理德性究竟是什么？

亚里士多德认为，既然人的灵魂有感情、能力和品质三种状态，而德性就是使得一个人好并使得他的实现活动完成得好的品质。在他看来，情感就是欲望、怒气、恐惧、信心、嫉妒、愉悦、爱、恨、愿望、怜悯等伴随着快乐与痛苦的东西；而能力就是指我们借它以产生这些感情的，即能被激怒、感到痛苦或怜悯的力量；品质则是对这些情感持有好的或坏的状态，以愤怒为例，如过于强烈或过于软弱都是坏的，只有适中的才是好的。亚里士多德排除了德性不是情感也不是能力。德性和恶不是情感。情感本身无所谓善恶，一个人并不因为他害怕或发怒被称赞或被谴责，只是以某种方式害怕或发怒才有德性和恶的问题，才被称赞或被谴责。害怕和发怒是未经选择的情感，德性却是有选择的行为。再说情感是被动的，而德性是主动的，是以这种或那种方式的安排。德性也不是能力，因为发生情感

① ［古希腊］亚里士多德：《尼各马可伦理学》，廖申白译注，商务印书馆2003年版，第35页。

的能力并没有德性和恶可言，它不会被赞成或谴责。自然赋予我们能力时，既没有使我们善也没有使我们恶。如此，德性就只能是一种属于人的品质了。

亚里士多德得出这样的判断并不是空穴来风，他的这一结论与前面关于善和幸福的问题是紧密相关的。他认为最高的善不是快乐、荣誉和财富，也不是柏拉图所认为的“善的理念”，而是幸福。幸福并不是一个抽象的名词，像是有一种幸福的生活让人去享受；他认为要从人的功能或活动方面看才能理解什么是幸福。任何事物的德性都是在它的活动中才能显现出来，因此人的善和幸福是在人的积极主动的现实活动中才能实现获得的。幸福就是灵魂的一种合于完满德性的实现活动。“对于任何一个有某种活动或实践的人来说，他们的善或出色就在于那种活动的完善。”[①]“人的善就是灵魂的合乎德性的实现活动，如果有不止一种德性，就是那种最好、最完善的德性的实现活动。”[②]正因为如此，亚里士多德把人的活动分为理论的和实践的，善是行为而不仅仅是理论，所以要区分伦理的德性和理智的德性。理智的德性主要表现在知识，而伦理的德性仅仅是知识还是不够的。亚里士多德进而对于人的灵魂做了分析，他认为灵魂中的营养和感觉部分是包括人在内的一切生物或动物共有的，人区别于其他生命物的标志就是人的理性。但在人的理性灵魂中也包含非理性的成分，即情感和欲望，它们虽然是非理性的，却能服从理性，也可以说是分有了理性。在伦理行为中情感和欲望起着重要作用，对一件善的行为，你是乐于做它，喜欢去做它，还是以它为痛苦，不去做它；你是愿意和决心去做它还是不想去做它；这对于形成和发展成的伦理德性，养成好的习惯是起着关键作用的。所以伦理德性既不是被动的感受和情感，也不是天生的能力，它也不像理

① ［古希腊］亚里士多德：《尼各马可伦理学》，廖申白译注，商务印书馆2003年版，第19页。

② ［古希腊］亚里士多德：《尼各马可伦理学》，廖申白译注，商务印书馆2003年版，第20页。

论知识那样单靠学习就能得到的，它必须通过不断实践、锻炼和培养才能形成习惯。因为“幸福需要完全的善和一生的时间”[①]。“亚里士多德说的善、幸福和伦理品德，实际上是认为人养成了一种良好的习惯，尽力不断地做良好的、合理的、高尚的行为。”[②]

（三）伦理德性的内涵与外延

亚里士多德认为，仅仅指出德性是一种品质还是不够的，我们还必须说明德性是一种什么样的品质，因为这只是从概念的种的意义上对于德性的界定。换句话说，我们必须指出作为伦理德性的内涵，从而把它从德性的一般意义上区分开来。这就意味着我们要对伦理德性这一概念作出逻辑学意义的界定。按照逻辑学的要求，任何事物的定义都是由“种”和“属差”来构成，伦理德性的“种”的概念是品质，我们需要指出它的“属差”。从最为宽泛的意义上说，任何事物的德性就是使该事物的状况良好，能完满地履行它的功能。所以，“人的德性就是使得一个人好又使得他出色地完成他的活动的品质”[③]。那么怎么样才能具有这样的德性呢？亚里士多德指出，一切连续的可分的东西中总是有多有少，这就客观事物自身来说的；我们可以取得过多或过少，这是就我们主体自身来说的。伦理德性具有这样的品格，它是处理情感和行为的，这里有过度、不足和中间。一个人在恐惧、勇敢、欲望时都会感觉到痛苦或快乐，或多或少很容易处理不好，造成过度和不及。而在适当的时间、适当的地点、对于适当的人、处于适当的原因、以适当的方式感受这些感情，就既是适度的又是最好的，这就是要选择适度的中道。而且，错误可以是多种多样的，正确的道路只

① [古希腊]亚里士多德：《尼各马可伦理学》，廖申白译注，商务印书馆2003年版，第26页。
② 汪子嵩等：《希腊哲学史》（第3卷），人民出版社1997年版，第930页。
③ [古希腊]亚里士多德：《尼各马可伦理学》，廖申白译注，商务印书馆2003年版，第45页。

有一条，所以适度就是德性的特点。亚里士多德指出，伦理德性的“属差”就是选择中道。因此，“伦理德性就是一种选择的品质，存在于相对于我们的适度之中”①。

在对德性概念的内涵做了讨论后，亚里士多德认为，应当把德性应用到具体的事例上去。因为在实践活动中，尽管德性的一般概念适用性较广泛，但是那些具体陈述的确定性更大。换句话说，人们必须把德性理论贯彻到具体的实践活动中去，以保持伦理学理性和经验的双重品格。这是我们所说的德性的具体内容，即德性概念的外延。以下将以德目表的形式来呈现德性的具体内容。②

不及	德性	过度
麻木	温和	愠怒
怯懦	勇敢	鲁莽
惊恐	羞耻	无耻
冷漠	节制	放纵
无名称	义愤	妒忌
失	公正	得
吝啬	慷慨	挥霍
自贬	诚实	自夸
恨	友爱	奉承
固执	骄傲	谄媚
柔弱	坚强	操劳
谦卑	大度	虚荣
小气	大方	铺张
单纯	明智	狡猾

① [古希腊]亚里士多德：《尼各马可伦理学》，廖申白译注，商务印书馆2003年版，第47—48页。

② [古希腊]亚里士多德：《尼各马可伦理学》，廖申白译注，商务印书馆2003年版，附录三“关于亚里士多德德性表”。

以上从《尼各马可伦理学》提供的知识背景出发，对亚里士多德关于伦理德性的形成、内涵和外延做了基本的描述。接下来，我们将思维的视角转向亚里士多德之后的伦理学家关于德性问题的看法上来。

第四节　希腊化罗马时期：德性与幸福

希腊化罗马时期思想家们在伦理学没有什么大的创新，[①] 主要是继承了亚里士多德的伦理思想，并把他的理论付诸道德实践，这一点在德性问题上表现得非常明显。本书就伊壁鸠鲁派和斯多葛学派关于德性与幸福问题上的观点作一简要的说明。

伊壁鸠鲁学派从他们感觉快乐论的哲学前提出发，认为在伦理道德领域内，个体的感觉是衡量德性的标准；个体的幸福是人类一切活动的依据；唯一无条件的最高的善是快乐，痛苦是无条件的恶。“快乐是幸福生活的开始和目的。因为我们认为幸福生活就是我们天生的最高的善，我们的一切取舍都从快乐出发；我们的最终目的乃是得到快乐，而以感触为标准来判断一切的善。”[②]他认为，并非每一种快乐都是值得追求的，衡量快乐的标准是善，当某些快乐会给我们带来更大的痛苦时，就要放弃许多快乐。伊壁鸠鲁进一步认为，他所说的快乐是与德性不可分割的，德性是为了快

① 希腊化时期，一般是指从亚历山大皇帝于公元前 334 年东征开始，直至罗马皇帝奥古斯都于公元前 30 年征服最后一个希腊化国家埃及的托勒密王朝为止；罗马帝国时期，是指从公元前 30 年到公元 476 年西罗马帝国灭亡，这标志着欧洲奴隶制度的结束，这个时间跨度大约 800 年。

② 周辅成：《西方伦理学名著选集》（上卷），商务印书馆 1964 年版，第 103 页。

乐而确立的，它本身就产生快乐。德性是达到快乐或精神宁静的目的的一种手段。它本身不是目的，而像医疗技术一样，是一种手段。因为它有用处，我们称赞它并加以运用。“对他们来说，幸福是一种快乐的情感。这个观点引起了德性或美德地位的变化，德性变成了达到快乐目的的一个手段。”①

如果说伊壁鸠鲁把德性当作获得幸福的手段的话，那么斯多葛派的德性主义就是把德性等同于幸福。斯多葛学派是从犬儒学派发展而来的，犬儒学派认为“德性是自足”“德性足以使人幸福”。这里的“自足”就是在理性指导下的自我满足、独立无求。具体表现在两个方面：第一，德性是不依赖于肉体的灵魂状态；第二，德性是不谋求任何外在目的和利益的行为特征。他们认为，德性对于幸福就足够了，唯一的善就是他自己的思想或精神财富，其他外在的财产、荣誉都是无足轻重的。在他们看来，既然万物都遵从自然的理性，而人借助这种理性能够认识并遵从自然界的理性。“个人的本性都是普遍本性的部分，因此，主要的善就是以一种顺从自然（本性）的方式生活，这意思就是顺从一个人自己的本性和顺从普遍的本性，不做人类的共同法律所禁止的事情。那共同法律与普及万物的公正理性是同一的，而这公正理性也就是宙斯，万物的主宰与主管。”②遵从自然而生活，就是要使人们的行动符合理性、符合逻各斯，或美好的生活。德性是至善和最大的幸福，因为只有有德性的生活才是幸福的生活。过这样的生活就是实现自我；而实现真正的自我，就是为宇宙理性的目的服务，为宇宙的目的而尽力。这就体现出他们的伦理学是以神学目的论的物理学为基础的。所以他们强调：人必须按照自然（本性）生活，这也就是按照德

① [德]弗里德里希·包尔生：《伦理学体系》，何怀宏、廖申白译，中国社会科学出版社1988年版，第52页。

② 转引自范明生《晚期希腊哲学和基督教神学：东西方文化的汇合》，上海人民出版社1993年版，第77页。

性生活，因为正是自然（本性）引导人走向美德。这样的生活是完美的和幸福的，也即德性就是幸福。

斯多葛派对于德性本身也做了讨论。他们一方面坚持德性是一，另一方面也采用了“四主德”的说法，把智慧、正义、勇敢、节制当作主要德性。在他们看来，这两个方面不是矛盾的，因为“德性是一”的依据是“理性是一”，指同一力量、活动和规律；同样，理性贯穿于“四主德”之中，将它们统一成完整的德性，完全按照理性行动的人同时拥有这些德性中的全部，而部分按理性行动的人则不具有任何一种德性。“四主德”不可分割，不可能拥有其中一种而没有其他三种德性。

从斯多葛学派对于德性与理性、德性与幸福的关系等问题的讨论可以看出，斯多葛派在德性问题上的思想可以看作是亚里士多德伦理原则的具体运用，“它认为只有德性才是善的观点，归根结底正是柏拉图和亚里士多德所教导的：幸福不在于快乐，而在于德性的训练。在关于所谓外在的善（财富、健康、美丽、名声等）的价值观上斯多葛派与柏拉图和亚里士多德也无根本不同”①。

伊壁鸠鲁学派把生活所产生的快乐的情感当作至善本身，而把产生快乐效果的人的气质或性格作为手段；而斯多葛学派把幸福确定为灵魂的一种实现人的本性的目标的生活，或实现人的理性生活看作是最大的善。表面上看，这两个学派之间关于德性问题的认识是针锋相对的，但是，当我们进一步考察前者关于幸福的本质时就会发现，他们的态度基本是一致的。伊壁鸠鲁学派所说的最高的幸福是指肉体的无痛苦和精神的安宁状态。“因此那种使生活快乐的东西，并不是连续的吃喝和宴会，或是在与女性交往中得到的享受，……而是清醒的思考，这种思考考察所有选择和放弃的理

---

① ［德］弗里德里希·包尔生：《伦理学体系》，何怀宏、廖申白译，中国社会科学出版社1988年版，第51页。

由，除去那些产生出使心灵苦恼的更大纷扰的空虚念头。所有这些事情的最先和最大的善乃是明智，因此明智甚至比哲学还要可贵，因为其他所有德性都是源于它的。……因为各种德性都与愉快的生活共存，愉快的生活是不能与各种德性分开的。”[①] 他们所说的快乐并不是依靠肉体享受和放纵欲望来实现，快乐是同柏拉图、亚里士多德和斯多葛学派都推崇的德性，即智慧、勇敢、节制和正义联系在一起的。“因此，真正说来，（伊壁鸠鲁学派）就得出了和斯多葛派同一的结果；至少伊壁鸠鲁派为他们的哲人作了和斯多葛派同样美好的描写。在斯多葛派，本质是普遍的东西，而不是快乐，不是个人之为个人的自我意识；但是，这种自我意识的现实正是一种使人快乐的东西。在伊壁鸠鲁派，快乐是本质的东西，但是要去寻求、要去尝味的：要是纯粹的、不混杂的、理智的、不会引起更大的灾祸而损害自己的，——要在全体中去考察，也就是说，本身要被看成普遍的东西。”[②]弗里德里希·包尔生似乎说得更为明确，“所以，伊壁鸠鲁也达到了普通希腊人关于德性与幸福是不可分离的观念”[③]。

亚里士多德把理性看作是灵魂特有的形式，他找到了对伦理问题即善的问题的解答：人类的幸福是一切行为的最高目的，人们必须在理性的指导下靠自己的行为获得幸福。“万物之所以幸福是由于发挥了自己的本性和自己独有的能力——而人则通过理性。因此，人的美德是一种气质或永恒的心境，通过它人就具有理性活动的实践能力。美德从人的天性中的禀赋发展而来，其成果就是满足、愉快。”[④]人的理性的自我发展，一部分发展为

① ［德］弗里德里希·包尔生：《伦理学体系》何怀宏、廖申白译，中国社会科学出版社 1988 年版，第 54 页。

② ［德］黑格尔：《哲学史讲演录》（第 3 卷），贺麟、王太庆译，商务印书馆 1995 年版，第 83 页。

③ ［德］弗里德里希·包尔生：《伦理学体系》何怀宏、廖申白译，中国社会科学出版社 1988 年版，第 54 页。

④ ［德］文德尔班：《哲学史教程》（上卷），罗达仁译，商务印书馆 1987 年版，第 204 页。

理性行为，一部分发展为理性思维；一方面发展为品格或气质上的完美，另一方面发展为智慧能力上的完美。由此产生了“伦理的德性”和“理智的或逻辑推理的德性”。伦理德性产生于意志的锻炼，意志因锻炼使人在决断中遵循实践理性而习惯于按照正确的洞见行动。伦理生活产生于实践理性，这使得它超越了苏格拉底所谓的伦理行动决定于知识的见解。柏拉图和亚里士多德都确信，人的伦理德性总是关系到在社会中得到成功的行动，所以必须在城邦社会生活中来实现。换句话说，人的德性的完美必须在秩序良好的城邦道德共同体中才有生命力，而城邦的好坏则取决于是否将社会的利益当作自己的最高目标，所以就有政治学的最高目标就是获得幸福这样的判断。从这个意义上，柏拉图和亚里士多德都极为重视关于城邦国家的理论研究，如果说前者所构建的国家体制多少带有乌托邦的道德性质的话，那么后者则立足于现实社会中人性和既定的国家体制，对于完美政治制度的理论设计就具有一定的合理性。

到了希腊化罗马时期，城邦奴隶制度开始逐渐解体，哲学关心的主要是个人道德，因此哲学被深深地打上了伦理学的烙印，即个人伦理学。“在这个沿袭前人并无创造力的时代，形成研究中心的完全是个人伦理学。”[①]那种要求道德达到社会伦理和崇高理想境界的希腊思想对于这个时代来说只是一首陌生的赞歌，民族意识已经失去了对人们心灵的控制力，个人幸福和德性问题被放在了突出的地位上，个人人格的内在反省成为道德生活理想的基本特征。哲学描述的是一种圣人理想，其特征在于：恬静而无动于衷，因洞见而有德性并获得幸福。它既要战胜外在世界的强权力量，又要抵御内在世界的物欲诱惑及其情感。“希腊化时代的哲学主要是希腊哲学理性传统的延续，但是，世界主义的形成削弱了个人与城邦之间的联系，凸

① ［德］文德尔班：《哲学史教程》（上卷），罗达仁译，商务印书馆 1987 年版，第 221 页。

显了孤独的个人与人类社会的联系，因此，适应世界化了的社会需要，哲学的出发点不再像希腊哲学那样是公民与城邦的关系，而是孤独的个人与扩大的世界的关系。人在一个更广大更复杂的世界中的处境和命运，从此成为理性的关注中心，试图解决人的离异感和危机感，为人提供自我控制和道德独立的精神支持，以便在一个充满敌意的世界中获得幸福。”[①]德性就是淡漠无情，征服世界就是征服自己的感情冲动。因此，德性本身就是唯一的善，而激情对理性的支配就是唯一的恶，其他事物和关系则无关紧要。所以，伊壁鸠鲁学派把伦理兴趣限制于个人的幸福，并用心理学发生学的解释将一切快乐归结为感官的快乐或肉体的快感，又用有教养的人的艺术自我享受为最高的善行而驱逐了享乐主义中粗俗的、感性的成分；而斯多葛学派则用理性灵魂拒绝和排除情感的任何冲动，把根据理性而生活看成是智慧的崇高目标和天然责任。

第五节　基督教德性论

一　从意志自由引出基督教伦理

在我们对希腊德性伦理做历史样态的分析中，对于“意志自由”问题的讨论几乎是伦理学家们颇为感兴趣的问题之一。[②]伦理学的“自由”问题

① 田薇：《信仰与理性：中世纪基督教文化的兴衰》，河北大学出版社 2001 年版，第 19 页。

② 对“意志自由”这个问题的粗线条说明，从一个方面说明了基督教哲学产生的必然趋势，同时也有助于理解本书要说明的基督教德性伦理学生成和发展的轨迹。

在概念上必须以错误行为的自愿选择为先决条件。苏格拉底最早考虑了错误行为的自愿性并通过亚里士多德给予出色的研究。但由于苏格拉底主张“德性即知识”的唯理智论观点使得意志完全依赖于知识，在他看来，一切道德上的错误来自被欲望蒙蔽了的错误观点，因此，做错事的人在于他的“无知”。在这个意义上，他的行动是不自愿的，或者说，坏人是不自由的。“无人会选择恶或想要成为恶人。想要做那些他相信是恶的事情，而不是去做那些他相信是善的事情，这似乎是违反人的本性的，在面临两种恶的选择时，没有人会在可以选择较小的恶时去选择较大的恶。”[①]柏拉图区分了心理上的自由和伦理上的自由，认为人可能由于自己的过失而陷入伦理上不自由而心理上的自由境地。

亚里士多德离开苏格拉底唯理智论的观点似乎更远。[②]亚里士多德的“自愿和非自愿也就是后来伦理学讲得最多的‘意志’问题，在亚里士多德的伦理学中还没有直接提出‘意志’这个概念，但是通过亚里士多德关于‘自愿’和‘非自愿’的论述，我们可以看到‘意志’这个概念最初是如何产生和形成的”[③]。他认为，一个人是不是选择合乎中道的行为，即是为善还是为恶，是由他自愿决定的。他区分了意志选择自愿性的三种情况：首先，非自愿行为的产生或者是出于强制，或者是出于无知。强制是外部施加给行为者的，行为者自己无能为力。强制行为的原因是外来的，并不是行动者自己要做的，就这一点来说是非自愿的；但是他选择了这一种而不是那一种，又是自愿的。其次，出于无知而做的行为并不是自愿的，但是

① [古希腊]柏拉图：《柏拉图全集·普罗太戈拉篇》（第1卷），王晓朝译，人民出版社2002年版，第484页。

② 亚里士多德关于“选择和意志”的问题也是他的德性论中的基本理论问题之一，在前面关于他的德性概述中没有涉及，这里将对其做一简要的概述，因为这个问题是理解亚里士多德德性含义的进一步深化，是希腊伦理思想中关于意志问题讨论最为细致的表达，同时这个问题在本节讨论中也是比较重要的问题。

③ 汪子嵩等：《希腊哲学史》（第3卷），人民出版社1997年版，第934页。

如果因为无知而做了不正当的行为，行为者因此而感到痛苦和悔恨，才能说是非自愿的；如果行为者没有悔恨就不能说是非自愿的；但又是因为他无知，也不能说是自愿。最后，他认为非自愿行为起因于行为者自身，不但由于他的认识，也由于他的感情和欲望。由于感情和欲望的行为也是人的自愿行为，由于认识推理所犯的错误和由于感情和欲望所犯的错误都是人的行为，都应该避免，不能说是非自愿的。亚里士多德得出结论认为，"如果一个人在某种意义上对他的品质负有责任，他也在某种意义上要自己对其善的观念负有责任。如果一个人对自己的善观念不负有责任，就没有人对他所作的恶负有责任：每个人就都是出于对其目的的无知而做事情的，并且认为这样做就将获得最大的善，他追求其目的的行为也就不是出于选择的行为"[①]。换句话说，道德行为主体的自愿选择行为必须以承担责任为条件，意志自由与责任承担内在地统一于一个德性完满的道德主体的人格之中，人格本身就是行为的充足理由。

希腊化罗马时期伦理学说的道德特征和强烈的责任感要求他们承担个人的自由选择，但斯多葛学派关于命运和天命学说的形而上学又逼迫他们超越这种个人主义态度。"因为这种命运学说使人在所有他的内部结构中、在所有他的所作所为中，都为宇宙力量所决定，所以人格也就不再是他的行为的真正基础了；像所有发生的事情一样，他的行为看来不过是上帝——自然预定的、不可避免的必然活动。"[②]这里，神的先知使宿命论的假定成为必需的。宇宙的合目的性、至善、完美是解释世界的唯一依据，也是人的行为的原因。

"早在伦理学上和心理学上纠缠不清的意志自由问题又进而在形而上学

① [古希腊]亚里士多德：《尼各马可伦理学》，廖申白译注，商务印书馆2003年版，第75页。

② [德]文德尔班：《哲学史教程》（上卷），罗达仁译，商务印书馆1987年版，第259页。

和在（斯多葛学派的意义上的）神学上纠缠起来。”[1]斯多葛学派的宿命论与圣人道德理想的自我决定论具有不可调和性，这使得个人的意志自由有可能遭到否定。伊壁鸠鲁学派则否定了因果律的普遍有效性，他们用自由和偶然性概念来与斯多葛学派强调必然性的原则对抗，提出了形而上学的概念：自由无因论。斯多葛学派与伊壁鸠鲁学派的分歧在于：理性创造世界但为什么却反抗太多的反理性的东西？由神的精神赋予生命的世界为什么会产生罪孽？万能的理性世界赋予人类以自由意志为什么允许对之滥用？从至善完美的宇宙目的论出发，邪恶也具有道德意义吗？它是天意给人的惩罚以便使人从善？如此，邪恶便成了神意实现自己最高目的的工具。

这便导致了希腊化罗马时期哲学从伦理观点逐渐过渡到宗教的观点。当时的哲学理论中包括了大量的宗教因素。如果说伊壁鸠鲁学派试图排除宗教因素，斯多葛学派则有意识地引进了宗教因素；怀疑论则使哲学的任务在于通过教育获取知识达到德性与幸福境界的理想变得虚无缥缈，因为它认为人的德性不是建立在对知识的渴求上而是在于心灵的宁静。如此，圣人理想在凡人身上的完全实现便成为疑问，靠个人力量似乎既不可能认识，也不可能有德性和幸福。柏拉图和亚里士多德对超感性世界永恒本性的理想探究重新唤醒了人们的记忆，短暂的尘世与超越的神界的二元对立成为罗马世界生活矛盾的反映；强烈、深沉的灵魂解放和超越凡尘的愿望产生了一种执着的宗教热忱。宗教形而上学开始了：从价值观点把感性世界和感官世界分别看作神的完美和世俗卑贱的世界观构成整个“宗教一哲学”运动的共同基础。最初的基督教哲学——教父哲学产生了。

① ［德］文德尔班：《哲学史教程》（上卷），罗达仁译，商务印书馆1987年版，第260页。

二　奥古斯丁：“德性即爱的秩序”

基督教哲学包括罗马奴隶制末期的“教父学”和中世纪“经院哲学”，是以基督教教义为理论基础的哲学思想体系。基督教哲学的主要思想来源于古希腊哲学和基督教经典《圣经》。[①]一般说来，希腊神话和基督教是西方两大信仰体系，希腊哲学和基督教教义是两种不同的文化形态，基督教哲学的产生就是这两种文化传统和形态冲突和融合的结果，明确这一点对于我们理解基督教德性伦理的形成是非常重要的。事实上，基督教德性论对“自然德性”的讨论是从古希腊伦理思想中继承而来的，“自然德性”中的具体德目诸如“审慎”“正义”“节制”“坚韧”等都是对希腊伦理思想家柏拉图，尤其是亚里士多德伦理思想的翻版，只不过是从神学的角度来讨论的。而他们所提出的“超越德性”即我们通常所说的基督教“信”“望”“爱”的“三大德”，最早是从《圣经》中提出的。教父哲学的

① 按照世界史分期，“中世纪”一般指公元476年西罗马帝国灭亡到14—16世纪文艺复兴前夕约1000年的时间。对于“中世纪哲学”概念，人们存在两种不同的理解。一种观点认为，哲学史分期应该和世界史分期相对应，中世纪哲学也就是中世纪这一段历史时期在内的哲学；另一种意见主张，哲学史分期应该按照哲学思想发展的内在逻辑来确定分期标准，而不一定对应于世界史的分期。赵敦华教授认为，哲学史的“中世纪”不完全是一个时间概念，它主要是一个文化概念，指基督教文化。“中世纪哲学”指以基督教文化为背景的哲学。2—16世纪基督教经历了传播发展、取得统治地位、直至影响衰退的过程，与此过程相适应的哲学的诞生、发展、分化与衰落的全过程就是中世纪哲学。在这种意义上所说的中世纪哲学与古代哲学和近代哲学在时间上有交叉关系。2—5世纪是古代哲学与中世纪教父哲学交替时期，15—16世纪是中世纪晚期哲学向近代哲学过渡时期。（参见赵敦华《基督教哲学1500年》，人民出版社1994年版，第11页。）对于他的这种说法，我们觉得是比较合理的。因为作为一种文化和思想系统的传承来说，它的存在并非是孤立、静态的，同时更为关键的是，从历时态和共时态上来讲，作为某一样态的文化观念不仅与自身的系统关系密切，而且与同质的其他文化样态，甚至与异质的多种文化样态之间总是存在或多或少的关联。这已经由文化的相互性、多元性、普世性所证明。幸运的是，在笔者这里所要讨论的问题中，我们不会卷入对这个问题详细解释之中。当然，对“中世纪哲学”概念本身的不同理解并不会影响笔者讨论基督教德性论这个问题，因为笔者不是从基督教德性论本身的逻辑发展历程来讨论这个问题的，而只是以奥古斯丁和托马斯·阿奎那关于基督教德性问题的讨论为主，从基督教德性伦理的最为一般的学理话语范围内做一简单的描述。当然，指出“中世纪哲学”大体的时间跨度也是有意义的，这有助于我们理解后文所要讨论的德性伦理的断裂这一文化现象。

最杰出代表是北非的塔加斯加（现在的阿尔及利亚）的奥里留·奥古斯丁，他对“四主德”也做了神学的讨论。经院哲学家托马斯·阿奎那综合希腊德性思想和《圣经》以及奥古斯丁关于德性的讨论，在他的《神学大全》中系统地论述了基督教德性论。从此，这些具体的德性就构成了西方伦理学上的所谓的“七主德”，它们成了西方人道德生活的精神支撑，引领西方人从此岸世界向彼岸世界超越，以期获得神性的惠顾。

在教父哲学家奥古斯丁看来，“德性最简单、最真实的定义是爱的秩序”①。后来，经院哲学家托马斯·阿奎那认为审慎是伦理道德的顶点，爱德是基督信仰者最基本的德性。“审慎之是一种德性，对于人类的生活特别是必要的。因为生活得当，就是工作得当，换句话说，就是表现一种善的活动。”②尽管在阿奎那看来，审慎在诸多德性中占有重要的地位，但是基督教伦理观从没有忘记爱德的重要性；爱德是最基本的、最广泛的德性。“有信、有望、有爱，这三样其中最大的是爱。”③“爱德是全德的联系。”④正是通过爱德，基督信徒才得以爱上帝在万物之上，以及因为上帝的缘故而爱他们自己的邻人。显然，爱德的内容和目标是光荣天主、实现天国及铺展天主创造和救赎的计划。在基督教看来，“没有任何一种暂时性的价值可以建立一种无条件的、绝对的要求，这种绝对的要求只能来自于一个绝对的至高的价值和目标，即根植于神圣存有和神圣意旨的某个价值。因此，基督教伦理在天主的意旨内为人生和历史寻求一个终极的目的与意义”⑤。

---

① ［古罗马］奥古斯丁：《上帝之城》，第15卷22章，王晓朝译，人民出版社2006年版。

② 周辅成：《西方伦理学名著选辑》（上卷），商务印书馆1964年版，第373页。

③ 《新约·格林多全书》第13章13节（天主教版本）。

④ 《新约·哥罗森书》第3章14节（天主教版本）。

⑤ ［德］卡尔·白舍客：《基督教宗教伦理学》（第1卷），静也等译，上海三联书店2002年版，第97页。

奥古斯丁从他自己的善恶观出发，对“四主德”做了基督教伦理学意义上的解释。奥古斯丁认为，上帝是“至善”者，是“至真”者，他作为观照使一切呈现，赋予万物以意义和价值。有三种不同等级的善：美德之善，如正义、勇敢、坚韧、审慎，属于上等之善；物体之善，属于低等之善；灵魂的能力，如理性、自由意志等，属于中等之善。他所谓的“恶”就是“背离本体，趋向非存在的东西”“倾向于造成存在的中断”的东西。[①] 上帝创造的世界是一个存在的等级系统，在该系统中，低一级事物是高一级事物的非存在。高一级事物是低一级事物的根据。如果一事物放弃这一根据，趋向于比它更低的事物，这即是“趋向非存在”，这就是恶。恶有三种形式：“物理的恶”“认识的恶”，“伦理的恶”即“罪”。奥古斯丁认为“美德之善”不可能被人错用，谁也不能以正义去做非正义的事情。如果没有这些善，人类就无法正常生活，它们是上帝仁慈、慷慨的馈赠。而“伦理的恶”即“罪”是人的意志的反面，无视责任，沉湎于有害的东西。罪作为意志的反面，是指意志选择了它不应该选择的目标，放弃了不应该放弃的目标。

奥古斯丁从他关于“美德之善”与“伦理的恶”的讨论出发，认为“德性不是自然的原始事物，它只是由于学习的结果而承受着这些东西的。纵使它在人类善的事物中有最高的地位，但它的职责，没有什么别的，只有是永久地和恶习作斗争”[②]。从这个观点出发，他认为，节制就是控制肉欲而阻止心灵向恶的趋势发展。对于审慎德性，他认为，由于我们生活在许多罪恶中间，或者说许多的罪恶就在于我们自身，因此审慎德性就是要求我们对于善恶有一个鉴别的能力，使我们在罪恶面前毫不妥协。至于公正的职责就是使得每一个人的肉体都服从灵魂，是灵魂服从上帝的统治。

---

① ［古罗马］奥古斯丁：《忏悔录》，周士良译，商务印书馆 1963 年版，第 127 页。

② 周辅成：《西方伦理学名著选辑》（上卷），商务印书馆 1964 年版，第 356 页。

对于勇敢，他认为“至于那叫坚毅的德性是生命之不幸的最明白的证明，因为坚毅就是被强迫耐心地去忍受这些不幸”[①]。

三　托马斯·阿奎那：“德性即好的习惯”

托马斯经院哲学（包括他的德性论）的哲学前提是“人的理性是上帝的理性的不完善阶段”，为此，他综合希腊德性伦理观念和教父德性体系构建了一个综合的神学德性体系。以下将从德性的含义、理智德性与伦理德性的关系、德性的类型三个方面来考察他的德性论思想。

（一）德性即“好的习惯”

托马斯把德性定义为“好的习惯”。“德性乃指一个力量之完善而言。任何事情的完善，主要看其目的而定，而力量的目的是行动，所以说一个力量是完善的，乃是因为它被决定去做它的动力。有些力量，如物理性的活动力量，就是它们自身决定去做它们的动作。而唯人所独具有的理性的力量，则不是被决定去做一个单纯的动作，而是多方面地被习惯所决定而动作。所以，人类的德性乃是习惯。”[②]人的德性就是那些能使人的善的行为达到完美程度的习性。正是通过人的德性，人的行为才能成为善的。所以，任何一种能够一直构成善的行为的原则的习性，都属于德性的范畴。德性作为好的习惯，是通过训练和培养获得的。“人拥有一种趋向于德性的自然的倾向；不过，只有通过某种‘训练’，人们才有可能达到德性的完美。”[③]

---

① 周辅成：《西方伦理学名著选辑》（上卷），商务印书馆 1964 年版，第 358 页。

② 同上书，第 369—370 页。

③ 转引自《神学大全》，2 集，上部，95 题，1 条。参见宋希仁《西方伦理思想史》，中国人民大学出版社 2004 年版，第 142—143 页。

（二）理智德性与伦理德性

托马斯认为，德性既可以是理智的好习惯，也可以是意志的好习惯，前者表现为理智德性，被亚里士多德定义为科学、智慧、理解和艺术四种形式；后者表现为实践或伦理德性。“人类的德性是使一个人的善行达到完善的一种习性。人类动作的原理，只有两层，即理智或理性与意欲。因此每一个人类的德性，必定要使这两个原理中的一个臻于完善。如果它在人类的动作中，使思维或实行的理智有所完善，就是理智的德性；如果它使意欲部分有所完善，就是实践的德性。”①托马斯认为，理智德性与伦理德性之间存在着差异，这种差异是由理智和欲望之间的差异所决定的。一个人要想进行善的行动，不仅需要他的理性受到理智德性的支配，而且需要他的欲望受到伦理德性的支配。伦理德性涉及了人生的终极之善，因为它们是绝对地使人成善的。一个人如果只是拥有理智科学的习惯，他并不一定就会倾向于运用它，也许只是在他的科学知识所涉及的那些事物上能够思考真理而已。但是，如果当他运用他所有的知识的时候，这时候就是他的意志的活动了。“所以那使意志完善的德性，如仁慈或公正，也会使一个人用其思维的习性的。”②

伦理德性以理性为基础。“因意欲是和理性不同，实践德性亦和理智德性不同，意欲之所以为人类行动的一个原理，乃是它多少是理性的一个分享者，因此一个实践的德性之有一个人类的德性的特质，乃由于和理性之一致。”③在伦理德性中，如果一种激情先于理性的选择而去激发德性的活动，就会使得好的伦理行为的价值大打折扣。阿奎那认为，伦理的德性可

① 周辅成：《西方伦理学名著选辑》（上卷），商务印书馆1964年版，第375—376页。
② 周辅成：《西方伦理学名著选辑》（上卷），商务印书馆1964年版，第370页。
③ 同上书，第375页。

以没有某一些理智的德性，如智慧、知识和技术，但是如果没有理解和审慎这些理智方面的德性，也就不会有伦理的德性。伦理德性不仅应该符合正确的理性，即它们应该使人的行为趋向于那些符合正确理性的东西，而且它们也需要与正确的理性结合起来。“实践的德性所以不能没有审慎，因为实践的德性乃产生善的取舍之一种取舍的习性，而一个善的取舍必须有两件事情：第一是对实践德性所有的目的有一个正当的意向，此意向在于使意欲的能力依乎理性而倾注于应该趋向的善。第二，人之正当运用手段于其目的，也是必需的，而这除了借助于理性，去正当地品量、判断和处理外是不可能的，——这一切职责都是属于审慎的，而德性亦就在其中了。因此，实践的德性不能够没有审慎，而其结果亦不能没有直观：因为唯有借助于直观，那种在思维与行为中自然可知的原理，才能够有所认识。”①

托马斯指出，智慧包括理论的与实践的审慎，所以，审慎是理智德性与伦理德性的交叉点。换句话说，除了审慎的德性外，理智德性可以不依赖于伦理德性而存在。“就本质而言，审慎是一种理智的德性；而就题材而言，它又同于实践的德性，是行为的一个正当的方法；而在这方面，它得算为实践的德性。”②

（三）基本德性与神学德性

托马斯依据不同的对象，他把伦理德性分为基本德性和神学德性两个类别。基本德性依据于人类理性的哲学理论，神学德性则依据于上帝启示的学问。“一方面，因为这德性以上帝为对象，唯它们才能无误地指示我们接近于上帝；另一方面，也因为这德性之垂训于《圣经》中，都是由于

① 周辅成：《西方伦理学名著选辑》（上卷），商务印书馆 1964 年版，第 377 页。

② 周辅成：《西方伦理学名著选辑》（上卷），商务印书馆 1964 年版，第 376 页。

圣灵的启示。"[①] 基本德性与神学德性在对象上存在差异，"惟依照其对象的形式的差异，习性乃有其特殊的区别。但是神学的德性的对象是上帝自身（一切事物的最后目的），因为他超越了我们的理性的知识（而那些理智的与实践的德性的对象，则是那种能够为人类理性所了解的事物），因此，神学的德性，和那些实践的和理智的德性，是特别有区别的"。[②] 托马斯认为人的幸福在于德性的完满状态，由于基本德性和神学德性的对象不同，这也决定了它们在功能上的差异性："而一个人是有两层幸福的：一层相当于人的本性，即一个人能够由其本性的原理而达到幸福。另外一层，则是超越了人的本性，即一个人之能达到那种幸福，只是由于分享了神性的一种神圣的德性。"[③]"理智的与实践的德性，依照着人类本性的能力而使人的理智与意欲达到完善，而神学的德性则是超自然的。"[④]"神学德性使人走上超自然的幸福之路，正如一种自然的意向指使他达到天生的目的一样。"[⑤]换句话说，基本德性主要是依据人的自然本性而使得人的理智和欲望达到完美状态的，神学德性却是根据超自然的本性而使人的理智和欲望达到完美状态的。

基本德性有审慎、正义、节制和坚韧四种，它们是以理性为标准的意志的习惯：审慎是意志对理智的服从，正义是依据理智认识的秩序的行动，节制是理性对感情的压抑，坚韧是理性对感情的加强。托马斯也指出，依据德性的主体，也可以找到上述四种德性。"因为我们见到就我们所说的这种德性的一个四层的主题（英文词语'subject'既有'主题'之意，也有'主体'之意。这里'subject'取'主题'似乎不妥，应该取'主体'之意。参见这里所引的原文出处。），那本质就是理性的部分，这是审慎所完

① 周辅成：《西方伦理学名著选辑》（上卷），商务印书馆 1964 年版，第 381 页。
② 同上书，第 382 页。
③ 同上书，第 381 页。
④ 同上书，第 382 页。
⑤ 周辅成：《西方伦理学名著选辑》（上卷），商务印书馆 1964 年版，第 382 页。

成的，和那因分享而是理性的部分，这又可分为三层，即：意志是公正的主题，色情的能力是节制的主题，暴躁的能力是刚毅的主题。”①从这种观点出发，托马斯批评了把这四种德性认为是人的精神的某种普遍的条件和四种德性分别具有不同功能的观点。托马斯指出，公正、节制、坚韧这三种德性是没有区别的，而审慎是与这三种德性有区别的。“因为只有审慎是本质地属于理性的，而其余三种德性，则惟在理性之应用于情欲或动作中，有一种分享而已。”②

信、望、爱是神学的三大德性。它们之所以被称为神学德性，其原因在于：首先，它们的对象是上帝，它们能够引导人趋向上帝。其次，只有上帝才能使人具有这些德性。最后，只有神性的启示才能使人认知这些德性。“信仰，希望和仁慈都是在人类的德性之上的；因为它们是人的德性，乃因他是神恩的分享者。”③按照这样的逻辑，与上帝意志相违背的不信、绝望和憎恨就属于恶的范畴。“信仰”的对象是第一真理的上帝，除了上帝所启示的之外没有任何其他事物，所以信仰所依据的是神恩的真理，包括耶稣基督道成肉身的奥秘、三一神真理、教会圣礼等在内。“希望”以永恒的幸福为对象。希望主要不是建立在我们已经获得的圣恩的基础上，而是建立在上帝的全能和慈爱之上。因为即使是那些没有获得上帝恩惠的人，也能享受上帝的慈爱，并由此而获得永生。在神学德目中，爱德统率一切德性。“没有对上帝的爱，就不可能有严格意义上的真正德性。当然，没有对上帝的爱，某个行为依然可以说是一般的善；不过，它绝不可能被视为是完美的德善，因为它缺乏有关终极目标的合适秩序。”④

① 周辅成：《西方伦理学名著选辑》（上卷），商务印书馆 1964 年版，第 379 页。

② 同上书，第 380 页。

③ 周辅成：《西方伦理学名著选辑》（上卷），商务印书馆 1964 年版，第 376 页。

④ 转引自《神学大全》，2 集，下部，23 题，1 条。参见宋希仁《西方伦理思想史》，中国人民大学出版社 2004 年版，第 146—147 页。

托马斯基督教神学伦理学体系堪称中世纪经院哲学伦理学的集大成者。透过他的基督德性论可以看出，基督教思想找到了在上帝的预定和人的意志自由、信仰与理性、神恩与自然、人的活动的此岸目的性和彼岸超越性等一系列问题上的平衡点，为解决中世纪以及后来的西方人的安身立命问题营造了一个比较现实可行的精神家园。在这个精神园地中，一方面，在现实生活中，他们在享受自己的荣誉、强大和光荣，另一方面，他们把自己的罪责、悲苦和无助希冀于冥冥中的上帝而期待着灵魂的救渡。

麦金太尔教授认为，以《新约》为载体的中世纪基督教德性内容与亚里士多德的德性观的德目表在形式上有着很大的差异。这种差异具体表现在两个方面：在内容上，《新约》增加了亚里士多德所不知道的德性“信、望、爱”，而且还把被亚里士多德称为“恶”的“谦卑”列为重要的德性；在德性的排列次序上，最为明显的是，在亚里士多德德性体系中“智慧”的首要地位被基督教德性体系中的“爱德”所取代，在其他德性上也发生了排列地位的变化。[①]他进一步指出，尽管存在这样的差异，但是在德性的逻辑和概念结构上，基督教德性论和亚里士多德德性论仍然是一致的。“与亚里士多德的看法一样，一种德性是一种品质，它的践行导向人的目的的实现。人的善当然是一种超自然的善，而不只是一种自然的善，但超自然却解救自然。而且，德性作为手段与目的的关系，这目的是人与未来上帝王国的合一，是内在的而不是外在的，这与在亚里士多德那里的情形一样。”[②]麦金太尔教授的观点是否合理？托马斯·阿奎那的德性论是否是麦金

① 关于这一差别我在前面讨论基督教德性时已有所论及，造成这种差别的原因是由于人德（人学德性或自然德性）与神德（神学德性或超性德性）之间的对象和动力的不同。前者以人的理性为对象，后者以全知、全能、全善的基督上帝为对象和动力。这一点在托马斯·阿奎那的德性论中表现得淋漓尽致。

② ［美］麦金太尔：《德性之后》，龚群等译，中国社会科学出版社1995年版，第233页。

太尔所说的亚里士多德德性传统的一个有机组成部分？我们认为，从伦理思想演进的轨迹来说，托马斯·阿奎那综合基督教和亚里士多德的这一工作，在客观上促进了德性伦理向规范伦理的转化。对于这一判断，我们将在批判麦金太尔德性论时再做详细论证。

第二章　德性伦理式微的思想文化原因

只有通过认真地对待原著的思想才能做到这一点，这些原著是充满着荣耀的，是值得尊敬的。这在有时是一种崇敬之情，不过这显然不等于要把原著或著作家供奉为权威，或者无批判地接受其为权威。所有的真正哲学都渴望着公平的批评，都依赖于持续反思的公共批评。[①]

——罗尔斯

麦金太尔在探究亚里士多德的德性论时指出，“一方面，我把他看作是与自由现代之声相抗衡的真正主角；因而我显然有必要将他对德性及其具体的阐述置于中心的地位。另一方面，我已说明我不仅把他看作一名个人理论家；还把他看作一个悠久传统的代表，看作是阐明了许多前辈们和后继者在不同程度上成功地阐明了的问题的人”。[②]他同时指出，在亚里士多德的《尼各马可伦理学》目的论的体系中，存在着一种“偶然成为的人”与“一旦认识到自身的基本本性后可能成为的人”之间的重要对比。伦理学的任务就是教导人们明白如何从前一种状态转化为后一种状态。据此，伦理学必须以对人的潜在的能力和行动的说明为前提条件，以对作为一个有理性的动物的本质的解释为前提条件，更重要的是建立各种德性禁绝各种恶行的戒律，教导我们如何从潜能过渡到行为，如何认识我们的真实本

① 转引自朱利亚特·福洛伊德和圣福德·谢伊编《未来的过去：20世纪哲学分析传统地位面面观》，纽约：牛津大学出版社2000年。参见罗尔斯《道德哲学史讲义》，张国清译，上海三联书店2003年版，第10页。

② [美]麦金太尔：《德性之后》，龚群等译，中国社会科学出版社1995年版，第184页。

性，如何达到我们真正的目的。与这些戒律相对抗将会是无益的、不完善的，将无法达到合理幸福的善，而这种善是人作为一个种类所特有的追求目标。我们所具有的欲望和情感必须利用这种戒律来调整和教育，必须通过伦理学研究所规定的行为习惯来培养；理性既告诉我们什么是我们的目的，又教导我们如何达到这一目的的方式。这样，我们就有了一个由三个方面构成的体系。"偶然成为的人"（未经教化状态下的人性）与伦理戒律最初不相符合，相互差异，并因此需要受到实践理性和经验的教导，以便转化为"当人认识到自身目的后可能形成的人性"[①]。这个由三个因素构成的体系中的每一个因素的地位和功能都必须参照其他两个因素才能正确解释。

麦金太尔认为，近代以来的西方道德理论，无论是休谟的经验主义伦理学还是康德的理性主义伦理学，他们都抽掉了上述三个方面中非常重要的一个环节，即"一旦认识到自身的基本本性后可能成为的人"这一因素彻底被放逐，这就意味着现代道德理论放弃了目的论的观念，也即他们把理想人格这一超验因素丢弃了。

在麦金太尔看来，现代伦理学离开了人类道德生活的内在目的、意义和品格基础，使道德成为纯粹外在的约束性规范。这在功利主义伦理学和义务论伦理学中表现得淋漓尽致。应该说，麦金太尔对现代西方社会道德困境及其根源的诊断是不无启发意义的，这为我们进一步深入分析现代道德困境及其根源提供了一个很好的参照系。对于麦金太尔提出的这一问题，我们将实事求是地从西方文化演变的轨迹中，比较合理地探求传统德性边缘化的思想根源。对这一问题我们将从两个方面来切入：一是从特定的文化背景来展示当时的思想形态对于传统德性伦理的冲击；二是从伦理思想

① ［美］麦金太尔：《德性之后》，龚群等译，中国社会科学出版社 1995 年版，第 68 页。

本身的演进过程来透视德性伦理传统的式微。应该说，后一个方面恐怕是德性伦理传统的式微的最为直接的思想根源。

第一节　德性伦理传统在特定文化背景中的淡出

一　文艺复兴与德性基础的抽空

从文化延续的意义上来说，早在希腊化时期，随着城邦共同体的逐渐解体，个人生命中的离异感、孤独感和缺乏共同精神支撑的生命意义就已经成为个人十分关注的问题，人们在寻求一种新的赖以慰藉生命失落的关系结构。在罗马帝国时代，由于社会腐败堕落趋势日益严重，人们渴求幸福生活的愿望陷入了虚无缥缈之中，对人类理性的信心更加丧失。人们越来越觉得自己和这个帝国以及这个帝国里城市没有关系，对这个世界的失望使人们热切期望寻到一个新的归宿，于是个人心灵的慰藉成为人们日益关注的主题。“这个庞大的帝国对于它融成一个强大的整体的各族人民，不能给他们抵偿丧失民族独立的损失，它既不能给他们内在的价值，也不能给他们外在的财富。世俗生活的气息对古代各族人民来说已变得枯燥无味，于是渴望宗教。”[①]然而传统的罗马宗教已经不能够再满足人们的需要，于是罗马公民开始在希腊罗马文化之外去信奉能够解脱个人罪孽、使人获得拯

① ［德］文德尔班：《哲学史教程》（上卷），商务印书馆 1987 年版，第 212—213 页。

救与永生的东方宗教，其中最为成功地被接受和信奉的就是耶稣为救世主的基督教。基督教的天国福音为个人提供了国家和宗教所无法提供的东西，即个人和上帝之间的密切联系，个人和另一个更高境界的联系，以及在一个相互关爱的信仰团体中的成员资格，满足了人们的归宿需要。基督耶稣的品格、经历、死亡和复活，对人类苦难的关注，以及出于整个人类的爱而在十字架上承受了人世间的种种苦难，也深深地吸引了那些贫穷的、处于社会底层的人民。基督教传播爱的福音，宣扬崭新的民主道德，主张个人价值不取决于出身、财富、教育和才能，并给身受厄运、感到死亡恐惧的人们许诺以永恒的生命，让他们进入天国，领受天父的慰藉，给生与死的现实问题提供了令人慰藉的答案。不仅如此，来自遥远国度的神圣福音也与罗马世界声色犬马的躁动之音形成了鲜明的对比，它以唯灵主义的理想、禁欲主义的生活态度，给予辗转在物欲横流中的人们以深深的心灵震动，唤醒了沉溺在物质主义和纵欲主义之中麻木扭曲了的灵魂。广大的人们终于找到了精神寄托，基督教成功地占据了他们的内心世界。

基督教伦理学认为，德性就是使人克服恶，完成了人生的使命，走完人生旅程的品质。基督教所说的恶，就是由于人类的始祖亚当和夏娃由于克制不住自己的欲望所犯下的原罪。所以为了拯救人类自己，他必须完成献身上帝的使命，在神性德性的眷顾下，在天国的人生旅程中，实现灵魂的救渡。“没有任何一个暂时性的价值可以建立一种无条件的、绝对的要求，这种绝对的要求只能来自于一个绝对的至高的价值和目标，即根植于神圣存有和神圣意旨的某个价值。因此，基督教伦理在天主的意旨内为人生和历史寻求一个终极的目的与意义。”[①]可见，对中世纪人来说，德性的培养与上帝的信仰是一致的，从而是人生最重要的事情。这种对德性的理解

① [德]卡尔·白舍客：《基督教宗教伦理学》(第1卷)，静也、常宏等译，上海三联书店2002年版，第97页。

和重视，使中世纪人的道德实践达到了目的与手段的统一。道德实践似乎只是进入天国这一终极目的的手段，正是由于这一目的的超越性，从而使道德超越了任何外在的世俗利益，这似乎使得目的与手段的关系成为一种内在的关系而非仅仅外在的关系。

然而，基督教德性伦理也没有逃脱物极必反这一历史趋势。基督教伦理学注重德性而轻视人的感性欲望的思维最终把自己推向了被其对手解构的命运。从现实形态上来说，维持和繁衍生命是人的物性；寻求生命意义是人的神性。前者是人的自然属性，后者是人之为人的本质属性。没有神性的牵引，人将成为自然力的玩物和牺牲品，只会孜孜以求利害得失；没有物性，人将成为幻想中无所不能、至善至美的神仙或上帝。在某种意义上，自然世界与自由世界的外在对立实际上可以理解为一个人的物性与神性的内在冲突。换句话说，人总是处在有限的物与无限的神、肉体与灵魂、感性与理性的对立统一之中。中世纪文化把德性的完善锁定在纯粹的精神领域之中，并极力劝导人们要努力抵制自己的欲望，但是人的存在本身就蕴含了物质和精神的双重属性，一方面，他要在现实丰富感性的生活中获得生命的能量，另一方面，他也要在追求某种永恒的完美中提升其生命的质量。中世纪基督教神学总是要求人们追求神圣的超越，在一开始的时候，这种文化精神对于那些曾在悲苦和无助中的人们或许还有某种神性的牵引，鼓励他们把灵魂寄托在彼岸的全知全能全善的上帝那里。对上帝的信仰和对天国的追求构成了人们的精神家园，而具有共同信仰的团体是人们交往的纽带。但是，当人们已经习惯了这种单一刻板的生活并对其产生厌倦的心理情绪时，于是就有人开始批判这种精神生活的虚假性了。

同时，在中世纪鼎盛时期，政教合一是西方基督教社会的统治形态。在教皇指导下的整个西欧是一个相对统一的基督教世界的王国。然而，在中世纪晚期，教皇权威逐渐失去了昔日的辉煌，教会政治逐渐步入衰落的状态。随着各个国家君主权力日益增长，在虔诚的基督徒心目中，教皇不再像是基督福音的使者，而更像是一个世俗统治者。与此同时，基督教教会实施的各种残暴行为，对于赎罪券、圣物崇拜持怀疑态度者，都被列入异端思想之列，对这些异端思想者实施严厉打击，绝不心慈手软；在教会犯罪的同时，神职人员生活堕落腐败、荒淫无耻。所有都在败坏着神圣教会的声誉，从而激起了广大民众的痛恨和厌恶心理。教会实施的残暴行为和神职人员道德的堕落，使得教会日益陷入与原始基督教所主张的德性教化的化身越来越远。赎罪券是教会公开发行的一种专门证书，根据所犯罪恶的轻重程度不同而价格不同。"'神恩'被当作一件商品自由出卖，使基督教道德的神圣和纯洁遭到严重的玷污。"①

基督教的禁欲主义和自身的堕落腐化，激起了当时有识之士的强烈对抗，文艺复兴倡导的人文主义价值观念便是对中世纪基督教文化的反抗。文艺复兴是 14 世纪到 16 世纪欧洲封建社会开始解体、资本主义生产方式正在形成过程中的产物。这一时期思想家的口号就是要把那种曾在古希腊、古罗马一度繁荣兴盛，而在中世纪被湮灭的古典文化重新"复兴"起来。文艺复兴绝不仅仅是古典文化的简单再现，而是新兴的资产阶级把不同于中世纪神学的古代文化当作反封建的思想武器，在"复古"的口号下，宣传本阶级以"人"为中心的人文主义新思想、新文化。这种人文主义思潮的特征是：反对神学、神性，宣扬人权、人性；反对愚昧主义和神秘主义，颂扬理性智慧，崇尚科学知识；反对禁欲主义和来世主义，重视现实生活；反对封建等级特权，提倡自由、平等、博爱的思想。在此，我们无意去对文艺复兴本身的内容做全面的考察，只是指出这场思想解放运动对于中世纪基督教道德所产生的影响就够了。

① 田薇：《信仰与理性：中世纪基督教文化的兴衰》，河北大学出版社 2001 年版，第 149 页。

在文艺复兴运动中，人文主义思想家把矛头直接对准基督教的禁欲主义，这是一幅充满感性瑰丽的历史画卷，它描述的是对于人的感官性快乐的满足。这一时期的思想家们几乎都在为维护人的尘世幸福而不懈努力。“如果我们把但丁和他同时代的人作为证据，我们将看到：古代哲学是以一种和基督教成为鲜明对比的形式，即享乐主义，来首先和意大利生活发生接触的。”① 被称为近代“第一个人文主义者”的彼特拉克喊出：“我不想变成上帝，或者居住在永恒中，或者把天地抱在怀里，属于人的那种光荣对我就够了。这是我企求的一切，我自己是凡人，我只要求凡人的幸福”。② “人们指责伊壁鸠鲁用过于放荡的概念来解释崇高的美德。他把崇高的美德寓于享乐之中，并断言人的一切行为都应当以此为准绳。而我们每天愈是认真思考此种见解，便愈是同意他的看法。我认为这种主张几乎超越人的思想，而成为一种至高无上的神的旨意。他把崇高的美德寓于享乐之中的依据是：他更深刻地看到了大自然的力量。他认为我们既然是大自然的产儿，就应当竭尽全力保持我们肢体的健美和完好，使我们的心灵和身体免遭来自任何方面的伤害。”③可以看出，伊壁鸠鲁的快乐主义实际上构成了人文主义的理论基础。从这个意义上来说，文艺复兴在哲学上并非是一个深刻的时代，它只是复活了被中世纪基督教教会所压抑的人的感性欲望的快乐主义而已。人文主义者用古代的权威代替了教会的权威，又用感觉主义和个人主义的权威代替了古代的权威。这个权威的实质就是人的感性权利。文艺复兴和人文主义的直接后果，是感性和想象力的自由放纵，以及道德

---

① [瑞士]雅各布·布克哈特：《意大利文艺复兴时期的文化》，何新译，商务印书馆1991年版，第487页。

② 北京大学西语系资料组编：《从文艺复兴到十九世纪资产阶级文学家艺术家有关人道主义人性论选辑》，商务印书馆1971年版，第11页。

③ [意大利]加林：《意大利人文主义》，李玉成译，生活·读书·新知三联书店1998年版，第47页。

秩序和政治秩序的彻底崩溃。

二　宗教改革与德性神化的祛魅

文艺复兴时期出现的感觉主义是从世俗的方面对基督教发起的攻击，这种攻击对于基督教来说是来自于外部的力量。与此同时，在基督教内部也出现了新生的力量，他们以维护信仰的纯正性向罗马教皇发起了攻击，这就是宗教改革运动，他的领导人物是路德和加尔文。“这场运动（指宗教改革）表面看来似乎是背着人文主义的世俗方向回到中世纪的精神，但实际上，它以人文主义思潮所无法比拟的力量，给予罗马天主教以沉重的打击，最终导致了天主教在西方统治的最后崩溃，形成了与天主教相对立的新教，永远结束了基督教一统天下的局面。”[①] 在此，我们没有必要详细探讨宗教改革的具体过程和内容，我们只需要指出：这场运动颠覆了中世纪基督教德性论，从而开始另一种道德演进的新趋向。所以，我们这里对于宗教改革的内容只做与道德相关的交代，而且对问题的思考可能是跳跃式的。

路德宗教改革的核心问题是灵魂如何获救的问题，这也是基督教德性论的中心之一，基督教的三大德性就是围绕这一核心问题展开的。圣经主张“义人因信而得生”，该命题的基本思想是：信仰是人获救和在上帝面前称为义的前提和必要条件。人的原罪和本罪是不能自救的，人凭借自己的力量不能在上帝面前称义，只能借助上帝之子基督所赐予的救恩，才能获救。因此，救赎的根源在于上帝的恩典，而信仰则是获得上帝恩典的一种

① 田薇：《信仰与理性：中世纪基督教文化的兴衰》，河北大学出版社 2001 年版，第 184 页。

确证。得救从本质上来说是个人与上帝建立的一种正当关系，这种关系的基础和保证是上帝的仁慈，这种仁慈通过基督代人类受难而彰显出来。基督的一次蒙难承担了全人类的罪，人则因为信基督的福音而得到他的义。信仰是上帝赐予的，它包含着个人得救的承诺。全部福音的含义就是“罪得赦免”，而信仰则是毫不犹豫地接受和拥有福音，它使信仰者的灵魂充满欢乐、安宁和对上帝的绝对信任。中世纪基督教会在承认这种说法的同时，又把诸如童身、守贫、斋戒、施舍、朝圣、甚至购买圣物、赎罪券等所谓的“事功”和教士的中介作用，看作人的灵魂获救不可缺少的条件。路德认为，“义”不在于所做的善行和积下的功德，不在于人表现在道德实践方面的自由意志，而在于上帝的恩典和人对上帝救恩的虔诚信仰。以往基督教教会一直把义称作一种善功和一个人从罪人到义人的结果，这样既忽略了上帝的恩典，又轻视了对福音的信仰，从而导致了中世纪基督教道德的形式化和虚假化倾向。路德则坚持因信称义是灵魂获救的唯一准则。路德认为唯一的善功只属于基督，它已经表现在基督蒙难的事实中，人在信之前，其行为谈不上善功，而对于在信的人，则不再存在善功的义务，因为基督已承担了一切。

法国人加尔文的宗教改革是继路德宗教改革之后又一次轰轰烈烈的对中世纪基督教冲击的思想启蒙运动。加尔文认同路德在宗教改革上的观点：教会所主张的善功并不是灵魂获救的原因，不能改变上帝的先定命运。但是与路德在这一问题的差别在于：他认为人们不应该放弃在世俗生活中的各种努力，而应该积极谋求事业的成功，因为成功的事业意味着实现了上帝赋予的先定使命，它是灵魂可以获救的可靠证明，更是荣耀上帝的一条重要途径。于是，本分的道德生活，努力不懈地工作及其世俗生活的成功，越来越成为人们的一项积极追求。

路德和加尔文宗教改革的意义在于对中世纪封建教会制度的直接动摇。表面上看，文艺复兴对于中世纪基督教的攻击似乎要比宗教改革激烈得多，但是从整个社会变革的角度来说，宗教改革所引起的社会精神领域的变化远比前者深刻和全面。事实上，一个社会仅少数思想精英的思想转变并不足以引起全社会的深刻变化，它充其量只能成为社会深刻变化的前奏。全社会的深刻变化必须经过社会制度的变革。而在中世纪沿袭下来的西方社会中，教会的活动渗透到了社会生活的各个领域，所以教会制度的改革表征着中世纪基督教社会制度的变迁。从此之后，教会制度开始不再束缚世俗国家的权力运行，西方社会进入了由理性铸造的现代资本主义社会。“宗教改革摧毁了基督教世界的统一性以及经院学者以教皇为中心的政府理论”，从而使近代国家主义得到长足的发展；此外它还取消了灵魂与上帝之间的“尘世的居间人”，从而培育了思想、政治上的多元格局和精神生活中的神秘主义与个人自由倾向。[①]黑格尔把文艺复兴和地理大发现称为“黎明之曙光”，把宗教改革称为“黎明之曙光以后继起的光照万物的太阳”[②]。马克思站在无神论的立场上，对路德宗教改革做了这样的评价：“他（路德）破除了对权威的信仰，却恢复了信仰的权威。他把僧侣变成了俗人，但又把俗人变成了僧侣。他把人从外在宗教解放出来，但又把宗教变成了人的内在世界。他把肉体从锁链中解放出来，但又给人的心灵套上了锁链。”[③]

从价值观念的意义上来说，路德和加尔文宗教改革希望个人重新恢复自己的个性和创造性；强调个人仅仅通过信仰直接面对，解除了不必要的繁文缛节，于是教会的仪式逐渐丧失了往日的意义。长期困顿在中世纪基

① [英]罗素：《西方哲学史》（上卷），何兆武、李约瑟译，商务印书馆1963年版，第17、20页。

② [德]黑格尔：《历史哲学》，王造时译，商务印书馆1956年版，第654、655页。

③ 《马克思恩格斯选集》（第1卷），人民出版社1995年版，第9页。

督教整体价值体系中的自我观念逐渐得到了挣脱，经过思想启蒙运动张扬的理性主义和自由主义终于扬眉吐气地和它赖以存在的资本主义制度一起，共同成为支撑西方社会和西方人生存的普遍原则。“路德的思想肯定了个人的权力和精神的自由，坚持个人有权进行理性思考，个人有权坚持自己思考获得的结论。它体现了人文主义的理性批判精神，也是对教皇权力和教会束缚的否定。”[①]如此，在社会道德生活和伦理评价中，以权利和功利为目的的规范伦理逐渐取代传统的以德性和目的为气质的德性伦理，规范越来越占据道德生活的中心位置，与之相对的德性伦理却越来越退居到道德生活的边缘。

“宗教改革后，勤奋劳动、谦和节俭、尽职尽责，全部具有了善功的性质，变成了人们恪守的‘天职’，这也是新教，特别加尔文教的禁欲主义伦理观。”[②]马克斯·韦伯对宗教改革所塑造的资本主义精神的经典解释，至今仍是社会学知识系统中不可忽略的话题。在韦伯看来，正是由于基督教的禁欲主义才孕育了资本主义的精神。“在构成近代资本主义精神乃至整个近代文化精神的诸基本要素之中，以职业概念为基础的理性行为这一要素，正是从基督教禁欲主义中产生出来的。”[③]韦伯所说的基督教禁欲主义就是指加尔文的新教禁欲主义，这种禁欲主义既反对贫穷、懒惰和乞讨，也反对豪门的放纵挥霍和暴发户的奢华炫耀，但是它却鼓励勤俭、节俭和发财致富，只要发财的目的不是为了满足私欲而是为了增加上帝的荣耀。“（清教徒）特别不可容忍的是有能力工作却靠乞讨为生的行径，这不仅犯下了懒惰罪，而且亵渎了使徒们所言的博爱义务。”[④]“我们已经看到，清教禁欲主

① 田薇：《信仰与理性：中世纪基督教文化的兴衰》，河北大学出版社2001年版，第186页。

② 同上书，第192页。

③ [德]马克斯·韦伯：《新教伦理与资本主义精神》，于晓等译，陕西师范大学出版社2006年版，第104页。

④ 同上书，第93页。

义竭尽全力所反对的只有一样东西——无节制地享受人生以及它能提供的一切。”[①]在清教徒看来，劳动是一种最好的禁欲手段，它可以使人抵御各种肮脏卑污的恶行的诱惑。更为重要的是，勤奋劳动同厉行节俭一样是获得上帝恩典的象征。“如果财富是从事一项职业而获得的劳动果实，那么财富的获得便又是上帝祝福的标志了。更为重要的是：在一切世俗的职业中要殚精竭虑，持之不懈，有条不紊地劳动，这样一种宗教观念作为禁欲主义的最高手段，同时也作为重生与真诚信念的最可靠、最显著的证明，对于我们在此业已称为资本主义精神的那种生活态度的扩张肯定发挥了巨大无比的杠杆作用。”[②]

韦伯对于宗教改革所引发的资本主义精神气质和社会伦理观念变迁的讨论，按照他这一思维路径所得出的结论是否合理，需要我们进一步讨论。诚如韦伯所言：“某些宗教观念对于一种经济精神的发展所产生的影响，或者说一种经济制度的社会精神气质，一般来说是一个最难把握的问题。”[③]但是，指出这一点对于我们的讨论是非常重要的，它至少表明：宗教改革是西方中世纪基督教德性观念内涵变迁的文化根源之一。宗教改革之后，德性概念被赋予一种新的含义，德性即是一种在世俗生活中获得成功的品质。“上帝纵不能返回，但是上帝留下来的道德真空必须填补。填补者只能是世俗形式的道德至善论，而不能是外在的物理世界的经验法则。”[④]这一点在后来的功利论中得到了彻底的贯彻，对这一话题更为细致的讨论稍后我们即将展开。

① ［德］马克斯·韦伯：《新教伦理与资本主义精神》，于晓等译，陕西师范大学出版社 2006 年版，第 95 页。

② 同上书，第 99 页。

③ 同上书，第 11 页。

④ 朱学勤：《道德理想国的覆灭：从卢梭到罗伯斯庇尔》，上海三联书店 2003 年版，第 65 页。

三 启蒙运动与德性传统的颠覆

如果说人文主义者的基本倾向并非从根本上否定基督教信仰，而是用人性的、感性的和个人主义的因素来充实和改造基督教，使它更少一点中世纪陈腐的烦琐气息，更多一点亲切的人情味的话，那么发端于18世纪法国并席卷整个欧洲思想界的风起云涌的启蒙运动可以说是掀起了基督教文化的老根。“日益接受伊壁鸠鲁认为生活里应尽情享乐，以及所有的享乐除非证明有罪，否则皆是无害的观念。”[①] 在这场声势浩大的思想解放运动中，由于科学理性的异军突起，理性成了衡量一切事物的标准，以往的一切传统文化，包括中世纪基督教道德都要接受理性的审判。作为新兴资产阶级代言人的启蒙思想家，他们试图依靠理性来构建一个以功利主义为中心的道德王国。

启蒙思想家首先展开了对中世纪基督教道德的无情批判。启蒙思想家的最为著名的代表人之一，法国的爱尔维修认为，基督教主张的“人人都自称为了美德本身而爱美德。这一句话挂在每一个人的嘴边，但是并不存在于任何人的心里”[②]。他认为美德之所以受人尊重，因为它对人是有利的。人们爱的不是美德，而是权力和荣誉。人们把对权力和荣誉的爱当成了对美德的爱。“是什么动机决定了隐修士忍受痛苦去断食斋戒，身披忏悔衣，自己鞭挞自己？是对于永恒幸福的希望；他怕下地狱，要想升天堂。”“快乐和痛苦这两个产生修士美德的原则，也是各种爱国美德的原则。对于奖赏的希望使它们产生出来。尽管人们吹嘘自己对它们存在着无所为而为的

① [美]威尔·杜兰：《世界文明史：文艺复兴》，东方出版社1998年版，第404页。

② 北京大学哲学系外国哲学史教研室编译：《十八世纪法国哲学》，商务印书馆1963年版，第512页。

爱，但是，如果爱美德没有利益可得，那就绝没有美德。”[①] 霍尔巴赫也指出，“美德这个名词，我们只能理解为追求共同幸福的欲望；因此，公益乃是美德的目的，美德所支使的行为，乃是它用来达到这个目的的手段”[②]。中世纪基督教德性论主张人的德性源自于上帝的启示，是由于人们对于上帝的敬畏而分享了神性的完美。人类必须永远保持对上帝的虔诚和信仰，上帝给予人的不是尘世的感性欲望的满足，而是人在天国中精神的超越和完美。启蒙运动思想家把矛头指向封建神学道德，他们要揭穿神学道德的这种虚假性和欺骗性。他们用理性解除了道德与宗教的联系。他们认为，无神论者最有道德，因为他们遵循自然道德，听从理性的召唤，顺乎情感欲望，追求现实幸福，有利于社会进步。所以，一个没有任何宗教，受过良好教育的无神论者组成的社会不仅是可能的，而且比有神论者的社会将更为高尚和更为有德。“要使人有德行，就必须是谁有德行对谁便有利才成，或者使他发现实践德行的好处。”[③]

启蒙时代是与感性决裂的时代，是理性高扬的时代，也是理性片面发展的时代。在启蒙运动所张扬的理性精神下，伦理学的知识形态和话语系统呈现出了两种状态：以经验论为哲学基础的感觉主义和以先验论为逻辑前提的理性主义伦理学，前者在休谟那里达到了最为系统的效果论表达，后者在康德那里完成了严密的义务论体系。“又是第一次探索人类生活于一个神性缺乏的世界如何重建道德理想，尤其是如何重建政治秩序中的道德理想，这又是一个探险的方向，崭新的方向。”[④] 所以，我们对于启蒙运动之后德性伦理失落的思想根源的讨论，将从展示功利主义伦理学和义务论伦理学的思想轨迹中，来做进一步的考察和评判。

---

① 北京大学哲学系外国哲学史教研室编译：《十八世纪法国哲学》，商务印书馆 1963 年版，第 512 页。

② 同上书，第 465 页。

③ [法] 霍尔巴赫：《自然的体系》（上卷），管士滨译，商务印书馆 1963 年版，第 123 页。

④ 朱学勤：《道德理想国的覆灭：从卢梭到罗伯斯庇尔》，上海三联书店 2003 年版，第 65 页。

第二节　规范伦理知识话语中的德性失落

一　功利论将德性工具化

（一）从自然理性到自然欲望

在启蒙运动张扬理性主义运动下，从霍布斯到洛克，西方道德哲学话语一直被自然法理论所支配，这一点在法国启蒙思想家的伦理思想中表现得淋漓尽致。他们以高扬理性、尊重经验、肯定利益和功利、执着于平等和自由等，体现出自己独特的风貌，这也是近代资产阶级政治要求在伦理观念上的反映。在他们看来，所谓自然法，就是自然秩序和规律，就是使人知道正义的自然本性。人类的历史受自然法支配，是合乎理性地、有规律地发展的。这种不以人的意志为转移的规律性，就是社会法律和道德准则得以建立的基础。关于正义与非正义，人们没有必要企求神的旨意，只要依据自己的正义的自然法本能就可以做出善与恶的价值判断。自然法的根本宗旨就是“既不在于使别人痛苦，也不在于以别人的痛苦使自己快乐”①。根本来说，启蒙思想家坚持的自然法理论的目的在于对抗当时的天主教教会权威，代表着一种期望摆脱宗教枷锁、重返自然世界的哲学努力。

但是，自然法理论带有一种先验性的色彩，它所秉承的不证自明性的

① 北京大学哲学系外国哲学史教研室编译：《十八世纪法国哲学》，商务印书馆1963年版，第99页。

理性主义思维方式已经不能适应时代发展的需要，自然科学的进步迫使哲学家开始修正自己的理论，必须从现实社会入手，才能对人的道德做出合理的解释和说明。孟德斯鸠首先指出，一个国家的政治结构和法律制度与理性无关，是由人们的生活环境决定的。这一时期，最具有代表性的恐怕算是卢梭了，他从诉诸理性转向了依靠情感。在他看来，理性和情感对于人们的行为来说，都是重要的，缺一不可。在人的道德意识中，理性和情感相互并存，相互配合，相互依赖：无论理性还是情感，都不能单独成为衡量善恶的尺度。卢梭认为，良心是衡量善恶的尺度。良心的作用就是一种感觉，它是在理性的帮助下，在一定的社会关系中形成的。良心的形成完全遵照着感觉论的原则。“由于我们的求善避恶并不是学来的，而是大自然使我们具有这样一个意志，所以，我们好善厌恶之心也犹如我们的自爱一样，是天生的。良心的作用并不是判断，而是感觉。”①良心之所以能够激励人，正是因为存在着这样一种根据对自己和同类的双重关系而形成的一系列的道德。但是，卢梭所说的良心与自然法哲学家所主张的天赋观念不同，他强调良心的情感形式来自人的感觉，并不意味着良心可以脱离社会而存在。由此，卢梭结束了对自然人的抽象推论，而着眼于对现实社会的观察，通过社会历史来研究人，并力图通过对社会的研究，从社会关系中揭示出人的本性和道德的根源。“由自然状态进入社会状态，人类便产生了一场最堪瞩目的变化，在他们的行为中正义就替代了本能，而他们的行动也就被赋予了前此未有的道德性。”②在此，我们无意去进一步解释他的良心观的具体内容，只是指出：以卢梭为代表的启蒙思想家在道德思考的问题上，他们扭转了自然法哲学家认为道德是天赋的观念的思路，从而使道德落实到更为具体的生活实践中。

---

① ［法］卢梭：《爱弥尔》（下卷），李平沤译，商务印书馆1981年版，第416页。

② ［法］卢梭：《社会契约论》，何兆武译，商务印书馆1980年版，第29页。

启蒙思想家对中世纪基督教德性论批评的目的是要把道德建立在人道主义原则的基础上。启蒙思想家认为，应当像研究其他各种科学一样来研究道德学，应当像建立一种实验物理学一样来建立一种道德学。而要使道德学成为这样的科学，就必须先研究人的本性，让人们认识自己，然后才能建立起与经验相符的道德科学。他们所主张的人道主义的最核心的问题就是对于人的感性欲望的关注，即他们所说的人性。在这些思想家看来，趋乐避苦或“自爱”“自保”就是人的本性。“适合于人的道德学应当建立在人性上；它应当告诉人什么是人，什么是人给自己提出的目的，以及达到这个目的的方法。Respice finem（面对你的目的），这就是全部道德学的撮要。”[①]如果说，这种新的道德要求可能只是一种不连续的思想亢奋，还没有形成完备的思想体系的话，那么在经过一段时间的发展，这一哲学努力最终在英国哲学家休谟那里达到了最完美的表达。

（二）功利论的先驱：大卫·休谟

休谟承接了启蒙思想家将道德建立在人道主义原则基础之上的观点，对于人的情感在道德价值判断中的决定性作用给予了充分的肯定。“显然，一切科学对于人性总是或多或少地有些关系，任何学科不论似乎与人性离得多远，它们总是会通过这样或那样的途径回到人性。即使数学，自然哲学和自然宗教，也都是在某种程度上依靠于人的科学；因为这些科学是在人类的认识范围内，并且是依据他的能力和官能而被判断的。”[②]应该说，休谟对于自然法理论最沉重的打击莫过于他的事实世界与价值世界的划分这一经典的发现，他认为人的行为有无道德价值，不在于它是否合乎理性，而在于它是否符合人的意愿或主观偏好，道德规范不是永恒的理性真理，

① 周辅成：《西方伦理学名著选辑》（下卷），商务印书馆 1964 年版，第 88 页。

② [英] 休谟：《人性论》（上卷），关文运译，商务印书馆 1980 年版，第 6—7 页。

而在于经验不断重复基础上形成的心理习惯，这些习惯与人的生存需要直接相关。道德规范或德性可以从人类学和心理学中得到正确的解释和说明，它不存在形而上学的根据，只能诉诸经验。这一经典的原表述是："在我所遇到的每一个道德学体系中，我一向注意到，作者在一个时期中是照平常的推理方式进行的，确定了上帝的存在，或是对人事作了一番议论；可是突然之间，我却大吃一惊地发现，我所遇到的不再是命题中通常的'是'与'不是'等联系词，而是没有一个命题不是由一个'应该'或一个'不应该'联系起来的。这个变化虽是不知不觉的，确是有极其重大的关系的。因为这个应该或不应该既然表示一种新的关系或肯定，所以就必须加以论述和说明；同时对于这种似乎完全不可思议的事情，即这个新关系如何能由完全不同的另外一些关系推出来，也应当举出理由加以说明。"①

在对道德起源自然法理论批判中，休谟确立了他自己的道德观。他认为，道德或道德性问题根本说来就是道德的善和恶、德性或恶行的区别问题。这种道德区别不是导源于理性或知性；因为"理性的作用在于发现真和伪。真和伪在于对观念的实在关系或对实际存在和事实的符合或不符合。……但是，显而易见，我们的情感、意志和行为是不能有那种符合或不符合的关系的；它们是原始的事实或实在，本身圆满自足，并不参照其他的情感、意志和行为。因此，它们就不可能被断定为真的或伪的，违反理性或符合于理性"②。换句话说，理性或知性的作用是判断事实和关系，而任何性格或行为的善和恶、任何人的德性和恶行都既不在于事实、也不在于关系，任何事实或关系自身既无所谓善、也无所谓恶，既无所谓德性、也无所谓恶行。所以，道德区别的问题只能来源于情感。相应地，善和恶、德性和恶行就不是作为事实或关系的对象的任何性质，而是主体自身基于

① [英]休谟：《人性论》（下卷），关文运译，商务印书馆1980年版，第509—510页。

② 同上书，第498页。

快乐和不快的感觉产生的那种知觉，这种知觉是主体受刺激而产生的。个人价值完全在于拥有一些对自己或对他人有用的或令自己或他人愉快的心理品质。换句话说，道德的合理基础表现在四个方面：对他人有用，对自己有用，令自己愉快，令他人愉快的心理品质。[①]他认为，这条原则是不证自明的，即使对于最原始最没有实践经验的道德探究者都会接受。我们将从本书的立意去讨论休谟对于德性问题的考察。

为了寻求快乐或不快的感受得以发生的源泉，休谟对德性做了“人为之德”和“自然之德”的划分。这种划分并不是截然对立的：人为之德并不意味着是超自然的或非自然的，它也是适合于人类社会存在和发展的需要的；自然之德也不意味着在人的心中就有其先天的起源，它也是在后天的社会中形成的。人为德性包括正义、忠顺、端庄和贞洁等。在这些德性之中，正义最能体现人为德性的性质。正义缘起于人类物质财富的有限性和人性的局限性。具体来说，正义产生于人类的需要，这种必须在于两个方面：一是人们的自然需要的无限性与满足这种需要的手段的薄弱以及外界物质条件的不够丰富之间的巨大差距，它导致人们的自然性情的自私性，并使这种自私性远远超出人们的有限的慷慨之情。二是人们希望保持自己的占有物质的要求与人们的占有物容易转移之间的矛盾，它使得人类生活处于极度的不稳定状态之中。[②]这两个方面的结合足以构成对人类生存的威胁，诉诸人类的自爱或自我利益来克服这种威胁状态是不可能的，因为这只会使得人们的生活变得更为糟糕，势必陷入某种霍布斯式的非如此不可的混乱状态。所以，人们只能在判断力和知性的协助下通过约定来完成，即人为地建立一种一般的共同利益的感觉。借助于这种共同利益的感觉，人们形成一定的标准和规范，区别出什么是正义和非正义，从而形成一定

① ［英］休谟：《道德原则研究》，曾小平译，商务印书馆 2001 年版，第 121 页。
② ［英］休谟：《人性论》（下卷），关文运译，商务印书馆 1980 年版，第 525—536 页。

的道德区别。所以，正义作为一种德性，其根源完全在于维护社会的和平和秩序、促进人类的生存和发展这种需要和目的。“正义之所以是一种道德的德，只是因为它对于人类的福利有那样一种倾向，并且也只是为了达到那个目的而做出的一种人为的发明。对于忠顺，对于国际法，对于淑德和礼貌，也都可以这样说。所有这些都是谋求社会利益的人类设计。”[①]自然德性主要是通过自然情感而确立的德性，它的源泉在于对个人自己有用或令个人自己愉快的品质、性格和才能等，一方面像对公共和社会有用的那些性格和行动那样是通过同情原则，另一方面是直接通过比较原则而被规定为德性的。依据德性本身具有的其他方面的客观趋向可以把自然德性分为三种类别：有益于我们自身的品质；直接使我们自己愉快的品质；直接使他人愉快的品质。

在此，对于休谟德性的内容做详细的描述没有多大的必要。从以上讨论可以看出：无论是自然德性还是人为德性，在休谟看来，效用是它们的基础，这些德性之所以为人们赞颂，是因为它们本身具有服务于行为者、他人或社会的功效。“德性的本性、而且其实德性的定义就是，它是心灵的一种令每一个考虑或静观它的人感到愉快或称许的品质。”[②]休谟把效用作为道德价值判断的标准，开启了把道德的原则与社会的立法、人们的福利、社会制度的设计联系起来的思维方式，使功利的道德原则不仅成为衡量人的日常行为的标准，而且成为判定社会一切制度及其行动的准则，成为西方社会发展中极为重要的伦理思想。这一深刻的转变，对于西方传统德性伦理，尤其是基督教德性伦理是一种致命的打击。“他完全放弃了道德之神学基础的观念，他把德性既看作自然的德性，又看作人为的德性，同时把

① [英]休谟：《人性论》（下卷），关文运译，商务印书馆1980年版，第619页。

② [英]休谟：《道德原则研究》，曾小平译，商务印书馆2001年版，第15页。

我们的道德感看作自然事实。”[①]麦金太尔给予休谟这一道德思维方式转变以极度深刻的批评。他认为，自从休谟发现了事实价值与道德价值之后，西方德性传统伦理彻底走向了断裂。因为把情感作为道德判断的标准，使得传统社会的结构得以彻底瓦解，个人不再通过社会共同体来确认自己的身份和角色。“贪恋终于为自己建造了一个世界，使之在其间游刃有余，为自己获得了时代曾经授予的那一尊敬。休谟的价值观以及休谟为之代言的英国和英国化的社会价值观，代表了近至17世纪后半叶通过阅读《尼可马克伦理学》和《政治学》而在苏格兰大学里反复灌输的惊人颠覆。”[②]这种颠覆的结果在伦理理论上的表征就是功利和权利观念取代了亚里士多德“德性—目的”的传统的价值，德性伦理逐渐让位于功利主义的自由主义价值观。

（三）功利论中的自由、德性与幸福

应该说，休谟哲学在英国乃至西方功利伦理思想体系形成的过程中扮演了极为重要的角色，对于后来英国功利学派的思想奠定了基础。功利主义伦理思想的创立者边沁明确承认，他的功利概念是从休谟那里受到启发的。[③]从此之后，功利主义伦理思想的继承者密尔、西季威克等人虽然对边沁功利主义做了不同程度的修正，但是其基本宗旨仍然是边沁功利主义思想的观点。

遵从休谟奠定的功利概念，功利主义伦理学把道德价值的根据从形而上学的先验规定中移到了个体生命的感觉经验之中。这一伦理的基本主张是：行为的道德价值要以行为所产生的结果来衡量，这一结果就是道德主

① ［美］罗尔斯：《道德哲学史讲义》，张国清译，上海三联书店2003年版，第98页。

② ［美］麦金太尔：《谁之正义？何种合理性？》，万俊人等译，当代中国出版社1996年版，第412页。

③ 宋希仁：《西方伦理思想史》，中国人民大学出版社2004年版，第291页。

体当下所体验到的快乐和痛苦。“自然把人类置于两位主公——快乐和痛苦——的主宰之下。只有他们才指示我们应当干什么，决定我们将要干什么。是非标准，因果联系，俱由其定夺。凡我们所行、所言、所思，无不由其支配，我们所能够做的力图挣脱被支配地位的每项努力，都只会昭示和肯定这一点。一个人在口头上可以声称绝不再受其主宰，但实际上他将照旧每时每刻对其俯首称臣。功利原理承认这一被支配地位，把它当作旨在依靠理性和法律之手建造福乐大厦的制度基础。凡试图怀疑这个原理的制度，都是重虚轻实，任性昧理，从暗弃明。”①功利主义把人的欲望和感性需要这一自然性的经验事实作为道德的内在价值，把趋乐避苦的人性本能当作人类德性行为的根本动机，认为德性即幸福，而他们所说的幸福也就是人的感官欲望的满足。这一道德理论的逻辑思维是：企图从自然性的经验事实中推出道德上的善恶的价值判断。换句话说，功利主义的逻辑起点就是道德主体的感官欲望的满足这一经验事实，从这一前提出发来推导出人们追求感性利益的合法性，从而把道德标准归结为对快乐和痛苦的体验。“功利主义根源于两个相关的原理：（1）当一个行为或实践（较之其他可以替换的行为或实践）在整个世界上导向最大可能的好的效果或最小可能的坏的后果时，那么，这个行为或实践就是正确的；（2）义务和权利的概念从属于最大利益或为最大利益所决定（亦即：所做的行为是正确的，决定于保证取得最好的效果）。”②

从功利主义逻辑推理可以看出，他们把人的自然肉体的构造，人的生物学意义上的本能作为逻辑推理的前提，显然，这一逻辑前提的概念与自由概念背道而驰，也与德性概念风马牛不相及。人被作为一个受自然规律

① ［英］边沁：《道德与立法原理导论》，时殷弘译，商务印书馆 2000 年版，第 57 页。

② ［美］汤姆·L. 彼彻姆：《哲学的伦理学》，雷克勤等译，中国社会科学出版社 1990 年版，第 109 页。

支配的动物，而那作为人之为人本质特征的理性，却被外化为算计利益大小的工具。如此，自由与人所具有的自然本能毫无二致，人的自由被异化为受必然性支配的自然属性，自由就是人们追求感性利益最大化的行动不被干涉；德性则仅仅作为一种道德情感，这种情感是道德主体在利益最大化过程中所获得的快乐或幸福指数的一种合理算计的主观努力。罗尔斯教授对于休谟把德性作为事实的评价也同样适用于功利主义在这一问题上的态度。“我认为，休谟之所以利用德性概念，是因为作为禀赋的德性属于我们的性格：它们是我们人类的心理特征，那些特性一起影响着我们的行为内容和行为方式。去拥有、去获得德性属于我们的本性。为了证明道德是一个事实，休谟将利用这个观念就不会令人感到惊奇了。”[①]功利主义思想家把作为经验事实的快乐和道德判断的应该等同起来，把人生的目的设想为对最大利益的不懈努力，自然地，感性快乐的最大化就成为衡量道德的唯一标准。“承认功利或最大幸福原则为道德的基础这一信条，就是坚持行为的正确与该行为增进幸福的趋向成比例，行为的错误与该行为产生不幸的趋向成比例。幸福是指快乐与避免痛苦；而不幸是指痛苦和丧失掉快乐。”[②]

功利主义是一种效果论的伦理学，“功利原理是指这样的原理：它按照看来势必增大或减小利益有关者之幸福的倾向，来赞成或非难任何一项行动”[③]。它把功利或效果作为评判一切道德行为的标准。在德性与功利的价值比较中，德性变成了功利的附庸，从而处于功利的从属地位。于是，德性逐渐衍变成为个人在尘世中获得成功的一种外在手段，已经开始失去了亚里士多德主义时代用来衡量一个人优秀与否的试金石的地位。在把德性

① [美]罗尔斯：《道德哲学史讲义》，张国清译，上海三联书店2003年版，第75页。

② [美]汤姆·L.彼彻姆：《哲学的伦理学》，雷克勤等译，中国社会科学出版社1990年版，第112页。

③ [英]边沁：《道德与立法原理导论》，时殷弘译，商务印书馆2000年版，第58页。

作为实现个人获得成功这一点上，以富兰克林为代表的功利主义伦理观最为典型。这种功利主义伦理观主张：像诚实这样的德性之所以有用，是因为它们能够带来信誉；守时、勤劳、节俭都会给拥有者带来好处，因此它们都可以归为美德的范畴。对于这一点，马克斯·韦伯认为，"按照富兰克林的观点，这些美德如同其他美德一样，只是因为对个人有实际的用处，才得以成其为美德；假如能够达到预期目的，仅仅换个外表也就够了。这就是极端的功利主义的必然结论"[①]。麦金太尔也指出，"德性总是有用的，并且富兰克林的德性观不断地强调功利是个人行为的标准"[②]。对德性的这种功利主义解释，为那种只注重道德行为的实际效果、只追求外在目的的效果论伦理学奠定了思想基础。

在对功利主义如何堪定自由与德性之间的关系之前，我们需要从最为一般的意义上对于自由本身的内涵、外延做一简单的讨论。这种讨论是必要的，因为我们在后面讨论康德义务论和罗尔斯等新自由主义关于德性问题时，自由与德性之间的关系不容回避。在最为一般的意义上，自由意味着摆脱限制或束缚。说一个人是自由的，也就是说这个人的行动和选择不受他人行动的干涉和限制。显然，我们说一个人是不自由的，即是指他是受到外在条件的限制或阻碍的。自由与限制呈现出一种负相关的关系：人被限制得越多，人所获得自由就越少；限制或束缚被摆脱得越多，人所获得的自由也就越充分。所以，人的自由，就在于从束缚中解放出来，就在于摆脱异己的、外在的力量的限制。

在西方自由主义思想家的著作中，柏林关于自由的表述堪称西方自由主义思想的经典之作，任何关注自由主义的人都无法绕过这一思想家对于

① ［德］马克斯·韦伯：《新教伦理与资本主义精神》，于晓等译，陕西师范大学出版社2006年版，第15页。

② ［美］麦金太尔：《德性之后》，龚群、戴扬毅等译，中国社会科学出版社1995年版，第234页。

自由所做的讨论。这就是他提出的两种自由观，即消极自由和积极自由。具体来说，消极自由涉及对这样问题的回答："主体（一个人或人的群体）被允许或必须被允许不受别人干涉地做他有能力做的事情，成为他愿意成为的人的哪个领域是什么？"积极自由则是回答"什么东西或什么人，是决定某人做这个、成为这样而不是做那个、成为那样的那种控制或干涉的根源？"①

在柏林看来，消极自由在没有其他人或群体干涉我的行动程度之内，我是自由的。消极自由所表明的是，我本来可以去从事某些事情的，但是别人却阻止我去做——这个限度以内，我是不自由的；这个范围如果被别人压缩到某一个最小的限度以内，那么，我就可以说是被强制，或是被奴役了。所以，消极自由也就是一种"免于……的自由"，也就是在一定的限度内，一个人不受外在力量干涉的状态。积极自由所要表征的是"自主"，这是关于自我理论的一部分。"'自由'这个词的'积极'含义源于个体成为他自己主人的愿望。我希望我的生活与选择能够由我本身来决定，而不取决于任何外界的力量；我希望我成为我自己的意志，而不是别人意志的工具；我希望成为主体，而不是他人行为的对象……只要我相信这一点是真理，我就觉得自己是自由的，而如果有人强迫我认为这一点不是真理，那么我就觉得在这种情形下，我已经受到奴役。"②可以看出，与消极自由相比，积极自由特别强调个人自己能够把握自己的命运、意志，从而在真正的意义上成为自己的主人，而不在乎外在的力量是否设置阻碍和干涉。"积极自由的本意是自主，主体本身即存在是否被他人强制、有没有选择自由的问题。而消极自由的本意是不受限制，但不受限制的主体无论是思考还

① [英]以塞亚·伯林：《自由论：<自由四论>扩充版》，胡传胜译，译林出版社2005年版，第189页。

② [英]以塞亚·伯林：《自由论：〈自由四论〉扩充版》，胡传胜译，译林出版社2005年版，第200页。

是行动都是做自己主人。可见这两者既相互区别、又密切关联。”[①]

现在我们把思路转回到功利主义关于自由与德性的讨论这一主题上来。功利主义思想家特别强调自由对于人性的发展、个性自由对于德性生成的意义。在他们看来，无论是消极自由还是积极自由，都与功利有着不可分割的联系。这一点在功利主义集大成者密尔的思想中表现得最为深刻。密尔修正了边沁把快乐作为判断道德行为的标准而代之以幸福来衡量人们道德行为的价值。在此，我们简单地描述一下他的幸福概念的内涵和外延。因为，幸福概念是密尔理论的核心概念，而且关于自由与德性的讨论就是从这一核心概念展开的。“幸福，因是目的，是可欲的；并且只有幸福才是因它是目的而可以欲的；一切别的东西只因为它是获得幸福的工具而成为可欲的。”[②]这样，他就把幸福作为道德的标准，幸福就是人生的终极目的，只有幸福自身才有价值。在他看来，幸福是一个具体的整体，也是一个多样性的概念，其内容包括喜爱艺术、关注健康、崇尚德性、追求个性自由发展等方面。另外，由于像对外在的金钱、荣誉、权力等的追求可以作为获得幸福的一种手段，因而也是可以作为幸福不可或缺的东西。他以内容多样的幸福概念为逻辑起点，详细地讨论了作为消极意义上自由和积极意义上的自由。“密尔的幸福理论是其自由观的基石。自我的发展是个人的自由的积极的实现，而不受干涉的自由权则是消极的个人自由的维护，二者结合起来才构成了密尔的完整的自由观的主旨。”[③]

作为消极意义上的政治自由，其内容涉及言论自由、思想表达自由、结社自由等诸多方面。对于这样的政治自由，密尔一开始就对它作了理论方面的限定：“这篇论文的主题不是所谓意志自由，不是这个与那被误称为

① 顾肃：《自由主义基本理念》，中央编译出版社 2003 年版，第 73 页。
② [英]约翰·密尔：《功用主义》，商务印书馆 1957 年版，第 18 页。
③ 宋希仁：《西方伦理思想史》，中国人民大学出版社 2004 年版，第 302 页。

哲学必然性的教义不幸相反的东西。这里所要讨论的乃是公民自由或社会自由，也就是要探讨社会合法施用于个人的权力的性质和限度。"①个人自由的实质是能够不受外界强制、按照自身的条件去自主地追求自己的生活目标。"唯一实称其名的自由，乃是按照我们自己的道路去追求我们自己的好处的自由，只要我们不试图剥夺他人的这种自由，不试图阻碍他们取得这种自由的努力。"②功利主义思想家给予这种自由权利极大的道德价值。他们认为，个体只有从内心深处认识到平等、自由地发表自己的各种政治主张，由此才能生成一个良好的宽容态度和环境，而这样的宽容态度和环境是符合人类精神上的最高道德标准的，因而是完全合乎人性的，其价值合理性是显而易见的。"对于每一个人，不论他自居于辩论的那一方，只要在其声辩方式中或是缺乏公正或是表现出情绪上的恶意，执迷和不宽容，那就要予以谴责，但是却不可由其在问题上所选定的方面，即使是与我们自己相反的方面，来判断出那些败德；而另外一方面，对于每一个人，也不论他保持什么意见，只要他能够冷静地去看也能够诚实地来说他的反对者以及他们的意见真正是什么，既不夸大足以损害他们的信用的东西，也不掩藏足以为他们辩护或者想来足以为他们辩护的东西，那就要给以应得的尊敬。"③可以看出，功利主义者对于自由是在两个方面来厘定的：就个人方面来说，个人的行为只要不涉及他人的利害，个人就有完全的行动自由，不必向社会负责；他人对于这个人的行为不得干涉，至多可以进行忠告、规劝或避而不理。"个人的自由必须约制在这样一个界限上，就是必须不使自己成为他人的妨碍。但是如果他戒免了在涉及他人的事情上有碍于他人，而仅仅在涉及自己的事情上依照自己的意向和判断而行动，那么，凡是足

① ［英］约翰·密尔：《论自由》，程崇华译，商务印书馆 1959 年版，第 1 页。

② 同上书，第 13 页。

③ ［英］约翰·密尔：《论自由》，程崇华译，商务印书馆 1959 年版，第 58 页。

以说明意见应有自由的理由，也同样足以证明他应当得到允许在其自己的牺牲之下将其意见付诸实践而不遭到妨碍。”[①]就社会方面来说，只有当个人的行为危害到他人利益时，个人才应当接受社会的或法律的惩罚。社会只有在这个时候，才对个人的行为有裁判权，也才能对个人施加强制力量。“任何人的行为，只有涉及他人的那部分才须对社会负责。”[②] 功利主义从个人和社会两个方面强调了自由之于人的生存的重要性，这种自由观的意义在于：使个人自由与社会控制之间形成一种相互约束的机制，保持最低限度意义上的自由，其目的是规避因为社会力量的过于张扬而导致对个体的基本权利的挤压。从这个意义上，这种自由模式强调为个人政治自由划定一个不可侵犯的最小范围、最小的空间界限，这属于典型意义上的消极自由。

在功利主义的思想话语中，作为自我发展或个性的自由发展的积极自由与幸福有着天然的联系。前面已经提到，功利主义者的幸福概念是一个包括物质和精神因素在内的综合性范畴，而个性的自由发展是个人的自我培养和教育过程，它的最终目标是实现个人在心智、情感和道德上的充分的、全面的发展，表现为个人具有充分发展了的个性、自主性、独创性和健全的社会性情感。在密尔看来，全面深刻的幸福不能脱离个人的自我发展，个人的能力的发展，个人自身的趣味、追求和同情心的培养和发展。或者说，个人的幸福是同他的精神性和个性的自由发展紧密相关的。

作为积极自由意义上的自我发展在人获得幸福的过程中的作用主要表现在：首先，它是幸福的重要的组成部分和重要的源泉。“假若大家都已感到个性的自由发展乃是福祉的首要因素之一；假若大家都已感到这不只是和所称文明、教化、教育、文化等一切东西并列的一个因素，而且自身

① [英]约翰·密尔：《论自由》，程崇华译，商务印书馆1959年版，第59—60页。
② 同上书，第9页。

又是所有那些东西的一个必要部分和必要条件；那么，自由就不会有被低估的危险，而要调整个人自由与控制二者之间的界限也就不会呈现特别的困难，但是，为患之处就在，一般的想法却少见到个人自动性这个东西具有什么内在价值，值得为其自身之故而不予注意。”[①] 密尔在对快乐的质和量作区别的时候特别指出，较高级的快乐的产生是与人的较高等的心理能力相联系着的，而较高级的心理能力的获得是与个人的自我发展的程度成比例的，最有价值的幸福就是那些在人们发展和运用自身的理智的、情感的、道德的心理能力时所体验到的幸福。其次，自我发展是个人成为有资格的道德人的前提条件。密尔常常诉诸一个人的道德偏好来对快乐与否，以及快乐的质与量做出判断。这是一个有着丰富道德阅历、对较高等和较低等的两方面的苦乐都有体验的人。[②] 可以看出，这一道德判断者所具有的能力并不是先天的，而是在后天的社会阅历和道德体验中逐渐养成的一种能力，这就强调了自我发展在这样的个体道德生成中的重要意义。所以，如果我们否认人们的个性自我发展的同时，也就意味着否定了人们所应该具有的道德主体的地位。从这种意义上来说，作为积极自由意义上的个性自我完善在功利主义思想体系中具有核心的地位。“密尔对自我发展和道德进步的关注是他的哲学的一条主线，几乎其他所有的内容都附属于这一中心。”[③]

自我发展是幸福概念与自由概念之间的中介。“个性与发展乃是一回事情，只有培养个性才产生出或者才能产生出发展得很好的人类。”[④] 换句话说，只有尊重人的个性自由、培养人的个性，才有可能产生出一种发展很好的人。在功利主义看来，作为积极自由意义上的个性的自我发展首先表

① ［英］约翰·密尔：《论自由》，程崇华译，商务印书馆 1959 年版，第 60 页。

② ［英］约翰·密尔：《功用主义》，唐钺译，商务印书馆 1957 年版，第 9—12 页。

③ Alan Ryan，*The Philosophy of J.S.Mill*, Macmillan Press,1978，p.255.

④ ［英］约翰·密尔：《论自由》，程崇华译，商务印书馆 1959 年版，第 68 页。

现为对传统、习俗和他人意见的批判，个人的自由发展也表现为独创性、想象力的发展，最终会形成整个社会创造性的发展。“进步的唯一可靠而永久的源泉还是自由，因为一有自由，有多少个人就可能有多少个独立的进步中心。”[①]功利主义思想家认为，个性的自由发展的最终目的是既要推动社会文明整体的发展，也要促进个人在心智、情感和道德等方面的自我发展。“人性不是一架机器，不是按照一个模型铸造出来的，又开动它毫厘不爽地去做替它规定好了的工作；它毋宁像一棵树，需要生长并且从各方面发展起来，需要按照那使它成为活东西的内在力量的趋向生长和发展起来。”[②]只有当人们按照他们自己的愿望出发，按照与他们自己有关的生活方式去生活的时候，人类文明才能获得多样性的发展，人的自主性、创造性和智慧力才能得到发挥。

就自由的消极意义即政治自由的内容如言论、思想自由来说，这种自由对于德性的生成是非常重要的。“没有人会抱有这样一个观念，认为人们行为中的美德只是彼此照抄。”[③]“人类应当有自由去形成意见并且毫无保留地发表意见，这个自由若得不到承认，或者若无人不顾禁令而加以力主，那么在人的智性方面并从而也在人的德性方面便有毁灭性的后果。”[④]如果一个社会没有这些起码的自由的话，那将会带来非常可怕的后果：一方面，这样的社会肯定是一个专制的社会，它势必会压制其成员的正义感和道德感的发挥，从而使得那些有利于社会进步的言论无法体现出应有的价值。“在精神奴役的一般气氛之中，曾经有过而且也会再有伟大的个人思想家。可是在那种气氛之中，从来没有而且也永不会有一种智力活跃的人

---

① [英]约翰·密尔：《论自由》，程崇华译，商务印书馆1959年版，第75—76页。

② [英]约翰·密尔：《论自由》，程崇华译，商务印书馆1959年版，第63页。

③ 同上书，第61页。

④ 同上书，第59页。

民。"[①]另一方面，这样的社会教育和培养出来的人，他们一定是毫无主见、人云亦云、没有任何创造性的人。他们所谈和所写的一切无非就是为了迎合社会大众的口味而不是发自自己内心深处、真正令人心悦诚服的东西。就自由的积极意义即个性的自我发展和完善来说，这种自由是一个人通向幸福道路的纽带，而幸福内在地统摄了人的感性需求的满足和精神境界的提升。

（四）对功利主义德性观的评价

以上我们通过对功利主义关于自由的两个方面的讨论可以看出，功利主义思想家总体上是肯定自由之于德性生成的重要性的，特别是他们在对个性自我发展方面的言说上，展示了这种自由对于个体理智能力和情感能力方面达到卓越程度所起的作用和意义。需要指出的是，功利主义思想家始终是在快乐和幸福之下来讨论人的德性的完善和提高的。"密尔所设计的幸福主义与亚里士多德所提出的幸福理论是不同的，最主要的区别就是对于德性与幸福的关系的观点。德性概念在亚里士多德的体系中是一个核心概念，而在密尔的理论中，德性只是从属于幸福概念的，是作为达到目的的手段而为人所欲望，因而成为幸福的组成部分的。"[②]这种思维势必使德性外化为实现功利和幸福的一种工具，正是对德性的这种工具主义解释，才导致了德性逐渐被边缘化的现代命运，这一点我们在后面还将进一步讨论。

在探究道德判断的终极目的或目标时，功利主义进行了两步还原：首先把正当或道德还原为"好"，再把"好"还原为快乐，而且更多的是一种感性快乐。功利主义之所以这样做是基于以下的理论目的：一是为了确立

---

① [英]约翰·密尔：《论自由》，程崇华译，商务印书馆 1959 年版，第 35 页。

② 宋希仁：《西方伦理思想史》，中国人民大学出版社 2004 年版，第 308 页。

伦理判断中的统一的一元论，以期为人们在实际的道德境域的两难选择中提供一个明确的价值标准；二是把“好”还原为快乐，这样的做法可以使得在终极目的的内容上缺乏一个实质的统一标准，作为终极价值的“快乐”正好体现了现代性的特点，而现代性在价值上的诉求就是多样性、不确定性、开放性和自由。每个人似乎都有自己的终极价值，“快乐”只不过是任一终极价值之后的效应或之前的手段。现代性道德唯一可以谈论的就是，个人为了实现自己的独特的终极价值所不可或缺的前提条件，至于终极价值本身或理想目标，则是每个人视为自己的内在之好，是因人而异的，不能共同规定的。但外在性的条件是共同的，是人人可以达成共识的。这反映了在文艺复兴和宗教改革之后、随着神性逃遁和上帝扭身离去，在功利主义大潮中，往日的精神共同体逐渐消解、人的生存意义开始失落，处身于道德与无道德缝隙之间的“现代人”不仅失落的是无现代根基的传统道德，而且拒斥有自身内在根基的以宗教情感和上帝救赎为背景的传统道德观念。现代人则把无意义看作是灵魂和肉体分离之后的必然宿命而放弃了任何寻找的努力。“功利主义正是以一种比生活观点狭隘得多的社会观点去看问题，它看不见生活的各种各样的魅力而只看见了物质利益，看不见生活的美丽之处而只看见了很难看的‘效用’，结果使得其理论太像是一种讨好大众的社会策略，而且毫无情感、精神和文化内容，与人类生活画面出入太大。”[①]

功利主义理论自身是有缺陷的，这主要表现在他们继承的休谟哲学心理主义的联想原理为方法论基础之上：他们把这一方法运用在道德判断上面，主张道德的善与恶在于道德主体的感受，这种思维方式最终导致了道德判断上的主观主义。比如，在快乐本身的质与量的计算和辨别上，往往

① 赵汀阳：《论可能生活：一种关于幸福和公正的理论》，中国人民大学出版社2004年版，第11页。

诉诸个人的主观偏好和道德直觉，使道德判断最终依赖于人的内在洞察力，使伦理理论失去了应有的稳定性和内在的一致性，在实际的生活中不但不能指导人的欲望或情感，反而为这些欲望或情感所制约，导致道德相对主义。功利主义理论上的这些内在缺陷在实践中很容易被庸俗化为不择手段攫取私人利益的人生态度，演变为享乐主义价值观，最终出现道德虚无主义。“功利主义者只能以这样一种方式来赞扬一个勇敢的行为，这就是：诸如一个勇敢的人的这一类行为很可能为人们十分乐意履行；勇敢是一种品质特征，培养它不会减少人类幸福的总量，而且会增加人类幸福的总量。但是，亚里士多德派却不需要这样绕圈子。对他们来说，勇敢的行为恰好出自特定类型的品质，并且能表现出这种品质；这种行为值得赞扬，只是因为这种品质特征就是善，或者比别的品质更善，或者是一种美德。他们评价行为的标准是充分的，无需再去寻求什么命令式的标准，亦无需再说些什么。”[①]黑格尔对古希腊快乐主义者伊壁鸠鲁学派的批评态度，也是适应于对当代功利主义伦理学理论缺陷上的批评态度的：“如果感觉、愉快和不愉快可以作为衡量正义、善良、真实的标准，可以作为衡量什么应当是人生的目的的标准，那么，真正说来，道德学就被取消，或者说，道德的原则事实上也就成了一个不道德的原则了；——我们相信，如果这样，一切任意妄为将都可以通行无阻。”[②]

在这种道德价值的思维模式之下，使得那种为了追求个人利益而无视责任承担的道德相对主义、情感主义以及个人主义的一度盛行打开了思想的闸门。这种道德思维方式把人类丰富多样的道德生活和道德价值简单地描述为只是对人的感性幸福和欲望的追求。从其现实形态上来说，人性的

① ［美］汤姆·L.彼彻姆：《哲学的伦理学》，雷克勤等译，中国社会科学出版社1990年版，第227页。

② ［德］黑格尔：《哲学史讲演录》（第3卷），贺麟、王太庆译，商务印书馆1959年版，第73页。

结构总是逻辑地蕴含着感性与理性、肉体与灵魂、有限与无限的内在统一。道德作为人的一种存在样式，也表征了人性结构的这种统一状态。功利主义把人的德性理解为实现个人感性利益最大满足的外在工具，这种思维方式割裂了人性统一的内在结构，导致的直接后果便是：在道德实践生活中，由于对于人的感性欲望方面的过度宣扬，而人性的另一个方面即理想性的精神需求的满足却受到了无端的挤压，人的发展出现了情感的萎缩和内在精神追求的丧失之间的紧张和对抗。

功利主义理论把"功利或幸福的最大化"作为其道德价值的基本原则，并倡导把这一原则贯彻到社会生活的经济、政治等领域，希望它为这些社会问题提供一种价值指导。事实上，对这一原则的追求和贯彻可能导致违背基本道德原则的行为，在实际生活中可能出现为了利益的最大化而允许对少数人的自由和权利的践踏，这实际上是对个人尊严和生命的冒犯，把人当作了手段，违背了其他道德原则诸如公平和正义，这与他们所主张的自由原则发生了冲突。"功利主义没有明确区分开制度伦理与个人道德，混淆了两种原则，它所提出的功利原则是涵盖一切领域的最高原则，自然包括制度的领域，因此，在原则上它就容许制度以功利之名侵犯个人利益。"①"一种伦理学达到为了多数人的利益而否认个人权利的程度，这看来是有缺陷的；并且如果连公平机会都被否定，那么，支持这种建议的理论显然是不公平的。"②功利主义的这些缺陷受到了后来以康德为代表的义务论伦理学的批评。在当代，以罗尔斯为代表的新自由主义和以麦金太尔为代表的社群主义的思想家都对其持严厉的批评态度，后者的批评言辞更加激进。

---

① 何怀宏：《契约伦理与社会正义》，中国人民大学出版社 1993 年版，第 157 页。

② [美] 汤姆·L. 彼彻姆：《哲学的伦理学》，雷克勤等译，中国社会科学出版社 1990 年版，第 148 页。

二　义务论使义务高于德性

任何理论的产生，不外乎两种考虑：一是基于学理方面的问题，以此为思考和写作的推动力，其直接目的是解决学理上的困惑或开辟学理新领域；二是基于生存困惑和生活实践问题的推动，以求对问题与困惑的理性解决。康德伦理学思考的问题也不例外。由于功利主义伦理学自身存在着理论缺陷，功利主义伦理学不能对个体和社会的道德问题做出令人满意的解释。针对以感性论为依据的情感主义伦理学，康德在先天说的基础上提出了理性主义的伦理学。在他看来，人固然是有感性欲望的动物，但人和动物的区别不在于感性欲望，而在于理性。人的意志之所以是自由的，就在于他的本质是理性的。人类之所以有道德，正是因为理性能够给自己、给人类立法——立下行为准则，使人不至于成为感情欲望的奴隶。“人们是为了另外更高的理想而生存，理性所固有的使命就是实现这一理想，而不是幸福。这一理想作为最高条件，当然远在个人意图之上。”① 如此，他就把道德的纯洁性和严肃性提到了首要的位置。结合本书需要，我们对康德德性思想主要从他关于德性与幸福的关系入手来讨论。

（一）德性就是力量

德性和幸福的问题是康德伦理学的一个重要问题，通过这个问题的讨论，康德把德性提到了非常高的地位。康德反对那种把个人幸福作为最高原则的伦理学说，认为“使一个人成为幸福的人，和使一个人成为善良的

① ［德］康德：《道德形而上学原理》，苗力田译，上海人民出版社 2002 年版，第 11 页。

人，决非一回事情”[1]。幸福原则向道德提供的动机不但不能培养道德，反而败坏了道德。人之所以拥有尊严和崇高并不是因为他获得了所追求的目标、满足了自己的爱好，而在于他的德性。康德认为，德性的力量也正在于排除来自爱好和欲望等感情因素的障碍，以便担负起自己的责任，恪尽职守。康德认为幸福伦理学即个人幸福原则，不能成为道德的根源和基础。

首先，个人的欲望、爱好、快乐、幸福具有偶然性和不确定性。“人就他属于感官世界而言是一个有需求的存在者，在这个范围内，他的理性当然有一个不可拒绝的感性方面的任务，要照顾到他自己的利益，并给自己制定哪怕是关于此生的幸福、并尽可能也是关于来生的幸福的实践准则。但人毕竟不那么完全是动物，面对理性为自己本身所说的一切都无动于衷，并将理性只是用作满足自己作为感性存在者的需要的工具。”[2]康德指出，获得幸福必然是作为每个有限的理性存在者的要求，所以幸福也是他的欲求能力的一个不可避免的规定根据。但是由于幸福是一个被有限本性自身纠缠的问题，是主体的感性需要，它仍然与愉快或不愉快相关联。幸福这个规定欲求能力的根据只能是在经验世界中被主体所认识，所以它就不能作为一个道德法则，因为道德法则的普遍性与幸福的属性相矛盾。康德认为，“每个要将他的幸福建立在什么之中，这取决于每个人自己特殊的愉快和不愉快的情感，甚至在同一个主体中也取决于依照这种情感的变化的各不相同的需要，所以一个主观上必要的法则（作为自然规律）在客观上就是一个极其偶然的实践原则，它在不同的主体中可以且必定是很不相同的，因而永远不能充当一条法则，因为在对幸福的欲望上并不取决于合法性的形式，而只是取决于质料，亦即取决于我在遵守法则时是否可以期望快乐，

① ［德］康德：《道德形而上学原理》，苗力田译，上海人民出版社 2002 年版，第 62 页。

② ［德］康德：《实践理性批判》，邓晓芒译，人民出版社 2003 年版，第 84 页。

和可以期望有多少快乐”[1]。由于情感的随时变化，甚至在同一个主体对于幸福的理解也不确定，所以幸福永远不能充当一条法则，因为在对幸福的欲望上并不取决于法则的形式，而只是取决于质料。换句话说，对幸福的感受取决于我们在遵守法则时是否可以期望快乐以及快乐的数量、程度、持久性等。“个人幸福之所以被排斥，并不仅仅因为这个原则是虚假的……也不仅仅因为这个原则对道德的建立全无用处……而是因为，这个原则向道德提供的动机，正败坏了道德，完全摧毁了它的崇高，它把为善的动机和作恶的动机等量齐观，只教我们去仔细计量，完全抹杀了两者的特别区别。另一方面，把道德感，这种被认为特殊的情感，请出来也同样作用甚微，那些不会思想的人，相信情感会帮助他们找到出路，甚至在有关普遍规律的事情上也通行无阻。然而，在程度上天然有无限差别的情感，是难于给善和恶提供统一标准的，而且一个人感情用事，也不会对别人作出可靠评价。”[2]

其次，个人幸福原则，不仅不能说明道德的来源，而且会从根本上颠覆道德。康德认为，道德行为不能以任何个人欲求为动机，完全是一种出于义务的，“为义务而义务”的行为，否则就会使行为失去道德价值。康德认为，以往的以追求个人现世幸福为目的的感觉论的伦理学，不仅是对道德的亵渎，而且是对道德本身的致命攻击，它从根本上否定了道德的合法性和必要性。注重人的行为效果的伦理学无异于从源头上搅浑了道德意向的纯粹性。个人幸福主义伦理学之所以最被反对，是因为它在源头上颠覆道德，毁灭了道德的伟大性。依靠人的感觉来判断事物的善与恶的思维方式，最终会造成人们价值观念的混乱，善与恶完全被混淆了。“如果自身幸

① ［德］康德：《实践理性批判》，邓晓芒译，人民出版社 2003 年版，第 31 页。

② ［德］康德：《道德形而上学原理》，苗力田译，上海人民出版社 2002 年版，第 62 页。

福的原则被当作意志的规定根据，那么这正好是与德性原则相矛盾的。”[①]在康德看来，人的行为是否有道德价值，就看其是否具有善良意志，善良意志不仅是一切道德价值的必要条件，而且其自善就是善。

最后，个人幸福学说贬“低”人的地位和尊严。在康德看来，人的道德的崇高和人的尊严并不在于他是否满足了自己的感觉经验的欲求，而是人所实现的道德价值和人的德性。近代幸福论认为人不过是自然的产物，其本性是“自保自利”“趋乐避苦”。法国伦理学家霍尔巴赫说：“德行不过是一种用别人的幸福来使自己幸福的艺术。”[②]因而人不过是由自然本性驱使的一架“机器”而已。人既然完全失去了自由，也就失去了自己应有的位置和尊严。康德认为，自然界的物象都受自然必然性的支配，是不自由的。而作为有理性的人则不受自然性支配，是自由的，这种自由就体现在人能用道德理性控制自己的本能欲望，使自己的行动不纯粹由情欲来支配，从而使自己超越自然物象之上，赢得自己的位置和尊严。

在康德看来，德性是实践理性所能获得的最高目的，它是意志所实现的纯洁的道德力量，是在人之责任的恪守中所获得的道德品质的超越。实践理性的责任就是实现德性。作为生活实践中表现纯粹理性的人，德性的实现表示着人的内在价值对普遍的道德律令的敬畏、尊重与遵守，这脱离了一切经验的欲念的范围，而达到真正的道德崇高和纯洁。这样，道德就摆脱了以经验性原则为奠基的方式，而超越了欲望、感受和情感的支配，完全依照实践理性的先验的普遍的道德律令，做到自律，实现道德。康德确定德性至高无上的地位，就是排除了一切生活材料而表现的相对的道德原则，把道德奠基在实践理性所创制的普遍的道德律令上，

① [法]霍尔巴赫：《自然的体系》，管士滨译，商务印书馆1999年版，第46页。

② 同上书，第263页。

清除任何的道德功利的动机，从而保证德性的严肃和崇高，无私无畏地去担当理性所颁布的道德责任。“在康德那里，美德是按照斗争来定义的——我们受到各种感性欲望的诱惑，一旦意志在克服那种诱惑时展现了按照道德法则来行动的力量，我们就可以说具有美德了。”①

康德认为，自爱的道德观把道德的追求建立在个人感性的现实利益上，实际上把道德连根拔去，取消了道德之为人的最高目的的庄严与崇高。这必然把道德放在一个在欲念之河中漂浮的木块上。感觉主义的道德观只能把道德性引向对生活材料的欲望的满足上，道德成为获得感觉利益的工具。因而，康德试图通过纯粹理性的实践化寻求道德的纯粹形式。他认为，建立在经验之上的道德必然走向虚伪，因为它以个人的好恶为转移，这样，真实的德性就会被毁灭，对道德真诚的尊重就会从心灵中消失。而超然的实践理性独立于任何具体的经验，从纯粹的源泉中流出普遍必然的道德律令，作为最高的实践原则，既获得了纯粹的尊严，又实现了道德性。

表面上看，康德无法解决德性与幸福的矛盾。事实上，康德并不否定人们对幸福生活的要求，只是反对把幸福作为道德生活的最高的基础。在康德看来，一切生活的希望都指向幸福，作为在实践生活中表现的理性，对幸福的希望都是合理的。换句话说，他对幸福的否定，只是在道德这一特殊范围内或者说在谈意志和行为动机时，幸福才成为他否定的对象。在现实世界里，他也承认追求快乐和幸福是自然人的要求。“幸福原理与道德原理之间的这种划分，并不因此就成了两者之间的对立，而且纯粹实践理性也并不要求人们抛弃对幸福的权利，只是要求，在一讲到职责时我们就必须完全不顾及幸福罢了。”②康德认为，在先验领域里，德性与幸福是无涉

① 徐向东：《自我、他人与道德：道德哲学导论》（上册），商务印书馆2007年版，第374页。

② 金生鈜：《德性与教化：从苏格拉底到尼采》，湖南大学出版社2003年版，第194页。

的，道德不是幸福的必然条件，而幸福不是道德的根源。按照康德的理论，在此岸的现象界，幸福与道德是不可能实现圆满结合的。幸福与道德的圆满结合，只能在彼岸的理性世界依靠信仰才能实现。“因此，即使道德学真正说来也不是我们如何使得自己幸福的学说，而是我们应当如何配得幸福的学说。只有当宗教达到这一步时，也才会出现有朝一日按照我们曾考虑过的不至于不配享幸福的程度来分享幸福的希望。”① 德性是人的理性最崇高追求，但幸福不是渴求而来的，它只是人在追求道德性的纯洁的生活中的希望和期待。德性与幸福的圆满契合“只是在一个朝着那种完全的适合而进向无限的进程中才能找到”②。对于康德而言，只有在上帝的彼岸世界中，在“至善”中，即在宗教的道德境界中，德性与幸福才能实现统一，这是人希望所能达到的至善，但这种善不是理性所能实现的，而是信仰中的上帝为人及其生活所赐予的。为了解决道德终极境界的问题，康德树立了三个道德公设：自由意志、灵魂不朽和上帝存在。意志与道德法则完全融合的道德神圣性，是作为理性存在物的人在有限的生命时段内永远无法达到的境界。如何达到这一道德终极境界呢？那就必须假设灵魂不朽。而这种不死的灵魂，只能存在于上帝的神圣世界里，存在于人们的宗教信仰中；只有在纯粹的理性世界里才能摆脱一切因果律的制约，达到绝对自由。然而，康德的实践理性并没有让人放弃现实生活的幸福，拒绝自然要求和现实利益的满足。就人是感性存在者来说，幸福离不开人的欲求的满足，幸福的圆满实现有赖于自然存在者的全部目的的和谐。

（二）对康德义务论的评价

康德道德自由即自律思想的意义是非常深刻的，它使以往的伦理学从

---

① ［德］康德：《实践理性批判》，邓晓芒译，人民出版社 2003 年版，第 177—178 页。

② 同上书，第 168 页。

机械形而上学的桎梏中逐渐迈向了关怀人的精神自由的新路向：使道德的基础从外在的自然必然性转向了内在的自由必然性，从而使得道德法则成为道德主体内在的意志自由，这就从根本上体现了道德哲学真正的人学使命。同时，正是对自由的高度赞赏，也使得他的自由与德性之间出现了分裂。究其理论根源，在于康德把人格作为融通自由与德性之间的中介。然而，康德的人格概念是分裂的，在他看来，人的自我呈现为感性的自我和理性的自我，并坚持自由的实质在于理性自我的引导，只有在理性自我对感性自我的超越中，人才能获得真正的自由，达到真正的道德自由境界。在某种意义上，自然世界与自由世界的外在对立实际上可以理解为一个人的物性与神性的内在冲突。换句话说，人总是处在有限的物与无限的神、肉体与灵魂、感性与理性之间。这就是人性结构的奥妙所在。从逻辑上和现实上，人性的结构内在地包含着人的精神性和肉体性。就人性结构而言，康德伦理学中这种注重理性而忽视感性的逻辑思维方式，是对人性整全的一种残缺讨论。以这种人性概念为基础的德性原理，只能是一个应该，实际上并不是人人必定遵守的，对于现实世界来说，它的实际力量并不是很大的，它只是在理论上为理性所要求的一种理想。这种德性原则具有浓厚的道德理想主义色彩，它虽然十分严肃，但又是非常抽象的，毫无具体内容可言。“先天论的德性论，宛如一束断了线的气球，高入云端，五彩斑斓，熠熠耀眼，但永远落不到实处。它对一切时代有效，对任何一个时代都无效；对一切人有效，对任何一个人都无效。它要求不可得到的东西，因而永远得不到任何可能得到的东西。”[①]

康德的义务论伦理学，强调理性在道德领域的能动性，强调意志自由与道德的内在关联，强调道德法则的至上性和神圣性，强调人凭借自己的

---

① ［德］康德：《道德形而上学原理》，苗力田译，上海人民出版社 2002 年版，第 37 页。

道德力量和道德感受能力而成为拥有善良意志能力的主体，强调人的责任和义务的崇高性和绝对性，是一种在道德理性意义上的普遍主义的责任和义务。然而，物极必反，这种极端的理性主义思维方式表现出了强烈的道德规则主义、道德形式主义和道德独断主义倾向，这就割裂了道德与生活、道德与人生之间的内在联系，使道德成为冰冷的、完全缺乏人情味的精神枷锁，最终束缚人的自由和全面发展。在康德伦理学看来，自由意志独立于一切感性质料，它完全是纯形式的，一切感性欲望只能亵渎道德的崇高和尊严，只有理性的实践法则才能决定意志动机，理性的自由律令是一切道德法则的形式条件，它是普遍有效的。如此，在康德这里，伦理学丧失了它本来关注现实生活的学科性格，成为一张纯粹的道德律法表。事实上，任何形式化准则的普遍意义只能在实践经验领域体现出来，并受到实践经验的检验。康德义务论是作为对所有道德的解释被提出来的，但在生活的很多场合并不表现出义务论问题，如果一切通过“绝对命令”的事情都是义务论，而人又必须为义务而义务，那就会使本来是多姿多彩的生活黯然失色，人将会成为道德义务的奴隶。正如有学者所言，“康德式的绝对主义是伦理学上的另一种主要思路，它的优势是其论调有一种迷人的气质，很容易诱人同情，但在理论上有着深刻的错误。它虽然表面上不像社会观点，但实质上却企图充当更高的普遍有效的社会观点，它所设想的作为普遍立法的道德原则是非常独断的主体观点，仅仅代表了启蒙主义的社会观点”[①]。

① 赵汀阳：《论可能生活：一种关于幸福和公正的理论》，中国人民大学出版社 2004 年版，第 11 页。

三　权利论对德性的遮蔽

20 世纪初，随着摩尔《伦理学》的发表，英美世界的伦理学乃至整个哲学都进入了逻辑实证和分析的时代。伦理学家们几乎全部掉进了对道德语词及命令的语义和逻辑关系分析的象牙塔中，而对现实的道德问题缺乏必要的关注，所以他们在构建形而上的、绝对的伦理学体系方面缺乏积极的理论兴趣。这使得伦理学的理论研究脱离了现实的道德生活，而变成了一种学院式的空谈。为扭转这种局势，罗尔斯清楚地意识到，道德理论的研究需要关注现实的道德问题。为此，他把关注的重点转向了社会正义这一重大主题上来。他的这一努力“标志着哲学、伦理学潮流的一个重要转折：由形式的问题转到实质性的问题；由实证的分析转到思辨的概括。这个转变在某种意义上可以说是对 19 世纪及其以前的古典的非怀疑的哲学伦理学传统的复归，是对康德、密尔所代表的哲学传统的复归”①。

（一）新自由主义对古典自由主义的修正

新自由主义对古典自由主义理论做了较为全面的修正。这种修正在伦理学上最为突出的表现是，新自由主义者们通过关注社会正义问题，倡导一种社会正义规范伦理，以取代古典功利论和义务论伦理学。新自由主义伦理学把社会结构或社会制度的正义性问题作为其理论研究的主旨，试图为社会制度的公正安排提供伦理学的依据。一如罗尔斯所言：“正义是社会制度的首要价值，正像真理是思想体系的首要价值一样。”②罗尔斯首先确立了两个正义原则；其次依照两个正义原则来确定社会的基本结构及制度。

---

① 何怀宏：《公平的正义：解读罗尔斯〈正义论〉》，山东人民出版社 2002 年版，第 14 页。

② ［美］罗尔斯：《正义论》，何怀宏等译，中国社会科学出版社 2001 年版，第 3 页。

由此再在体现正义原则的社会制度条件下培养个人的正义道德感（德性）。就此来说，正义对于德性的优先性，是对决定根本制度的原则的选择。即要把正义作为制度选择的首要伦理原则，这个原则比任何其他社会道德价值和个人道德价值都更为重要。因此，德性的正当性取决于原则的正当性，后者先于前者。人们在道德生活中最重要的问题是遵守道德规则，道德哲学的主要任务是制定道德规则。一个人只要不违反道德原则，他就尽了一个作为道德存在的本分；而一个道德哲学只要建立一组道德规则，它也就完成了它的任务。“至于个人的道德修养及德性的培养，则最后只被缩减到一种性向，这种性向就是对道德规则的服从。”①表面上看，新自由主义伦理学对社会正义问题的讨论并不关注个人的自由与德性问题，事实上，新自由主义伦理学与古典自由主义伦理学却是殊途同归，它们的理论目标是一致的，即它们都是为个人自由和权利进行伦理辩护，为自由理念寻找更为坚实的伦理根据。正是在对这一理论目标的追求中，呈现出了新自由主义伦理学在德性与自由及其相关问题的理论诉求。

新自由主义伦理学关于德性与自由关系的理论表达，是在对古典自由主义伦理学和康德义务论伦理学批判的基础上建立起来的。在新自由主义伦理学看来，无论是功利论还是义务论伦理学，它们在德性与自由的关系问题上，存在一个共同的理论缺陷：它们总是依赖于某种先定的道德假设或德性原则来解释自由理念及其根据，这种道德预设或德性原则根本上是个体主义的，在功利主义伦理学中是个人的感性欲望，而在义务论伦理学中是理性的自我。“这样的观念至少是模糊的，而且人们可能会严厉地批评之，认为它主张一种先验的批评标准和极端空洞的自我观念。”②这种理论假

① 石元康：《从中国文化到现代性典范转移》，生活·读书·新知三联书店 2000 年版，第 108 页。

② [美]桑德尔：《自由主义与正义的局限性》，万俊人等译，译林出版社 2001 年版，第 47 页。

设所导致的结果是，它们既没有为个体自由建构起具有现实合理性的伦理依据，又因它们的道德预设蕴含着人格的功利化或理性化倾向，从而损伤了德性存在的主体根据。

在新自由主义伦理学看来，作为古典自由主义伦理学的功利主义和义务论伦理学理论，它们从一种先定的道德假设或德性原则出发，推导出一种具有客观普遍性的和正当合理性的伦理学结论的思维方式是成问题的。事实上，任何从某一特定的道德价值立场出发所作的解释都可能是特殊主义的。如果只停留在这种特殊主义的立场，势必会导致道德相对主义和道德虚无主义，这恰恰就是功利主义伦理学的理论缺陷所在；如果试图把这种特殊主义的结论普遍化，则会出现道德独断论，这正是康德义务论伦理学的缺陷。"无论如何，仅仅在逻辑的真理和定义上建立一种实质性的正义论显然是不可能的。对道德概念的分析和演绎（不管传统上怎样理解）是一个太薄弱的基础。必须允许道德哲学家如其所愿地应用可能的假定和普遍的事实。"①在新自由主义伦理学看来，这种道德相对主义和道德独断主义的思维与其所追求的自由和公正的社会伦理思想是格格不入的。与功利主义和义务论伦理不同，新自由主义伦理主张个人自由具有优先性，个人自由不依赖于个人的道德价值或德性观念，各人都有各自的目的、利益和对道德的感知，人们都有寻求一种正义的权利框架，它能使我们实现自己作为自由的道德人的能力。"首要的问题不是我们所选择的目的，而是我们选择这些目的的能力。而且这种能力先于它可能确认的任何特殊的目的，它存在于主体自身。"②罗尔斯认为，将自由置于道德之上就是将善置于权利之前，这会产生无视人的价值与尊严的后果；对于诺齐克来说，将权利与道德价值相关联，势必会削弱人们所选择的自由。

① ［美］罗尔斯：《正义论》，何怀宏等译，中国社会科学出版社 2001 年版，第 50—51 页。

② ［美］桑德尔：《自由主义与正义的局限性》，万俊人等译，译林出版社 2001 年版，第 8 页。

现代性道义论可以分为两种，一种是义务论，另一种是权利论。义务论最为典型的代表是康德伦理学，新自由主义伦理学可以说是权利论伦理学最完备的理论形态。“义务论是内指型的伦理学，讲自我约束，甚至牺牲，理性对于破坏欲望的压制，视道德的最大敌人为人性内部的私心。所以麦金太尔感到康德这样的启蒙伦理学家所倡导的东西仍然是‘保守的’、传统的。权利论就明显属于外指型伦理学了。它认为外部的‘敌人’对于我或我们的权利的侵犯是道德学需要首先加以考虑的大事。神圣不可侵犯的道义屏障，是用来防止外侵的，不是个人的自觉的、内心的修养，而是制度的、强制的权利安排，是公正伦理学的主要目标。”[①]权利论的道义论与义务论的道义论有其共同点，但也有区别。“以权利和义务为基础的理论都把个人放在中心地位，并且把个人的决定或者行为看作具有根本重要性的东西。但是，这两种类型将个人置于不同的角度。以义务论为基础的理论关心个人行为的道德质量，因为这样的理论认为，个人如果未能使自己的行为符合某种行为标准，那就是错误的，如果不是说更严重的话……相反，以权利论为基础的理论关心个人的独立，而不是关心个人行为的服从性。他们预先假设并且保护个人思想与选择的价值……（权利论）把行为准则看作是工具性的，可能它对于保护他人的权利是重要的，但是它们自身并不具有基本的价值。在权利论的中心的个人，是从他人的服从行为中受益的个人，而不是通过自己的服从而过道德生活的个人。”[②]

（二）“自由（权利）优先于德性”

在对德性与自由之间的关系问题上，新自由主义伦理学坚持“自由

① 包利民：《现代性价值辩证论：规范伦理的形态学及其资源》，学林出版社 2000 年版，第 114—115 页。

② ［美］德沃金：《认真对待权利》，信春鹰、吴玉章译，中国大百科全书出版社 1998 年版，第 228—229 页。

（权利）优先于德性”的原则。他们在反对功利主义伦理学的基础上提出了“自由（正义、权利）优先于善”的命题。“至于‘善’的概念（即‘道德上的好’），可以说是一个中间的概念，它或者可以被‘好’包容而归之于广义的价值范畴，或者可以与‘正当’联系在一起而构成道德德性、道德人格的范畴。”[①]我们这里是在个体德性的意义上来理解“自由（正义、权利）优先于善”这一命题的，所以把“善”界定为“德性”或“道德人格”范畴，如此，“自由优先于善”即可置换为“自由优先于德性”。

“自由（权利）优先于德性”可以从形式和内容两个方面来理解。就形式而言，新自由主义伦理主张“自我优先于目的”。可以从两个意义上来理解这一形式根据，一种是道德意义上的“必须”。“优先性的一种意义是道德上的‘必须’，反映出应当珍视个体的自律，应当把人类个体看作是超出他所扮演的角色和他所追求的目的之外的有尊严者。”[②]另一种是知识意义上的“需要”，“在自我问题上，我们需要的则是一个独立于其偶然需求和偶然目标的主体观念。正义的优先性产生于有必要区分评价标准与被评价的社会，而自我的优先性产生于有必要区分伦理主体与其处境”[③]。自我的优先性把“什么是我的”与“什么是我”区别开来，将作为主体的“自我”与其“目的”区别开来，主体不同于目的，但目的是主体的目的。这就使伦理学获得一个独立于偶然需求和偶然目的的道德主体观念。在新自由主义看来，每个个体都是自由而独立的，对于他来说，首要的问题不是他所选择的目的，而是他选择这些目的的能力，这种能力存在于主体自身，先于主体的任何特殊目的，个体的目的、价值以及善的观念都有待他去选择。

① 何怀宏：《公平的正义：解读罗尔斯〈正义论〉》，山东人民出版社 2002 年版，第 70 页。

② ［美］桑德尔：《自由主义与正义的局限性》，万俊人等译，译林出版社 2001 年版，第 25 页。

③ 同上。

功利主义主张，为了达到功利最大化，可以牺牲别人的利益，这种观点实际上是把人本身当作手段而不是目的。“自我先于目的”就是要确立人在任何时候都是目的的理念，它表征了个体自由与权利的优先性，其实质在于为个人自由和权利的至上性进行伦理辩护。

与“自我优先于目的”相似，“正义（权利）优先于德性”也可以从道德意义和知识论意义两个层面来理解。道德意义上的优先性意味着，正义原则限制了个人可能追求的德性观念，当个人的德性观念与正义发生冲突时，正义占支配地位。这就意味着，“正义不仅仅是诸种价值中的一种价值，可以根据情况的变化而加以权衡和考量，而是社会美德中的最高美德，是一种在其他社会美德能够提出其要求之前所必须满足的美德要求”①。这一思维是针对功利主义为了追求效果的最大化而无视其他社会价值原则的。“每个人都拥有一种基于正义的不可侵犯性，这种不可侵犯性即使以社会整体利益之名也不能逾越。因此，正义否认为了一些人分享更大利益而剥夺另外一些人的自由是正当的，不承认许多人享受的较大利益能绰绰有余地补偿强加于少数人的牺牲。所以，在一个正义的社会里，平等的公民自由是确定不移的，由正义所保障的权利决不受制于政治的交易或社会利益的权衡。”②就知识论意义上的优先性而言，它是指正义的优先性，“不仅是指其要求在先，而且在于其原则独立推导出来的。这就意味着，与其他实践戒律不同，正义的原则是以一种不依赖于任何特殊善观点的方式而得到辩护的。相反，权利还因其独立的特性约束着善并设定着善的界限”③。显然，这种优先性是一种逻辑上的优先，正义不依赖于其他价值，是评价其他价值的标准。

---

① ［美］桑德尔：《自由主义与正义的局限性》，万俊人等译，译林出版社2001年版，第2页。
② ［美］罗尔斯：《正义论》，何怀宏等译，中国社会科学出版社2001年版，第3—4页。
③ ［美］桑德尔：《自由主义与正义的局限性》，万俊人等译，译林出版社2001年版，第3页。

新自由主义者主张“正义（权利）优先于德性”的观点是有着深刻的现实根源的。在现代民主社会中，人们对于德性有着不同的理解。他们认为，人格平等的公民都有着各种不同的、因而也的确是无公度的和不可调和的善观念。自由主义既力图表明德性观念的多元性是可欲的，也力图表明一种现代自由社会如何适应这种多元性，以实现人类多样性的多方面的发展。“正义（权利）优先于德性”是人类本质多样性和构成人类个人完整性的要求，它为个人的自由平等找到了一个比基于目的论假设更为坚实的基础，表现出了新自由主义伦理学的道义论倾向。罗尔斯认为，功利主义的错误之一就是将社会伦理看成是个人道德的合理延伸，把适用于个人的原则扩展为适用于社会的原则，它没有看到个人之善（德性）与社会整体之善的差异性。“假定一个人类社团的调节原则只是个人选择原则的扩大是没有道理的。相反，如果我们承认调节任何事物的正确原则都依赖于那一事物的性质，承认存在着目标互异的众多个人是人类社会的一个基本特征，我们就不会期望社会选择的原则会是功利主义的。”①

对于德性与自由之间的关系，罗尔斯主要从政治自由主义的角度做了解释和说明。一方面，他强调政治正义观念不能以任何完备性道德学说为理论基础，相反，它是建立在多种完备性学说的重叠共识基础上的，是超越任何一种特殊完备性学说的。另一方面，他又有限制地承认其政治自由主义的核心理念即“公平的正义”是一种政治的道德观念，反复强调道德美德与政治正义的某种相容性和互补性，认为政治自由主义“仍然可以认肯某种道德品格的优越性并鼓励某些道德美德。因此，公平正义包括对某些政治美德的解释——诸如公民美德与宽容的美德、理性和公平感的美德这类进行公平社会合作的美德”②。从这个意义上说，正义的优先性是针对

① ［美］罗尔斯：《正义论》，何怀宏等译，中国社会科学出版社 2001 年版，第 28 页。

② ［美］罗尔斯：《政治自由主义》，万俊人等译，译林出版社 2000 年版，第 206 页。

政治社会的，而不是针对个体德性的。正义优先，是因为社会需要正义的秩序，这样每个人可以在价值选择和道德判断问题上自由行事而不受公共权力的干扰。只有这样的社会结构或秩序才能给社会成员追求善，幸福或德性提供平等的机会和可能性。新自由主义没有自己关于善和德性的具体主张，但它相信只有在自由的环境中，善和德性才能够生长。

在“自由（权利）优先于德性”的原则下，罗尔斯认为，德性就是指“那些按照基本的正当原则去行为的强烈的通常有效的欲望”,[①]“德性是一些引导我们按照一定的正当原则行为的情感和习惯态度”,[②]“德性是由一种较高层次的欲望调节的情感，这些情感亦即相互联系着的一组组气质和性格”,[③]“德性是人的美德和特征，这些美德与特性因其自身原因就值得赞赏或在活动中表现得令人赏心悦目，因而是人们可以合理地要求于自己并相互要求的”[④]。在罗尔斯看来，个人的自我统一是道德人格的统一，而道德人格的统一即德性，它以人的两种道德能力即获得善的观念的能力和获得正义感的能力为基础。这种道德人格的统一在实践上表现为一个人的合理生活计划的统一。获得善的观念的能力使人有能力选择适合于他的合理生活计划，获得正义感的能力使人有能力用正义原则调整生活计划，以便他在选择自己的合理生活计划时，不违反正义原则。合理生活计划的实质是把个人追求的各种目标（善）统一起来，从而实现人格的统一。

客观地说，以罗尔斯为代表的新自由主义伦理学所坚持的自由优先于德性原则，这一原则是符合现代社会精神品格的。罗尔斯将其德性论的基点从一种“最优化的”价值理想层面，下移到最起码要求、最基本正义的社会道义层面。这一由上而下的转移，更符合现代社会多元民主社会的道

① [美]罗尔斯：《正义论》，何怀宏等译，中国社会科学出版社2001年版，第190页。
② 同上书，第438页。
③ 同上书，第439页。
④ 同上书，第531页。

德现实，比功利主义目的论伦理和康德理想主义的义务论伦理更能解释民主多元社会条件下的社会道德问题。“古典伦理的主流——道义论和德性目的论——是把道德编织在生活的脉体内部，伦理就是生活的优秀，就是为己或自为。现代权利论的‘契约’却更体现出了道德与生活的分离，成为一种与人的优秀无关的、独立的、秩序的‘社会共处’的最低容忍边界。所以，权利论道义论在现代性中成为主流伦理学，是一种巨大的转化。这样的巨大变化反映出现代性的伦理大背景从宇宙大序转向社会契约，社会等级共同体转向平等的个体，普遍的人的价值的提高。”[①]对于以规范为中心的新自由主义伦理的局限性，我们将在讨论现代性规范伦理学的理论和实践限度时再做细致的分析。

① 包利民：《现代性价值辩证论：规范伦理的形态学及其资源》，学林出版社2000年版，第133页。

第三章　传统与现代：德性伦理式微的社会历史方面

> 现代性不仅是一种事物、环境、制度的转化或一种基本观念和艺术形态的转化，而几乎是所有规范准则的转化——这是一种人自身的转化，一种发生在其身体、内驱、灵魂和精神中的内在结构的本质性转化；它不仅是一种在其实际的存在中的转化，而且是一种在其判断标准中发生的转化。[①]
>
> ——马克斯·舍勒

麦金太尔教授在其名著《德性之后》一书中，对现代社会道德秩序和道德生活作了极为深刻的哲学反思。他认为，德性伦理的失落是启蒙运动以来近代自我观念取代传统的以德性—目的论为特征的道德体系的结果。因为，自进入现代社会以来，个体不断从社会中扭身而去，社会不再被看作是具有内在“好”的共同体，而是被视为保护一己私利的外在屏障。人们曾兴高采烈地废除了封建等级制度和挣脱了为现代社会所认为是迷信的神学束缚的同时，却发现在逐渐“丧失了由社会身份和把人生视为被安排好的朝向既定目标的观点所提供的那些传统的规定”[②]。所以，在伦理学的知识形态和评价系统上，出现了以“功利”和“规范”取代了“目的”和“德性”的话语霸权，由此，德性伦理的存在意义和社会价值被消解而越来越退居道德生活的边缘。

麦金太尔这里所说这一社会结构的变迁恰恰就是德性伦理开始失落的

① 刘小枫选编：《舍勒选集》（下卷），上海三联书店 1999 年版，第 1409 页。

② [美]麦金太尔：《德性之后》，龚群等译，中国社会科学出版社 1995 年版，第 45 页。

社会历史原因，这也是最根本的原因。但是，仅仅做出这样的判断还不够，必须以某种合理的方式来展现这一话语背后所蕴含的深层问题，揭示这一最根本的因素是什么。那么，从什么地方开始讨论这一问题呢？笔者以为，我们还是在对亚里士多德德性伦理传统本身做分析说明的基础上，揭示出传统德性伦理赖以生长的社会结构——具有等级性质的社会共同体，再结合现代的社会结构——市民社会，通过两种社会结构的对比，才能对传统德性伦理失落的根本原因做出比较合理的解释和说明。一方面，如果说前一章对德性伦理式微的原因主要是从思想逻辑方面展开的话，那么，这一章的讨论将是从社会历史方面来展示德性伦理式微的原因。另一方面，我们对亚里士多德德性伦理传统本身做分析说明，也是对德性伦理传统样态分析的进一步延伸。从这两个方面来说，我们的讨论是符合逻辑与历史相一致原则的。

第一节　古希腊德性统一的意蕴

对亚里士多德德性伦理传统本身的说明，自然涉及的是对这一伦理形态最为实质问题的把握和考察。亚里士多德伦理学是西方德性伦理学的典范，它有着自己独特的社会文化环境，这一伦理思想是在雅典民主政治生活实践以及伦理学家对这种实践的理性反思中形成的。在这个意义上，我们把亚里士多德德性伦理称为城邦伦理。这一伦理思想的最大特点就在于它是一种基于个人德性要求的伦理，无论是苏格拉底的“德性即知识”、柏拉图的“四主德”还是亚里士多德的理智德性与伦理德性，他们注重的都是对于城邦这一特定的政治共同体中的善的认识与德性的培养。通过对智慧的追求，人们对于德性的具备，美好生活问题的哲人化的反思，从而对于生活的意义加以把握。从与这种伦理精神相互适应的古代社会背景来看，这种伦理思维，显然是与城邦社会相适应的。现在的问题是，如何理解这种德性的内在统一性呢？我们还得从《荷马史诗》所描述的英雄德性开始。

一　古希腊德性统一的理论意蕴

事实上，在前文关于荷马社会中古希腊英雄德性观的解读中，已经部分地说明了德性为什么能够统一的内在原因：在这一特定的社会结构中，个体的社会的角色是既定的，人们对一个人做出道德判断的立足点就在于他被给定的社会角色。因此，德性是与被确定的社会角色紧密相关的，德性就是一种能够使个人担负起他的社会角色的品质。在这样的意义上，德性的统一性可能归结于它的天赋性。在《荷马史诗》所描述的社会中，德性只能属于血统高贵者，说一个奴隶拥有德性是一件贻笑大方的事情。而作为这一社会的主要角色的英雄，他们几乎是神的后裔，而一个属于半神半人的英雄自然拥有高贵的出身。这样，他们在各种竞赛和战场上所展现出来的英勇气概和聪明才智，自然也是神明赐予的。所以，英雄所具有的勇敢以及与勇敢相关联的机智、友谊、荣誉等多种优秀品质也具有天赋性，它们是英雄这一形象的精神写照。

正是由于英雄出身和所拥有德性的天赋性，这就注定了他们必须承担相应的社会职责，只有在实际的社会行动中才能彰显出自身的优秀品质，才能得到人们的称赞，才能拥有与德性匹配的荣誉。一个英雄总是生活在特定社会结构中的优秀者，而这一社会的核心结构就是由家庭和亲属所组成。因此，作为一个优秀的人，也同时就是一个优秀的丈夫、母亲、妻子、子女、亲友等。英雄们不仅仅为了自己的荣誉，而且是为了整个希腊同盟的利益而战。“公民与城邦的认同的最高体现是他们为了国家的利益与荣耀会英勇奋战，不惜献出生命。‘勇敢’这一古老品德现在已经由个人英雄主义的显现转变为一种集体——城邦的生存前提了。这不是强迫训练的结果，而是民主城邦生活方式中自然产生的。”[①]所以，当特洛伊王子帕里斯拐走了斯巴达国王墨奈劳斯的妻子海伦时，他的哥哥迈锡尼国王阿伽门农认为，这不仅是对斯巴达国王的侮辱，也是对全希腊人的侮辱，他认为共同的敌人最能让人团结起来攻打特洛伊。英雄的德性既是他自身价值的展现，同时更重要的体现在对希腊城邦这一社会共同体利益的维护所必需的品质。“他们的共同体就是他们的政体，因而公民的德性与他们所属的政体有关。”[②]在这个意义上，英雄德性之所以统一就在于：在社会共同体中展现自身的优秀以获得相关的认可和在维护社会共同体利益中得到实际的统一。

英雄德性的统一性并不意味着没有冲突，在《荷马史诗》中，我们经常能看到英雄之间发生的矛盾和冲突。这种矛盾和冲突所体现的是，作为一个个体需要的德性和作为一个共同体成员所需要的德性之间的冲突。其中最为经典的莫过于阿基琉斯和阿伽门农之间的冲突。这场争执的发生，使盟军中两位最杰出的英雄之间的关系出现裂痕，阿基琉斯因此负气出走，致使给希腊军队在后来的战事上节节败退，人员伤亡惨重。在奥德修斯的劝说下，阿基琉斯还是意识到自己作为希腊联盟的成员所必须承担的责任，

① 包利民：《生命与逻各斯：希腊伦理思想史论》，东方出版社 1996 年版，第 103 页。

② ［古希腊］亚里士多德：《政治学》，颜一、秦典华译，中国人民大学出版社 2003 年版，第 77 页。

于是他重返战场。因为，作为希腊联盟这一共同体的成员，共同体的利益优先于个人的利益。如何在理论上解释这种冲突，是我们需要努力把握的。在《荷马史诗》所展示的社会秩序中，正义的观念具有非常重要的价值。"因为，无论是荷马本人，还是他所描绘的那些人，对'dike'的使用都预先假定了一个前提，即宇宙有一种单一的基本秩序，这一秩序使自然有了一定的结构，也使社会有了一定的结构，所以我们通过自然与社会的对照所划出的分别，依然是无法表达的。要成为正义的（dikaios），就是要按照这一秩序来规导自己的行动和事务。"[①]换句话说，正义意味着一种既定的社会秩序，作为个体，他必须在这一既定的社会结构和秩序中从事自己的行为，必须履行与社会身份相适应的义务和责任，只有这样，人们才能说他的行为是符合正义观念的，同时也是一个具有正义德性的人。如此，德性不仅仅意味着使一个人能够出色地完成他的角色所要求的活动的品质，而且也是使得一个人能够按照正义观念的要求而活动的一种品质。在正义观念的统摄和牵引下，作为个体的优秀品质（德性）和作为共同体成员的优秀品质（德性）得到了一种内在的和谐和统一。在这个意义上，正义观念起着弥合各种德性的作用。

继荷马社会之后，神话色彩逐渐淡出，而哲学的理性思维逐渐占据了希腊文化观念的核心地位。哲学家开始了对于世界本原问题的思索，在他们通过对形态多样的具体事物的考察中，希望得到关于世界本原的概念。这种思维的转化表现在道德问题上，就是哲学家们对于德性统一问题的考察。苏格拉底、柏拉图、亚里士多德都在努力地论证：不论在个体身上还是在城邦中，德性都具有一种统一的可能性和现实性。

苏格拉底关于德性统一性的追问最为经典的表现在美诺询问他"德性

① ［美］麦金太尔：《谁之正义？何种合理性？》，万俊人等译，当代中国出版1996年版，第19—20页。

是否可教”的问题上。在美诺列举了各种具体的德性时，苏格拉底都没有接受他关于德性的认识。苏格拉底认为，既然对于德性是什么都没有把握，我们怎么能讨论“德性是否可教”的问题呢？这个对话表明的是：我们无法用多种具体的德性来解释德性的本性，无法通过含义歧多的“多”来说明“一”。那么，统一的德性究竟是什么？这种统一的概念究竟凭借什么才能得到合理的解释呢？

苏格拉底和柏拉图关于德性统一的讨论是建立在人的灵魂观念上的。在他们所处的时代，人们认为，真正支配人的是人的灵魂，人的功能主要体现在灵魂上，人的德性也就是灵魂所具有的德性。人的独特功能就是人拥有灵魂的理性部分，德性就是理性功能的最大发挥，灵魂的理性部分就成为德性统一的承担者。“德性即知识”的判断是立足于灵魂的理性功能上的，因为理性的功能就在于它能够把握知识。如此，知识就承担了融合各种具体德性并将它们统一起来的作用。在苏格拉底看来，“德性即知识”意味着，有智慧能认识正义德性的人，也就会认识勇敢、友爱、节制等德性，不能设想不能认识自己、不自制、非正义的人会有勇敢、友爱、节制等德性。换句话说，对于一个真正意义上拥有德性知识的人来说，他所具有的是关于善和恶的整体性的知识，所以他通过这样的知识必然拥有完整的德性。苏格拉底认为，“既然德性的共同本质是知识，人的理智本性贯通在道德本性之中，德性就有整体性和可教性”①。

苏格拉底企图通过知识来寻求德性统一性的哲学努力受到了柏拉图和亚里士多德批评。他们认为，德性并不仅仅是一个单纯的知识问题，还涉及行为这一更为实质的问题，而且人的灵魂是由理性部分和非理性部分所构成的，如果忽视非理性的激情部分，就等于忽视了德性。作为哲学家

① ［古希腊］柏拉图：《柏拉图全集·普罗太戈拉篇》（第 1 卷），王晓朝译，人民出版社 2002 年版，第 488 页。

的苏格拉底，他穷其一生在雅典的十字街头，思考和讨论着“什么是正义”“什么是非正义”等高贵的问题，并为实行正义而谴责不义。他把对祖国哲学式的爱表现为对祖国进行深刻的道德批判。在柏拉图看来，作为他的德性高贵的老师，却被以自由、民主著称的雅典城邦用死刑酬劳了他的忠诚和哲学贡献。这是雅典制度的悲哀，也是苏格拉底个人的悲哀。这些问题促使柏拉图进一步思考德性的统一性问题。他的思路是，德性的完整性必须在个人正义和国家正义之中才能得到合理的解释和说明。

柏拉图认为，苏格拉底的探索之所以没有寻求到关于诸“德性”的普遍知识，除了他没有对其探索的对象进行理论性的规定和他的习惯性的对事物只做正反两极的而缺少对中间状态进行足够认识的思维偏差外，主要是因为他对灵魂的认识也是不彻底的。为此，柏拉图从毕达哥拉斯学派中寻求到了解决问题的思路。毕达哥拉斯学派认为，肉体是灵魂的坟墓，由于肉体玷污了灵魂，使灵魂失去了原有的纯粹性，而人在认识世界时如果使用肉体的感觉器官，就无法达到对世界的真正把握。因此，人在现实生活中需要对灵魂进行净化的修炼，以使灵魂在人死后能够轮回，回归永生世界。带着这样的灵魂观，柏拉图对灵魂做了新的解释。他认为，纯粹以理性为本质的灵魂进入人的肉体之后，就成为肉体的囚徒，经常被激情特别是欲望所左右，因此灵魂被分割成理智、激情、欲望三个部分。正因为人的灵魂具有这种分裂的本性，正因为这种分裂构成了人向善或向恶，提升于理念世界或沉沦于肉欲诱惑，因此灵魂要免于堕落就必须转向，只有灵魂从肉体返回自身或回忆自身才可称之为“灵魂转向”。这种转向实际上是要使人的灵魂的每一部分协调一致，听从灵魂的理性部分的指挥，只有这样灵魂才能转离变化世界，灵魂本身的“视力”才能选择正确的方向。在对灵魂界定的基础上，他认为德性的完整性首先表现为灵魂的和谐，或者说灵魂表现出正义性。柏拉图认为，城邦的制度相应地和个人的灵魂存在着同构关系。城邦的全体公民同样也可以分成三个等级，每个等级都拥有自己的德性。关于这些问题，我们已经在前面做了详细的描述。现在的问题是，作为个人和城邦的正义德性如何实现？它们之间如何实现德性的统一性呢？

柏拉图认为，个人正义德性的获得必须在城邦这一共同体内诉诸教育来完成。因为，“城邦的目的是优良生活，而人们做这些事情都是为了这一目的。城邦是若干家族和村落的共同体，追求完美的、自足的生活。我们说，这就是幸福而高尚的生活”[①]。在这样的社会中，公民的各种德性都得到适当的地位和安排，那就是以城邦为个体的最高生活共同体。在它那里，德性与政治是紧密相关的，个体应该获得城邦的善，才能最终获得德性，在优良的城邦中，做一个公民与做一个好人是毫无二致的。而伦理学则是从属于政治学的目的的，即培养公民优秀的德性，也就是为了能够创造一个良好的政治共同体即城邦。一个正义的城邦就是使得一个人成为优秀的人和优秀公民的内在保障。

诚然，柏拉图对于个体德性和城邦德性的统一性的讨论是具有建设性的。这一理论存在的矛盾也似乎是明显的：因为，在他的理论中，个体正义德性是在正义的城邦中获得的，而一个正义的城邦又是由具有正义德性的个体所组成的，那么，就存在个体正义德性与城邦正义德性孰先孰后的问题。[②]如何化解这一悖论，柏拉图诉诸了“哲学王”的概念。因为在他看来，作为个体的优秀品质和作为城邦公民的优秀品质都可以在哲学王这一理想人格身上发现，哲学王就是实现个体正义与城邦正义相统一的理想化

① [古希腊]亚里士多德：《政治学》，颜一、秦典华译，中国人民大学出版社2003年版，第90页。

② 有趣的是，新自由主义与社群主义争论的焦点也汇集在这个问题上。新自由主义权利伦理主张，社会的价值（包括权利、自由等）优先于个体的善（如德性），而社群主义却对此持有不同的意见。这个问题我们在前文已经做了部分讨论，在后文谈到“社群主义”的内容时继续讨论。

身，他具有智慧、勇敢、节制、正义等多种德性。

柏拉图诉诸“哲学王”这一理想人格，企图从理论上消除个体正义德性与城邦正义德性之间的矛盾，这一哲学努力给人造成的直觉后果是，个体正义德性与城邦德性似乎可以完全分开。个体正义德性完全可以不依赖城邦正义德性而存在，因为个人灵魂也有那些德性。在这个意义上来说，个体正义德性是优先于城邦正义德性的。“《理想国》的一个中心议题是，正义能够存在于个体的灵魂（精神）之中，并有利于这种灵魂的善，无论城邦如何不公正地对待个体。所以，柏拉图似乎相信，正义作为个体人类的一种美德或毋宁说作为其美德中的一种关键性要素，乃是独立于并先于作为城邦秩序正义的。”[①]倘若如此，显然就会出现城邦中的每一个公民都具有智慧、勇敢、节制、正义这四种完美的德性的可能性。因为在柏拉图看来，作为一个个体的灵魂，他的德性的完整性就在于灵魂的理智、激情、欲望这三个部分的和谐有序。“我们可以在一个真正善的城邦护卫者那里把爱好智慧和刚烈、敏捷、有力这些品质结合起来。”[②]这显然与他一贯的主张是相矛盾的，因为他认为，智慧和勇敢分别属于城邦的不同部分而使得成为智慧和勇敢的，智慧更是城邦中少数人所拥有的德性。而在“四主德”中，唯有节制是贯穿于城邦始终的德性。在个体那里，节制表现为灵魂的非理性部分服从于理性的教导；在城邦中，节制表现为每个公民都听从哲学王的教导。如此，城邦中只有哲学王才是德性完满者的体现，其他的人似乎都不能完全拥有德性。

柏拉图之所以诉诸“哲学王”理想人格来解释德性的完满，这里有着一个非常重要的现实原因。他的老师苏格拉底把对祖国的爱表现为对祖国

① [美]麦金太尔：《谁之正义？何种合理性？》，万俊人等译，当代中国出版社1996年版，第137页。

② [古希腊]柏拉图：《理想国》，郭斌和、张竹明译，商务印书馆2002年版，第69页。

深情而又严厉的道德批判。苏格拉底曾在两个战场上为他的祖国而战斗：在军事战场上，他曾经为祖国三次服役而战；在思想战场上，他用“反讽法”来克服人们思想中的陋习，提升人们的道德素养和精神价值，以使他们具有高贵的灵魂和品质。然而，他的祖国却用死刑酬劳了他对祖国的忠诚和哲学贡献。苏格拉底的悲剧体现了作为个体正义德性与城邦正义德性之间的一种不相容性，这种不相容本质上反映的是建立在习俗和法律基础上的公民人格和建立在理性的基础上的个体优秀人格之间的冲突。在这一点上，黑格尔的评论可谓鞭辟入里：“他（指苏格拉底）的遭遇并非只是他本人的个人浪漫遭遇，而是雅典的悲剧、希腊的悲剧，它不过是借此事件，借苏格拉底而表现出来而已。这里有两种力量在互相对抗。一种力量是神圣的法律，是朴素的习俗，——与意志相一致的美德，宗教，——要求人们在其规律中自由地、高尚地、合乎伦理地生活；我们用抽象的方式可以把它称为客观的自由，伦理、宗教是人固有的本质，而另一方面这个本质又是自在自为的、真实的东西，而人是与本质一致的。与此相反，另一个原则同样是神圣法律，知识的法律（主观的自由），这是那令人识别善恶的知识之树上的果实，是来自自身的知识，也就是理性，——这是往后一切时代的哲学的普遍原则。”①

作为哲学家的使命，柏拉图为了贯彻他的理想国的政治理想，他曾三下西西里岛，企图通过教育独裁者的途径建立他所设想的共和政体。在这一过程中，他的观点与当权者发生了冲突，以至于遭到了被送往市场当作奴隶拍卖的命运。所不同的是，他比他的老师更幸运地保全了生命。柏拉图从苏格拉底之死的悲剧中猛然发现，他构建的理想国中关于德性完整的蓝图在现实中是多么的脆弱。为此，他在伦理学上明确提出善是最高层

① ［德］黑格尔：《哲学史讲演录》（第2卷），贺麟、王太庆译，商务印书馆1995年版，第44—45页。

次的道德范畴，认为“善的理念”在理念世界中居于最高地位，即使像正义这样高层次的范畴也要服从于善。在他看来，对于德性的完满，只有在“善的理念”这一形而上学的超越境界才能感悟。为了躲避与现实政治发生冲突，柏拉图选择了借苏格拉底之口言说问题的对话方式，诉诸一个哲学王的理想人格来表达他自己的政治理想。“它是柏拉图在城邦中所自觉选择的一种生存与写作方式；既巧妙隐蔽自我又曲折表达自我的方式。”[①]所以不合时宜的哲学家就像一个在猛烈的风在疾吹的灰尘和雨雪恣肆的风暴中的人一样，退到一堵墙的隐蔽处。他从公共生活中退出，在学园的孤寂中寻求避难所，他的生活是由对真正实现的沉思来丰富和得到快慰的，他在平和与善意中带着光明的希冀期待着他的解脱。[②]如何在经验世界寻求德性的统一性，他的学生亚里士多德承接了这一任务。

在亚里士多德看来，柏拉图企图在“善的理念”世界中玄思德性统一性的哲学努力注定是要失败的，因为德性只能在人的实践活动中才能生成。为此，他把思维的视角从彼岸的理念世界转移到此岸的现实世界中来，从人实践生活本身中发现德性完整性的奥秘。在这个意义上，亚里士多德完全抽掉了柏拉图哲学中的先验成分，体现了他关注现实生活的哲学家品格。[③]在亚里士多德看来，现实生活中的人是具有双重属性的：他一方面是作为具有生活目的的理性动物，另一方面又是生活在城邦中的政治动物。显然，德性只能在人生活本身的目的性和城邦政治生活的必然性中来达到

① [古希腊]柏拉图：《柏拉图的〈会饮〉》，刘小枫等译，华夏出版社2003年版，第2页。

② [古希腊]柏拉图：《理想国》，郭斌和、张竹明译，商务印书馆2002年版，第248页。

③ 关于柏拉图、亚里士多德哲学分别代表了西方哲学中理想主义和现实主义的论述。周辅成先生引用了施莱格尔的话：“一个人，天生不是一个柏拉图主义者，就是一个亚里士多德主义者。”周先生说，这是因为哲学上柏拉图被列为理想主义的始祖，重视“理型”（Idea）、“理想”，甚至重视共产的理想国。亚里士多德重视现实、生命力，主张返于自然，反对君主专制（甚至包括柏拉图的哲学家皇帝），拥护立宪政体：人民决定国家的目的，专家依据实行。周辅成先生结合哲学思想史上的资料并做了进一步的解释。参见周辅成先生为《尼各马可伦理学》（廖申白译注，商务印书馆2003年版）作的序言。

统一。为了论证德性的统一性这个问题，亚里士多德诉诸了目的概念。在他看来，如果没有以一个实践活动所要达到的最终目的来统摄人的各种具体目的的话，那么人的德性就如同漂浮的尘埃一样处于无根基的状态。《尼各马可伦理学》开题就表明："每种技艺与研究，同样地，人的每种实践与选择，都以某种善为目的。所以有人说，所有事物都以善为目的。"[①]既然万事万物都有自己的目的，那么，总有一个最高的目的，这个最高的目的被称为至善。至善是不依赖其他善的，它是自足的、最终的和完满的。在亚里士多德看来，城邦的善是最重要的、最完善的善。"为一个人获得这种善诚然可喜，为一个城邦获得这种善则更高尚（高贵）、更神圣。"[②]因为，一个人只有在城邦中才可能获得他的幸福或事业的繁荣昌盛。在各种实践活动的目的中，幸福就是人们的最终目的。要获得幸福，就需要人们实践相应的德性。换句话说，要想实现自己的最高目的，就需要在实践中充分发挥自己特有的功能，幸福是完全合乎德性的现实生活。"人的善就是灵魂的合德性的实现活动，如果有不止一种德性的话，就是合乎那种最好、最完善的德性的实现活动。"[③]反过来说，幸福作为人本身的目的，决定了什么是德性，以及人应该具有什么样的德性。德性就是一种能够实现人的最终目的即幸福的品质，正是在对幸福追求的展开中，人们才能实现德性的完美和统一。

既然幸福是灵魂的一种合乎完满德性的实践活动，而人的灵魂是由理智、激情、欲望等多种成分构成的，而且，这些成分并非都是人所特有的，某些生命体的灵魂中也有欲望等因素。那么，是灵魂中的哪些成分产生了德性，以及德性是如何统一在幸福这一最终目的之下的？这些问题促使亚

---

① ［古希腊］亚里士多德：《尼各马可伦理学》，廖申白译注，商务印书馆2003年版，第3—4页。

② 同上书，第6页。

③ 同上书，第20页。

里士多德研究德性本身的问题。亚里士多德认为，人的活动不在于他的植物性的活动（营养、生长等）和动物性的活动（感觉等），而在于他的灵魂的合乎理性的活动与实践，所以，理性是人所特有的功能。正是由于这一特有功能的存在，它的最大发挥就产生了德性的问题。但是，在灵魂中还有一个不同于理性的部分，这一部分虽然是非理性的，但它在一定程度上分有理性，并听从理性的指导。"德性的区分也是同灵魂的划分相应的。因为我们把一部分德性称为理智德性，把另一部分德性称为道德德性。"[①]理智德性的功能在于指导激情和欲望等非理性成分，它本身就具有科学、技艺、明智、努斯、智慧、理解等理性德性；而非理性在理性的指导下会产生诸如勇敢、节制、慷慨、大方、谦虚、义愤、庄重、坦率等伦理德性。这样，德性的统一性就具体转化为以下三种情形：一是理智德性的统一性；二是伦理德性的统一性；三是理智德性和伦理德性之间的统一性。

理智德性的统一性是不证自明的，因为它们都是对于真理的把握。"智慧和明智作为理智的两个部分的德性，即使不产生结果，其自身就值得欲求。"[②]问题是对于伦理德性的统一性以及伦理德性和理智德性之间的统一性需要把握。为此，亚里士多德提出了实践理性的概念。亚里士多德认为，在道德实践活动中，人们需要一种理性能力即实践理性，这种理性能力能够应对复杂多变的人生境况，它是一种以实践为目的的并能指导实践行动的理性能力。正是有了这种理性，才产生了伦理德性。伦理德性作为一种选择的品质，存在于相对于我们的适度之中。"而在适当的时间、适当的场合、对于适当的人、出于适当的原因、以适当的方式感受这些感情，就既是适度的又是最好的。这也就是德性的品质。"[③]而人只有具备了实践理性能

① [古希腊]亚里士多德：《尼各马可伦理学》，廖申白译注，商务印书馆2003年版，第34页。
② 同上书，第187页。
③ [古希腊]亚里士多德：《尼各马可伦理学》，廖申白译注，商务印书馆2003年版，第47页。

力，才能按照德性的品质所要求的那样去做。这样，拥有实践理性的人完全可以在各种场合得心应手、游刃有余，使自己的理性功能得到最大的发挥，从而展示自己各方面的优秀品质。在幸福这一终极目标（价值）的牵引下，各种分散的德性成为朝向这一理想目标迈进的必要品质，而实践理性则使人获得了充分的本质力量去展现自己的各种优秀品质。

在处理伦理德性与理智德性如何统一的关系上，亚里士多德批评了苏格拉底"德性即知识"的观点。"苏格拉底的探索部分是对的，尽管有的地方是错的。他认为所有德性都是明智的形式是错的。但他说离开明智所有的德性就无法存在是对的。"[①]亚里士多德认为，一方面，人的功能是灵魂根据理性的现实活动，至少离不开理性。伦理德性的产生离不开实践理性的指导。另一方面，也不能把全部德性都简单地看成是靠理性单一作用构成的，苏格拉底恰恰在这个问题上错了。实践理性如果不去指导行为就不能产生活动，而不参与到现实活动中就不能说具有德性。"德性与逻各斯一起发挥作用。显然，离开了明智（理智德性——引者注）就没有严格意义上的善（伦理德性——引者注），离开了道德德性也不可能有明智。"[②]这就表明，理智德性和伦理德性是无法分割的，"因为，德性使我们确定目的，明智则使我们选择实现目的的正确的手段"[③]。

亚里士多德对于德性统一性的判断是建立在他关于人性判断基础上的。他认为，人既是理性的存在，同时也是城邦的政治动物。人的幸福或事业的繁荣昌盛和德性的完美统一只能在城邦生活中才有可能实现。其理由如下：第一，城邦生活是人的德性得以实现的唯一生活方式。"城邦显然是自

---

① [古希腊]亚里士多德：《尼各马可伦理学》，廖申白译注，商务印书馆2003年版，第188页。

② [古希腊]亚里士多德：《尼各马可伦理学》，廖申白译注，商务印书馆2003年版，第190页。

③ 同上。

然的产物，人天生是一种政治动物。”[①]既然人只有作为政治动物才是可以真正理解的，那么人的德性也只有在城邦中才能得到合理的解释。作为个体，他从事实践活动的理性能力也是通过城邦这一共同体的教育和训练获得的，理智德性和伦理德性都生成于城邦之中，理性的真正发源地就是城邦。“不论就其局限性还是创造性而言，希腊理性都是城邦的产儿。”[②]第二，城邦使得德性与幸福得以完美结合。“要真正配得上城邦这一名称而非徒有其名，就必须关心德性问题，这是毋庸置疑的；否则城邦共同体就会变成一个单纯的联盟。”[③]类似的表述在亚里士多德《政治学》中俯拾即是。城邦不是自然的产物，它在本质上是一个伦理实体。[④]亚里士多德反复强调，在各种各样的善中，有一种是善是自足的、完满的、独立的，这种善我们把它命名为“至善”，也即幸福。而城邦的目的就在于幸福。生活在城邦中的各个个体，他们的德性都必须围绕至善这一最高目标。为了实现这样的目标，城邦必须以正义德性为精神支撑。正义使得每个公民的活动程序化，它以城

① [古希腊]亚里士多德：《政治学》，颜一、秦典华译，中国人民大学出版社2003年版，第4页。

② [法]让·皮埃尔·韦尔南：《希腊思想的起源》，秦海鹰译，生活·读书·新知三联书店1996年版，第134页。

③ [古希腊]亚里士多德：《政治学》，颜一、秦典华译，中国人民大学出版社2003年版，第88页。

④ 对于“城邦是伦理实体”的理解，有助于我们进一步理解城邦如何在理智德性和伦理德性的相统一上起了非常关键的作用。有学者指出：亚里士多德的城邦并非生物学上的概念，而是经过“理性言说—正义”洗礼的高度人文性概念。正是后者体现了城邦的伦理性，证明城邦为伦理实体。仅有共同特征的城邦，尚不足以称之为伦理实体。因为这些特征不过是构造城邦的质料……共同体要成为城邦，除了质料外还必须有形式：只有形式才能使质料由潜在变为现实，达到质料与形式的结合。城邦伦理实体的形式不是别的，恰是亚里士多德一再强调的德性生活。德性的生活是城邦的“推动者”、纯粹的“活动性”；德性的生活把共同体提升为城邦伦理实体，促进城邦伦理生活繁荣昌盛。正因为德性的生活为城邦的伦理实体，亚里士多德不断提醒和告诫人们，要共同致力于城邦德性生活的营造。在此意义上，他的城邦的本质是目的论的。城邦的伦理性质是由政体规定的，只有政体才能把它定义为以德性的实现为目标的伦理实体。德性的优良生活是城邦的伦理本质，是已经传承且必须传递下去的东西。对于古希腊人来说，它不是抽象的存在，而是具体体现于政体中，并由法律引导和教育公民实现的。所以，政体即政治共同体，本质上是某种德性意识，是某种德性的生活方式。参见黄显中《伦理话语中的古希腊城邦：亚里士多德城邦理念的伦理解读》，《北方论丛》2006年第3期。

邦的整体利益和全体公民的共同幸福为依据。所以，幸福和正义秩序，不仅把人们的生活连接成一个有机整体，而且在把各种善秩序化的同时也把各种德性统一起来。

为了确保对于城邦的最高善的实现，就必须协调好作为个人的德性与公民德性之间的关系。对此，亚里士多德从不同的角度考察了“善良之人的德性与良好公民的德性相同还是不同”[①]的问题。他认为，如果政体有多种形式的话，那么一个良好的公民就不能以唯一的一种德性为完满，但是，在这样的环境下，我们可以说一个善良的人就在于他具有一种完满的德性。显然，即使不具有一个善良之人应具有的德性，也有可能成为一个良好公民。如果在一个恶劣的城邦政体中，就无须优秀者，因而更谈不上善良之人的德性与良好公民的德性的统一问题了。在一个最优秀的城邦政体环境下，如果一个城邦不可能完全由善良人组成，而又要求每一个公民尽职尽责，做到这一点又有赖于各人的德性；那么，既然全部公民不可能彼此完全相同，公民和善良之人的德性就不会是同一种。通过这样的考察，亚里士多德得出结论：善良之人的德性与良好公民的德性是否相同？在有的城邦中两者相同，在另外的城邦却又不同。亚里士多德似乎要告诉人们，只有在由善良之人组成的城邦共同体中，好公民的德性与优秀者的德性才是完全一致的。

通过对“善良之人的德性与良好公民的德性相同还是不同”这一问题的多角度考察，亚里士多德已经意识到，在那样的社会中，在那样的德性概念中，保证德性的统一性是非常困难的。亚里士多德在设计自己的理想城邦时，在把公民分成农民、工人、商人、雇工、武士、管理者等八个部分的基础上，特别强调这些不同类别的公民的交往原则，以及他们作为城

① ［古希腊］亚里士多德：《政治学》，颜一、秦典华译，中国人民大学出版社 2003 年版，第 76 页。

邦成员所应该具备的德性。亚里士多德认为，“一个城邦一旦完全达到了某种整齐划一便不再是一个城邦了”[①]。城邦不仅是由多个人组合而成的，而且是由不同种类的人组合而成的。“城邦简而言之就是其人数足以维持自足生活的公民组合体。”[②]既然这样，那么城邦中每个人的德性与他所占据的社会角色相一致，他们的德性就不可能是完全相同的。而且，在不同的政体中，公民德性也会出现相应的变化。如此，只有少数统治者的德性应该是完美和统一的，这样的少数人只能是拥有智慧的人，而哲学家理所当然地成了幸福与德性统一的承担者了。在他看来，幸福的生活就在于德性的实现活动。只有在思辨的生活中，才能分享最大的幸福。“幸福与沉思同在。越能够沉思的存在就越是幸福，不是因偶性，而在于因沉思本身的性质。因为，沉思本身就是荣耀的。所以，幸福就在于某种沉思。”[③]但是，这样一来，政治生活与哲学生活之间，以及优秀的人的德性与好公民的德性之间，就不可避免地发生了矛盾。因为，一方面，人必然要在城邦中过一种政治生活，需要外在的帮助，幸福的生活需要借助外在的物质条件；另一方面，在沉思之外似乎别无他求。沉思的生活似乎完全可以游离于城邦而存在。事实上，人如果真的脱离城邦这一伦理实体的话，他就无法完成各种实践活动，更谈不上获得其他目的了。

亚里士多德在寻求德性上的最后归宿，应该说是符合他作为哲学家的气质的。其实，作为哲学家的努力，他试图对“德性在于行动”还是“德性在于思想”这一令希腊人困惑不已的问题做出调和。因为在他看来，思想本身就是一种行动的生活实践。哲学生活和政治生活本质上不会发生冲

① ［古希腊］亚里士多德：《政治学》，颜一、秦典华译，中国人民大学出版社 2003 年版，第 30 页。

② 同上书，第 73 页。

③ ［古希腊］亚里士多德：《尼各马可伦理学》，廖申白译注，商务印书馆 2003 年版，第 310 页。

突，“合于其他德性的生活只是第二好的。因为，这些德性的实现活动都是人的实现活动”①。而爱智慧的生活及其幸福是最好的，这是依照人身上的神性的东西的生活。政治生活应该从属于哲学生活。人在城邦中获得的只是部分德性，只有在思辨的哲学生活中才能达到德性和幸福的完美与统一。

二　古希腊德性统一的社会历史意蕴

根本而言，德性的统一性问题根源于希腊城邦的现实生活，它与希腊伦理学的生成具有天然的内在关联。表面上看，随着荷马英雄社会到希腊城邦社会的历史变迁中，德性的承担主体由英雄角色转化为城邦公民，支撑伦理主体的精神元素由神明的命运转化为人的内在理性，因而德性的内容似乎呈现出不同的形态。事实上，透过这一历史现象可以发现：希腊思想家对于德性的言说都是在人的活动范围中的，对于德性都是从功能性的角度去解释的，都把德性视为实现某种特定目的必要条件。关于这一点，可以从希腊人对德性含义的最初理解上得到充分的解释。在古希腊，Arete（德性）指任何事物所具有的特长、优点、功能、用处等。Arete（德性）所具有的含义既可以适用于人，也可以适用于其他任何事物。Arete（德性）所要表明的是：事物的功能是区别于其他事物的标志。对于这些，我们已经在前面专门作了介绍。这里只是从 Arete（德性）所表征的事物的功能性的角度来讨论德性的统一问题。对于人来说，德性就是人的功能的最大程度的发挥所需要的精神与身体等各方面的品质。也正是因为从功能性方面来定义德性，从而带来了德性的统一性问题。

① ［古希腊］亚里士多德：《尼各马可伦理学》，廖申白译注，商务印书馆 2003 年版，第 308 页。

从个体来说，如何确证他是一个有德性的人呢？如果从灵魂的功能来说，人的灵魂包括欲望、激情和理性等方面的因素。如此，人的功能也呈现出多样性的态势，人既具有植物的营养功能，也具有动物的感觉功能，还有专属于人自己独特的理性功能。那么，对一个人拥有德性的判断是立足于部分功能的实现还是全部功能的实现呢？在希腊人看来，德性意味着人在所有方面的卓越。所以，他们需要把体现在各个方面功能上的德性汇集在一个人身上，其方法就是企图寻找一个能把各种德性因素整合在一起的核心功能，在这一功能的最大程度的发挥中所体现出来的德性就是人的核心德性，它是各种分散德性得以统一的关键因素。在荷马史诗所描述的英雄社会中，需要的是力量的卓越，自然地勇敢就作为英雄最主要的德性，甚至可能是唯一的德性。而与勇敢相关联的机智、友谊、荣誉、死亡等概念也得到了合理的解释。在苏格拉底看来，拥有知识就是拥有全部德性。柏拉图认为，在正义的统摄下，作为个体的优秀品质和作为共同体成员的优秀品质得到了一种内在的统一。而在亚里士多德时代，人们对理智德性有了更多的青睐，在爱智慧中，实现德性与幸福的完美与统一。

从结构与功能的关系来说，功能概念必然隶属于一种结构，它在一种整体结构中发挥作用。一种社会结构规定了能够使得社会正常运转的社会角色，这些社会角色对应着特定的功能。在荷马史诗中，Arete 意味着“能够使个体去做他或她的角色要求它或她去做的事情的那些品质”[①]。决定人的功能的社会结构在希腊人中就是城邦。个体只有在城邦中才能意识到自己的地位和角色，才能获得幸福的生活。对于希腊人来说，每个人的德性必须与城邦这一共同体的德性相一致。而城邦共同体的功能就在于为成员谋求幸福。“幸福必然离不开德性，一个城邦任何一部分不具备德性都不能

① ［美］麦金太尔：《谁之正义？何种合理性？》，万俊人等译，当代中国出版社 1996 年版，第 21 页。

称为幸福之邦，而必须以全体公民为准。”[①]生活在城邦中的人就是公民，因此人的德性就是公民的德性。

功能意味着目的，人的功能也必然有着某种特定的目的。那么，人的功能的目的是什么？无论在荷马，还是后来的苏格拉底、柏拉图、亚里士多德等人看来，幸福的获得是人生追求的达致方向，而德性是获得幸福的必备条件。在古希腊人看来，德性和善的观念与幸福和利益的观念有着一种难舍难分的天然联系。事实上，作为现实社会秩序中的人，他既有感性欲望的需求，又有理性超越的追求；如何在肉体与灵魂、有限与无限、感性与理性的紧张对抗、冲突中寻求一种平衡，始终是哲学家们关注的焦点。换句话说，这也就是为什么从荷马到亚里士多德以来，他们所思考的问题即德性的统一性如何达致、德性与幸福的完满与统一如何才能实现的根本所在。

当然，功能性概念的提出绝非空穴来风，它有着客观的历史现实原因。就古希腊人而言，他们的生活方式和精神文化观念都是滋生于城邦这一特定的环境之中。无论是史诗所描述的英雄社会还是后来的雅典城邦社会，它们都具有一个共同的特征即都显示出非常严格的等级性。在这样的社会结构中，一个人的社会角色是既定的，一个人只有在这样的社会秩序中才能认识到他自己和别人的关系，相应地，社会必须要求每个个体承担与自己角色相适应的责任。在此意义上，对于人的德性的解释必然要诉诸其特定的功能。在希腊人那里，人的功能得到充分发挥的同时也意味着幸福的实现。能够把分散的个体联系在一起并确定一个共同目标的社会组织就是城邦。这种共同体的目标也就是“至善”（幸福）。为了维护共同的生活，必然要求有一种对城邦善（幸福）这一共同目标的认可的观念，这也就

① ［古希腊］亚里士多德：《政治学》，颜一、秦典华译，中国人民大学出版社 2003 年版，第 245 页。

需要相应的社会成员的德性。可是，如果情形确是这样，由于每个成员的社会角色是确定的，他们在确定的位置上发挥自己某一方面的功能，那么他就只能具备一种或几种德性，而且只需要拥有这样的德性，他们就可以成为一个很好地履行了自己职责的人，从而也可以说他们是具有优秀品质的社会成员。可是，在希腊人看来，判断一个城邦共同体中的成员是否优秀的标准则在于他的德性是否具有完整性。显然，这里出现了德性与德性之间的冲突。为了消除这一矛盾，古希腊思想家从理想的层面做了预设：德性不仅仅是一个人的特殊社会功能的发挥，而且是作为人的功能的最大发挥。在一个有德性的人那里，各种德性是统一的和不可分割的。从个体角度来说，德性的统一在于内在的统一性；从人总是追求幸福目的角度来说，德性的统一在于外在的统一性；而当他作为生活在城邦中的公民时，就他面临优秀的人和优秀的公民的冲突时，德性的统一是外在的统一性和内在的统一性的合题。

客观地说，古希腊思想家通过功能性概念来诠释德性统一性问题的哲学努力是成功的，尽管他们的理论存在或多或少的矛盾。无论是荷马，还是亚里士多德，他们对于德性统一性提供的解释和说明是具有合理性的。这是因为，等级化社会的存在是他们的德性论赖以存在的现实土壤。从观念层面来说，由于人的灵魂具有一个高级的理性部分和低级的欲望部分，这种灵魂的等级使他们在德性的解释上也表现出了等级性，不同的德性之所以能够统一，就在于高级德性的统摄和牵引。无论是苏格拉底的“德性即知识”、柏拉图“善的理念”还是亚里士多德关于理智德性与伦理德性的划分上，德性具有的等级性是昭然若揭的。从制度层面来说，城邦是由不同阶层的社会成员组成的，在这个金字塔的顶端，德性的统一性必然从那些被视为最有智慧和权力的人身上折射出来。从组成城邦的成员来说，即使处于城邦中的每个公民由于社会角色不同而呈现出不同的品质，但这并非不可解决，因为还有一个更高的目标（城邦的善）在牵引着无数的人们朝向它迈进。事实上，在一个人数相对少、地域相对狭小、人员流动很少的社会，而且拥有共同理想的社会中，这种可能性完全会出现的。只要我们思考一下，在古代中国社会中德性伦理为什么那么发达就不难明白其中的道理了。其实，在古希腊时代，等级化的社会秩序就是一种合理的社会。因为，等级秩序表征的是正义秩序，正义不仅是城邦的保证，而且也是德性统一的保证。一言以蔽之，等级化的城邦制度和正义的城邦客观上能够提供一种统摄具体生活的有效形式，从而使得各种为了实现具体目的的实践活动所呈现出来的具体德性得到合理的统一。如果抽掉这一特殊的等级制度和正义秩序，对德性统一性的诠释就根本无从说起。

透过古希腊思想家对于德性统一性问题的讨论，我们可以发现这一理论与现代人的德性观格格不入的地方：一是他的德性论是目的论的；二是他的德性论是等级制和精英主义的。而这些正好是我们批评麦金太尔“回到亚里士多德传统”的切入点。这个问题我们在后面将要涉及。以下将从社会结构转型的角度，通过传统社会共同体和现代市民社会的对比，来深入讨论德性伦理失落的社会现实原因。

第二节　传统共同体与现代市民社会：一个社会学的解释

从伦理学学理的角度来说，功利论、义务论、权利论诸形态都属于普遍理性主义的伦理学，它们都是启蒙运动后现代社会的产物，而亚里士多德主义的德性论属于传统社会的产物。普遍理性主义和德性论实质上反映的是社会转型前后两种不同的社会结构和秩序建构方式。“伦理学从传统的以人格为中心走向现代的以行为为中心，从以德性、人格、价值、理想为其主要关注对象，走向仅仅以人的行为、准则、规范、义务为其主要关注对象，还有更深刻的社会变迁方面的原因。”[①]以下我们将从社会结构转型的角度来审视这一问题。传统社会是以“共同体”为历史背景的，而现代社会则是以“市民社会”为前提条件的。[②]在通常的意义上，从传统社会向现代社会的转型，意味着社会结构和秩序从传统共同体向现代市民社会的转变。

一　传统共同体的含义与特征

“‘共同体’指称的是基于自然感情而紧密联系起来的社会有机体，它强调的是群体成员间唇齿相依的情感关系和相互肯定的或一致的意志关系。”[③]从经典社会学家的理论分析来看，表征传统共同体的主要形式有血缘共同体、地缘共同体和职缘共同体。这里简要地概述一下这些传统社会共同体的特征。血缘共同体是以血缘关系这一自然纽带把群体成员紧密联系在一起的，血缘关系本身就是一种既定的社会秩序。“事实上，唯有血缘的亲近和混血。才能以最直接的方式表现出统一，因而才能以最直接的方式

① 何怀宏：《底线伦理》，辽宁人民出版社 1998 年版，第 17 页。

② “市民社会”是一个含义歧出的概念，在不同的话语形态中被赋予不同的含义。大体来说，对于这一概念的理解存在着两个基本的层面：一是在把市民社会看作与政治国家相对的概念，二是把市民社会看作是与传统共同体相对的概念，强调社会是一个生产、分工、交换和消费的经济领域。本书对于“市民社会”是在后一种意义上来把握的。

③ 李佑新：《走出现代性道德困境》，人民出版社 2006 年版，第 67 页。

表现出人的共同意志。”[①]客观地说，传统社会的血缘共同体对于调节当时的社会秩序起了非常关键的作用，关于这一点在中国古代和西方封建社会都是客观的事实。血缘共同体的存在是以自给自足的农业生产方式为基础的。随着农业社会农耕生产趋向于定居和人口增长引起的人员流动性的增强，导致血缘共同体在一定程度上出现了分离的趋势。“血缘共同体作为行为统一体发展为和分离为地缘共同体”。[②]如此，地缘和血缘共同构成了人类历史上普遍存在的社会关系的结构形态，这已经被人类学和社会学所证明。相较于以血缘关系来调节和整饬社会秩序的血缘共同体，地缘共同体似乎更加强调地域邻里关系在社会联系与秩序整合中的作用。“在绝大多数前现代制度下，包括在大多数城市中，地域色彩浓烈的具体环境是大量社会关系相互交织的场所，它在空间上的低度伸延支撑着时间上的高度凝结。”[③]人们之间的一切关系都在这种相邻的地理环境中发生着，这就使得这种地域环境获得丰富的文化内容。在前现代社会中，随着城市的兴起，出现了一种与血缘共同体和地缘共同体不同的另一种形式的共同体，这就是所谓的职缘共同体。这是因为，随着城市人口的急剧增长，较之于乡村区域的交流，人们之间的交往频率极度增加，交往内容也日益丰富，这势必导致血缘和地缘的纽带作用变得松弛，从而血缘共同体和地缘共同体在城市中被边缘化了。由于城市是作为手工业和商业汇集的地方，人们的职业逐渐代替血缘和地缘成为了他们相互之间发生关系的必要环节，这样就出现了各种各样的职业领域，在同类职业领域之间人们发生着密切的关系，这些同类职业领域我们把它称之为行会、同业公会等。这些行业组织形态就是我们所说的职缘共同体。

① [德国]斐迪南·滕尼斯：《共同体与社会》，林荣远译，商务印书馆1999年版，第73页。
② 同上书，第65页。
③ [英]安东尼·吉登斯：《现代性的后果》，田禾译，译林出版社2006年版，第90页。

不可否认，上述三种形式的社会共同体相互之间存在的差异是明显的，而且它们在当时的社会发展阶段上的地位和作用也是不同的。但是，作为传统社会共同体的表现形态，它们体现了传统社会中人们社会关系的直接性和个人对于共同体的依赖。换句话说，在这些共同体中的人们的交往关系是发生在面对面的熟人之间的。“在传统文化中，除了农业大国的某些大城市的街区有部分例外之外，自己人和外来者或陌生人之间存在着非常清晰的界限。不存在非敌意的与自己并不认识的人相互交往的广泛领域。”① 在这样的社会中，个人与社会直接发生着关系，它们之间缺乏一种现代社会意义上的中介，个人是直接隶属于社会组织系统的。这表明，人们不是在分工的条件下组成社会的，从而也可以说社会交往的发生并不是以社会分工为前提条件的。所以，在传统共同体中，人们之间组成社会和发生交往，仅仅在于他们之间的相似性；相同的血缘、相同的地缘或相同的职业活动，以及由此所生成的相同的信仰、相同的意识和相同的行为规范。

由于生活在传统共同体中的人们之间的交往活动缺乏一种中介性的环节，这在实践上使得共同体表现出独特的本位性，这种本位性就是个体对于它很强的依存关系。“我们越往前追溯历史，个人，从而也是进行生产的个人，就越表现为不独立，从属于一个较大的整体。”② 在共同体未经中介环节的直接的社会关系中，社会分工和市场交换不发达，个体不能以货币或商品等物化形态的形式与其他社会成员发生关联，也就不可能形成自己独立的经济利益范围，他的利益就是共同体的利益。个体对于共同体的依赖既是物质方面的又是精神方面的。“所有社会成员的共同观念和共同倾向在

① [英]安东尼·吉登斯：《现代性的后果》，田禾译，译林出版社2006年版，第103页。

② 《马克思恩格斯全集》（第46卷·上），人民出版社1979年版，第21页。

数量和强度上都超过了成员自身的观念和倾向。”[①]关于这一点，我们在分析希腊德性统一问题时，已经得到了比较可靠的论证。无论在《荷马史诗》所展示的英雄社会中，还是后来的城邦社会结构中，由于个体在这样的社会中的秩序是既定的，做一个好公民与成为一个优秀的人本质上是一致的，其根本原因就在于个体必须绝对地服从社会共同体的利益，从亚里士多德对于公民和城邦定义中就可以看出这个问题。“凡有资格参与城邦议事和审判事务的人都可以被称为城邦的公民，而城邦简而言之就是其人数足以维持自足生活的公民组合体。”[②]公民的主要生活方式是围绕自己所在城邦的事务而进行的；公民把城邦作为自己实现价值的唯一的、自然的领域；相对于城邦公共事务来说，公民的私人生活则是处于从属地位的。“‘城邦’不仅是一个地理概念，而且是一个精神实体。独立自由的公民为城邦工作就是为自己工作。”[③]正是在这样的意义上，亚里士多德提出了“人是天生的政治动物”的判断。同时，公民的幸福是城邦活动的目的，不仅在政治上，而且在生活的各个领域，城邦都是以发展优秀公民为目的的，使人作为人的生存质量得到提高。

二　现代市民社会的含义与特征

按照马克思主义经典作家的看法，生产方式是一个社会发生变革的决定性力量。随着机器大工业的出现和发展，市场经济逐渐取代了传统的自

① [法]埃米尔·涂尔干：《社会分工论》，渠敬东译，生活·读书·新知三联书店2000年版，第90页。

② [古希腊]亚里士多德：《政治学》，颜一、秦典华译，中国人民大学出版社2003年版，第73页。

③ 包利民：《生命与逻各斯：希腊伦理思想史论》，东方出版社1996年版，第102页。

然经济的生产方式，而建立在原来的农业社会基础上的生产方式已经不能适应新的生产力要求了，这就促使了传统共同体的瓦解，最终被新的能够体现市场经济的生产方式所取代，而能够体现这一生产方式的结构模式就是市民社会。黑格尔将家庭、市民社会、国家看作是伦理衍变过程的三个环节，家庭的伦理解体的地方，就是市民社会的伦理开始的地方。“市民社会是处在家庭和国家之间的差别的阶段，虽然它的形成比较晚。其实，作为差别的阶段，它必须以国家为前提，而为了巩固地存在，它也必须有一个国家作为独立的东西在它面前。此外，市民社会是在现代社会中形成的，现代世界第一次使理念的一切规定各得其所。”① “扬弃了的家庭等于市民社会。”②

我们这里把市民社会看作是与传统共同体相对的概念，这一概念在于强调社会是一个生产、分工、交换和消费的经济领域。正是因为这一特定范畴所蕴含的现实规定，使得它呈现出与传统共同体迥然不同的特质。传统共同体的主要特征是人们之间的交往缺乏一个中介性的环节而使得社会关系表现为直接性和个体对共同体的全方位依赖，而市民社会的主要特征则表现为社会关系以物化的货币或商品为中介以及个体的独立性。“具体的人作为特殊的人本身就是目的；作为各种需要的整体以及自然必然性的混合体来说，它是市民社会的一个原则。但是特殊的人都是通过他人的中介，同时也无条件地通过普遍性的形式的中介，而肯定自己并得到满足。这一普遍的形式是市民社会的另一个原则。”③可以看出，黑格尔对于市民社会两个主要特征的深刻把握：市民社会中的个体成员通过相互“中介”而结成的社会关系和个体的独立自主。

① ［德］黑格尔：《法哲学原理》，范扬、张企泰译，商务印书馆 1961 年版，第 197 页。
② 《马克思恩格斯全集》（第 42 卷），人民出版社 1979 年版，第 172 页。
③ ［德］黑格尔：《法哲学原理》，范扬、张企泰译，商务印书馆 1961 年版，第 197 页。

造成传统共同体向市民社会过渡的一个最鲜明的因素就是社会的分工。社会分工在造成人们之间日益扩大的个体差异，从而使得传统共同体开始解体的同时，也形成了一种全新的社会纽带，这条纽带使得各个不同的生产者由于彼此的需要而相互让渡自己的产品，通过让渡各自的产品这一中介环节，就使得社会中个体之间的交往频率加大、交往的内容空前丰富起来。如此，传统共同体中的"相似性"的社会纽带就必然松弛下来，取而代之的无疑就是因为分工而带来的"物"的交换这一新的社会整合方式。具体来说，分工和交换使得社会成员从传统共同体中解放出来，社会成员的自由程度大大增强。"由于家庭的解体，个人的任性就获得了自由。一方面，他愈加按照单一性的偏好、意见和目的来使用他的全部财产，另一方面，他把周围一批朋友和熟人等看成是他的家人，并在遗嘱中如此声明，使之发生继承的法律效果。"[①]由于社会成员获得了自己明确的财产利益范围，这就使人在真正意义上获得了独立自主的权利。"从交换行为本身出发，个人，每一个人，都自身反映为排他的并占支配地位的（具有决定作用的）交换主体。"[②]正是在这种交换价值的平等、自由的基础上，使得市民社会中成员的平等和自由的资格得到了充分的实践证明而获得现实性。换句话说，现实的市场经济交往活动是市民社会成员在法律、政治以及言论上自由和平等权利形成的基础。

可以说，市民社会的兴起与现代化运动是在同一历史时间发生的。换句话说，现代化的一个非常重要的内容就是市民社会的形成和发展。在由传统社会向现代社会转型的过程中，包括血缘、地缘、职缘在内的传统共同体已经悄然退出了历史的舞台，而被市民社会这一新的纽带取而代之，它以强大无比的力量冲击着那些在传统社会中曾经存在的共同体组织。"就

① ［德］黑格尔：《法哲学原理》，范扬、张企泰译，商务印书馆1961年版，第191页。

② 《马克思恩格斯全集》（第46卷，上册），人民出版社1979年版，第196页。

像一柄巨大的铁锤，无所顾忌地砸向所有旧的社区机构——氏族、村落、部落、地区。”[①] 不仅如此，传统共同体在社会关系的整合和精神观念的承接、再生中已经不再起主导性的作用。

通过对传统社会中共同体和现代市民社会图景的简单勾勒，我们可以发现两者在社会特征上的巨大差异，而这种强烈的反差正好是我们说明传统德性伦理为什么在现代社会边缘化的原因。因为，根本来说，传统社会是一种等级制的社会结构，等级制的社会需要一种等级制的德性观。对于柏拉图来说，他的正义观恰恰就是对一种等级制的社会秩序的维护，而各种德性的和谐有序即意味着正义秩序的实现。亚里士多德在这个问题上的等级主义的倾向更为强烈。在他的城邦伦理实体中，社会成员被划分为八个等级，而每个等级都有各自的德性。虽然，这种带有等级性的德性观念更多地是一种理论的探索，但它在一定程度上折射了当时的社会现实，我们无法否认在当时社会中确实存在着等级性的道德生活的客观事实。在这样的社会结构中，个体是通过认识到他在这个社会系统中特定的角色来识别自己的，通过这样的认识，他自己也就意识到了应当承担什么样的责任，相应地，与这一特定角色发生关系的其他社会角色也就自然承认本该属于这一特定角色的所有物，这包括物质方面的财产以及精神方面的社会地位、荣誉等。社会的等级性的实质即是身份制，而身份制恰恰就是传统共同体的社会秩序得以维持的关键因素。与传统共同体的社会秩序不同，现代市民社会的社会秩序是契约制的。其实，从传统社会向现代社会的秩序转型，最实质的就是从身份到契约的转变，这一转变恰恰是麦金太尔所说的在进入现代社会以来，以功利和权利为表现形态的规范伦理取代以往的以“德性”和“目的”为精神内涵的德性伦理的根本原因。以下将从这个维度上

① [美]大卫•雷•格里芬：《后现代精神》，王成兵译，中央编译出版社1998年版，第13页。

来作进一步的分析和说明。

三　等级身份与平等契约

从某种意义上来说，传统社会向现代社会的转型意味着从身份社会向契约社会的转变。“在以前，‘人’的一切关系都是被概括在‘家族’关系中的，把这种状态作为历史上的一个起点，从这一个起点开始，我们似乎是在不断地向着一种新的社会秩序状态移动，在这种新的社会秩序中，所有这些关系都是因‘个人’的自由合意而产生的。”[①]这里的“家族”我们可以把它作为血缘共同体的同一语来看待，这种共同体的秩序是以“身份”为核心建立起来的，随着社会的发展和进步，传统共同体开始解体而被市民社会所代替，这时社会秩序是以“契约”为核心而建立起来的。“在‘人法’中所提到的一切形式的‘身份’都起源于古代属于‘家族’所有的权力和特权”[②]，而“用以逐步代替‘家族’各种权利义务上那种相互关系形式的……就是‘契约’”[③]。这里，我们无须对这一论述做更深入的分析，只需要指出身份与契约的区别即可。在这个基础上，我们将主要讨论在现代市民社会中，规则伦理取代传统德性伦理而位于道德生活中心的原因。

身份是表征一个人在社会中所处地位的社会性因素。在传统社会中，身份最鲜明的特征在于其先赋性。“个人的出生和作为特定的社会地位、特定的社会职能等个体化的个人之间存在着直接的同一，直接的吻合。”[④]身份

① ［英］梅因：《古代法》，沈景一译，商务印书馆1984年版，第96页。

② 同上书，第97页。

③ 同上书，第96页。

④ 《马克思恩格斯全集》（第1卷），人民出版社1995年版，第377页。

的先赋性质同时也表明了它的另一个主要的特征，即身份不是个人自由选择的结果，相反，身份的存在却是个人自由权利得以顺利实现的羁绊。以身份制建构社会秩序，实际上就是依据个人的出身和血缘关系等自然性的东西来分配社会的基本权利和义务。在这样的社会秩序之中，即使有些身份并不是来自个人的自然性质，但是，它一旦获得之后，如同人的自然性质一样，具有很强的稳定性。如此，个人对自己的身份以及权利与义务，就不存在一个自由选择的情形。因为，在这样的社会秩序之中，个人的自然性质决定了自己的身份，社会的权利和义务的划分完全以身份为依据，这种划分可能是完全不平等的，但是，它对于个人来说，却是不可能通过自己与他人商议的形式去选择和更改自己的权利和义务。事实上，身份制的秩序建构方式是适应传统的社会结构的，因为，传统共同体之中缺乏现代社会意义上的分工与交换，社会秩序的整饬只能直接诉诸人与人之间的血缘、地缘等自然的联系纽带，长幼有序、朋友有别等自然性的差别显然就成为建构社会秩序的合理基础。关于这一点，在中西传统文明形态中，是一个客观的历史事实。我们通常说，中国文化是以伦理为本位的文化，说的就是这个道理。西方文化同样体现了这一点，不仅古希腊的城邦是一个伦理性的实体，而且后来的基督教社会也具有强烈的伦理特色。

相较于传统共同体的身份制建构而言，现代市民社会的秩序整饬是契约性的。从发生学的角度来说，契约作为一种历史事实，经历了比较漫长的演化过程。契约本身有着丰富多彩的内容维度：作为经济法律的契约概念，主要见之于罗马法；作为宗教神学的契约概念，主要见之于《圣经》；作为社会政治的契约概念，主要见之于中世纪末的反暴君理论家和近代霍布斯、洛克、卢梭等人的著作；作为道德哲学的概念，主要见之于罗尔斯，而康德可以说是先驱。[①]“关于我们所处的时代，能一见而立即同意接受的一般命题是这样一个说法，即我们今日的社会和以前历代社会之间所存在的主要不同之点，乃在于契约在社会中所占范围的大小。”[②]这已经将契约作为区别传统社会与现代社会秩序建构的一个关键性的因素。

如果我们撇开契约本身所体现的丰富多彩的内容，就其建构现代市民社会秩序的意义上来说，契约关系最主要的特征表现在彼此相关的两个方面：独立而又平等的主体以及自由合意的关系。契约以相互独立而又平等的契约主体为前提条件。契约关系是一种区别于身份关系的人与人之间的社会关系。契约是摆脱了传统社会共同体束缚之后的独立个体之间相互发生关系的主要方式。“人使自己区分出来而与另一人发生关系，并且一方对他方作为所有人而具有定在。他们之间自在地存在的同一性，由于依据共同意志并在保持双方权利的条件下将所有权由一方转移于他方而获得的实在。这就是契约。”[③]契约关系的前提条件是必须存在一个独立的主体。这些主体不仅是独立的，而且是彼此平等的。这就表明，个体之间的相互独立与平等的关系是契约关系的本质特征。缔约双方必须是自由的，他们的缔约行为必须是自愿的，否则就不是契约而只是强权和暴力了。除了独立而又平等的主体这一基本特征之外，自由合意的意志关系也是契约得以缔结的另一个主要特征。在这种意志关系中，当事人的意志首先是自由的。意志自由表明契约关系中当事人的自由选择。“在同意或者合意方面，契约须得到一致同意的条件暗示着各方是自由和有理性的存在。”[④]因为在订立契约

① 何怀宏：《契约伦理与社会正义：罗尔斯正义论中的历史与理性》，中国人民大学出版社1993年版，第12页。

② [英]梅因：《古代法》，沈景一译，商务印书馆1984年版，第172页。

③ [德]黑格尔：《法哲学原理》，范扬、张企泰译，商务印书馆1961年版，第48页。

④ 何怀宏：《契约伦理与社会正义：罗尔斯正义论中的历史与理性》，中国人民大学出版社1993年版，第15页。

的过程中实际上存在着多种可能性：首先是是否订立契约，然后是订立什么样的契约等。正是因为存在着自由选择的权利，与传统共同体中身份对个人自由权利的制约不同，契约不但不限制人们的自由，而它自身就是人们意志自由选择的结果，它是以人们自由创设相互之间关系的方式来建构社会秩序的。

四　德性伦理的式微与规范伦理的宰制

以上对身份制的社会秩序与契约制的社会秩序做了简要的对比和分析。我们发现，这两种社会秩序都是从它们特定的社会结构中派生出来的，而且与特定的社会结构相适应。当然，明白这一点是很重要的。但是，传统共同体与现代市民社会秩序建构方式的区别，绝非仅仅表现在社会关系建构方式的不同，更为重要的是它们在社会秩序整饬上的调节方式的差异。如果单从伦理道德调节的社会秩序的方面来说，传统共同体及其身份制度主要依靠德性伦理的方式来调节社会成员的行为，而现代市民社会及其契约制度则以规范伦理的方式来调节规范社会成员的行为。

在传统共同体社会中，道德在调节社会秩序中无疑占据核心和主导地位，因为无论是宗教还是法律，都带有道德化的倾向。这种情况反映在古代思想家的道德文本中，就是对德性伦理的倡导。在西方传统思想中，亚里士多德堪称是德性伦理的开山之祖。在他看来，一个人只有在城邦中才能获得他的幸福或事业的繁荣，而幸福就是灵魂的一种合于完满德性的实现活动。政治学的研究首先要弄清楚什么是人的幸福，或者，人的幸福在于什么样的生活方式；其次要研究什么样的政府形式能最好地帮助人们维护这种生活方式。想要回答第一个问题，就要研究人的道德或习惯，这是伦理学的理论任务；而要回答第二个问题，就要研究适合这些道德或习惯的好的、正确的政府形式，这就是政治学所要解答的问题。“政治学的目的是最高善，它致力于公民成为有德性的人、能做出高尚[高贵]行为的人。”[①]所以政治学与伦理学具有天然的不可分割的联系。从某种意义上来说，“幸福”“善”“德性”是亚里士多德政治学和伦理学中的基本概念，而“德性”似乎是贯穿于亚里士多德政治和伦理思想中的一条红线。在亚里士多德看来，对于德性的把握不像其他科学那样以思辨和理论为目的，德性需要在实践中培养并展示出来，合乎德性的实践或实现活动，就是善和幸福。“既然我们现在的研究与其他研究不同，不是思辨的，而有一种实践的目的（因为我们不是为了了解德性，而是为使自己有德性，否则这种研究就毫无用处），我们就必须研究实践的性质，研究我们应当怎样实践。因为，如所说过的，我们是怎样的就取决于我们的实现活动的性质。”[②]而这种指向善的德性实践活动，同时也就是现实秩序的建构活动。虽然亚里士多德并不否认法律在治理城邦秩序中的作用，但在城邦伦理实体之中，他显然是把如何培养公民良好的德性作为整饬社会秩序的根本方式。“所以，一旦他毫无德性，那么他就会成为最邪恶残暴的动物，就会充满无尽的淫欲和贪恋。”[③]

亚里士多德的德性伦理思想并非空中楼阁，虽然他的德性论不乏理想主义的色彩，但是其中蕴含的逻辑与历史相一致的原则是显而易见的。一方面，他的德性思想是他对前人思想批判的基础上发展而来的，而且后来基督教德性论中的基本德性这一部分，就是在对亚里士多德德性思想改造的基础上完成的。正如麦金太尔所言：“一方面，我把他看作是与自由现代

① [古希腊]亚里士多德：《尼各马可伦理学》，廖申白译注，商务印书馆2003年版，第26页。

② [古希腊]亚里士多德：《尼各马可伦理学》，廖申白译注，商务印书馆2003年版，第37页。

③ [古希腊]亚里士多德：《政治学》，颜一、秦典华译，中国人民大学出版社2003年版，第5页。

之声相抗衡的真正主角；因而我显然有必要将他对德性极其具体的阐述置于中心的地位。另一方面，我已说明我不仅把他看作一名个人理论家；还把他看作一个悠久传统的代表，看作是阐明了许多前辈们和后继者在不同程度上成功地阐明了的问题的人。”①另一方面，亚里士多德的德性论肯定是对当时社会现实道德生活的理论概括，否则，它的生命力就是一个大打折扣的问题。“如果伦理学的知识状况与人类的道德状况毫不相干，或被全然割裂开来，那么，不仅是伦理学的知识来源无法获得解释（更不用说充分的解释），而且作为伦理学本身的存在理由也将成为疑问。”②

与传统社会共同体中道德秩序整合的方式不同，现代社会不再把追求德性看作第一位的事情，现代社会中的人们更多地是关注社会制度本身的伦理性质和个体的最基本的道德规范。按照哈贝马斯的解释，现代社会的发展趋向是一个不断追求现代社会价值（目的）系统的合理性（合理化）和政治——文化领域的合法性（合法化）的过程。即现代性的经济合理性、政治合法性在逻辑上的必然要求是伦理价值的普遍性。这种伦理的普遍性在伦理学的知识形态（理论形态）上的表现就是以理性为基础搭建的诸种形态的规范伦理。那么，相较于个体德性或个体道德来说，制度规范本身的伦理问题就具有优先性的地位。同时，社会制度的伦理性相对于个体德性的优先性，不仅是由制度的首要价值所要求的，而且也是个体履行道德义务的前提和条件。因为，只有在一个良好的制度环境中，个体对道德规范的履行才能是持久的和稳定的。个体道德状况取决于社会政治制度的正义与否，因此对制度的伦理评价应当优先于对个人的道德评价，对有关社会制度正义的伦理选择比有关个人义务的道德选择占有更优先的地位。“因为有关个人职责和义务的解释都明显地要涉及制度的道德，要以制度的正

① ［美］麦金太尔：《德性之后》，龚群等译，中国社会科学出版社1995年版，第184页。

② 万俊人：《现代性的伦理话语》，黑龙江人民出版社2002年版，第4页。

义为前提或包括对正义制度的支持。在这种次序中隐含着这样的合理思想：必须首先通过人们的社会存在去理解人，在社会和政治生活中去研究人和观察人，对个人的道德改造有赖于社会制度的改造，新人的成长有赖于社会环境的改造与更新。在问人们的个人联系和私人交往是否合乎道德之前，首先要问我们的社会联系和制度安排是否合乎正义。对制度的道德评价应当优先于对个人的道德评价，相应地，有关制度正义的道德选择比有关个人义务的道德选择也应占有更优先的地位。这就是制度原则对个人原则的优先性。”①“个人德性的培养，道德人格的发展，没有一定的社会保障就可能枯萎，更谈不上延伸和发展了。”②这就是罗尔斯强调正义是社会制度的首要价值的根本所在。

就个体道德的一系列问题来说，上述注重制度或规则伦理的思维使得包括思想家在内的现代人更加注重个体行为的最基本的道德规范，而不是传统社会中关注人的心性的美德或崇高的道德精神。制度或规则伦理的优先意味着，在现代社会，人们追求的主要价值不是仁爱，慈善等高尚的东西，而毋宁说是能体现现代社会自由、平等理念的公正、不偏不倚等最为基本的东西。“现代性伦理不是以自己投射于极少数人身上的完美来体现其特质的，而是以对于大众的起码尊严的保障上来吁求底线道德的。它的着眼点在可行性与现实性，它是下行的。而德性伦理的着眼点则是高调的，它对于精思明辨的哲学人具有诱引作用，对于大众来讲就是奢侈。一个复杂的现代大型社会，可行的伦理道德只能是与这一社会吻合的现代性伦理道德。”③如此，现代社会要求他的公民所遵守的也是社会层面最基本的道德规范，而对于那些曾经展现了人性优美的美德精神，社会将它们交还给个

① 何怀宏：《公平的正义：解读罗尔斯〈正义论〉》，山东人民出版社 2002 年版，第 51—52 页。

② 同上书，第 53 页。

③ 任剑涛：《中国现代思想脉络中的自由主义》，北京大学出版社 2004 年版，第 202 页。

人自由去选择。这就是思想启蒙之后，一种普遍主义的理性伦理学的道德诉求。这种道德诉求表现在伦理学的知识形态上，就是立足于理性基础上构建起来的包括功利论、义务论、权利论在内的诸种规范伦理学。“在传统社会的道德中，目的价值和义务规范两者是紧密地结合在一起的，并相当突出目的价值的根据地位。但近代以来，这种状况发生了一种根本的变化，道德理论的主流从康德起趋向于分离两者，或者说拉开两者的距离，强调行为规范的优先地位及其独立性，亦即：强调在现代社会人们的价值歧异尚不能根本解决、达至统一的情况下，道德应当主要限于只是普遍地要求人们的行为正当，要求人们遵循一些最基本的道德行为规范，例如‘勿杀人’‘勿盗窃’‘勿许假诺’‘勿奸淫’，等等。”①

万俊人教授在谈论德性伦理学与“现代性”的关系时，极为精辟地总结出德性伦理失落的现实原因。“社会公共结构的开放和扩展必然提出全新的社会制度化、规范化和普适化的秩序要求。在传统社会条件下，社会本身是封闭的、基于自然人伦，甚至是基于血缘——家族之亲缘关系基础而构成的，因而，无论是社会的政治法制还是人际和社会的道德伦理，都具有纵向等级结构的‘自封’特征，无须寻求某种平等开放的普适型规范，更缺少公平正义的道德规范，道德伦理主要是针对个体自身美德修养和亲缘人际伦理的。与之相对，现代社会结构的公共化转型使得现代人的基本身份越来越具有社会公民的特征，其‘自然人’的特性日趋萎缩；与此相应，现代人的生活越来越多地具有公共化的特征，甚至可以说，现代人越来越多地生活在‘公共生活领域’而非‘私人生活领域’。问题的关键在于，当现代人进入‘公共生活领域’后，就会发现，传统的美德伦理已然失效，取而代之的是某种基于社会‘公共理性’或‘重叠共识’（罗尔斯

① 何怀宏：《底线伦理》，辽宁人民出版社 1998 年版，第 28 页。

语）基础上的普适型社会规范伦理，由是，麦金太尔先生所说的那种‘普遍理性主义规范伦理’不仅应运而生，而且盛行其时。或可说，现代社会结构的公共转型乃是导致传统美德伦理（学）逐渐式微并陷入深刻危机的最终原因。”①

青山遮不住，毕竟东流去。无论是在伦理学的理论方面，还是在道德生活的实践中，现代性的规范伦理所表现出来的咄咄逼人气势，造成了对传统德性伦理的挤压，从而使得德性伦理越来越退居到了道德生活的边缘。尽管麦金太尔主张回到亚里士多德传统，营造一个德性生长的良好环境即宗教社团，但是社会转型的客观事实已经证明，不可能再有传统社会意义上的全能共同体出现。

① 万俊人：《关于美德伦理学研究的几个理论问题》，《道德与文明》2008 年第 3 期。

第四章

「回归亚里士多德以拯救现代德性」的批判

批判的武器当然不能代替武器的批判，物质的力量只能用物质力量来摧毁；但是理论一经群众掌握，也会变成物质力量。理论只要说服人，就能掌握群众；而理论只要彻底，就能说服人。[①]

——马克思

前两章中，我们从思想学理和社会历史两个方面入手，对德性伦理失落的原因做了考察。从宽泛的意义上来说，这种考察也是对于麦金太尔所主张的"回归亚里士多德以拯救现代德性"哲学努力的一种批判，尽管不是直接针对他的德性论的。换句话说，我们前面的讨论客观上为批判麦金太尔本人的德性论做了一个必要的理论准备。就此而言，前面的讨论正好构成我们分析麦金太尔德性论的理论基础。本章我们将思维延伸到麦金太尔这里，在把握他的德性论的基础上，结合论题的需要，对相关的问题做出一种反思批判。这里需要说明的是，本书对麦金太尔德性论的批判是在两种意义三个层面上展开的：就两种意义而言，首先是对他的德性论的合理成分的肯定态度，其次才是对他的德性论中与我们主题相关的一些问题的否定态度；就三个层面而言，一是对他主张的德性与传统的关系的肯定，二是从现代性的角度，对他"回归共同体以拯救现代德性"的批判，三是对他主张"托马斯的德性论是亚里士多德德性传统的一个重要的组成部分"的批判。在开展这一工作之前，需要对"社群主义伦理"这一理论做一必

① 《马克思恩格斯选集》（第1卷），人民出版社1995年版，第9页。

要的讨论，因为麦金太尔本人就是这一理论的代表人物，当然，这不是我们讨论这一问题的根本原因所在，根本的原因在于这一理论流派的“回归共同体以拯救现代德性”的主张上，而这一点正好是我们批判麦金太尔“回归亚里士多德以拯救现代德性”这一最为实质的问题。从这个意义上来说，社群主义自然成为本书讨论的题中应有之义。

第一节　社群伦理：一种超越权利伦理的尝试

20 世纪 70 年代，在西方伦理学界，随着罗尔斯《正义论》的发表，权利伦理逐渐取得了伦理学的话语霸权。这一事件引发了西方思想界在伦理学、政治哲学等方面持续而热烈的争论。争论思潮存在三种情况：一是发生在功利主义与坚持权利取向的自由主义之间，争论的焦点是“正义是应该基于功利，还是尊重个人权利的要求，把正义作为独立于功利考量的基础？”；二是发生在坚持权利取向的自由主义内部激进派与平等派之间，前者的代表人物是诺齐克和哈耶克，后者的代表是罗尔斯；三是主要集中在激进派自由主义与平等派自由主义者共享的一种假设上。这就是，政府应该对各种相互竞争的善生活观念保持（价值）中立的理念。尽管坚持权利取向的自由主义者们对我们拥有什么样的权利存在各种不同的解释，但他们在“具体规定我们权利正义原则证明，不依赖于任何特殊的善生活观念”上有着大体一致的意见。几乎与此同时，而对自由主义者一致认为的“正义优先于善”持有批评意见的思潮也应运而生。在这一批评性的思潮中，社群主义堪称是足以与新自由主义相抗衡的力量。社群主义的主要代表人物有桑德尔、泰勒、瓦尔泽等人，其中最具影响力的当属麦金太尔。

社群主义伦理学明确反对功利论和道义论的个人伦理学，认为这两种理论过分强调个人的利益和自由权利，把道德规范作为其理论的中心。在社群主义看来，功利主义伦理学把德性作为获得个人利益的工具而使德性丧失了其内在规定性；权利论的道义论伦理则把自由（权利）作为首要价值，以致于造成了对德性的过分挤压。“想象一个没有保持其类似构成性依附联系之能力的个人，并不是拟想一种理想的自由而理性的行为主体，而是想象一个完全没有品格，没有道德深度。因为拥有品格就是了解我生活在历史之中，尽管我既不吁求也不命令，可历史仍然是我选择和行为的结果。”[①]“社团共同体主义是反对原欲式自然主义的，因为这里的‘自然’是还原论的、动物层面的自然；社团共同体主义也反对权利论道义论，认为它不够自然，而这里的‘自然’是指人性的、历史的、社会的——自然而然的——生活，所反对者是现代性企图以人为的、主体性的、征服性的理性或意志去虚构不自然的全新的生活形式。”[②]

社群主义是一种坚信人的社会性、完美性的学说，这一学说坚持社群优先于自我和个人。它以社群的共同实践和交往活动说明个人权利的产生和基础，以社群的历史传统说明自我人格的生成，否定先验的自我人格。社群主义在理论层面确立了个体与社群的关系，认为现代自由主义所主张的原子式的个人主义是不可能存在的，每个人都属于特定的社群；在经验层面上，社群主义批评了自由主义者夸大了个人的自由与权利，这就导致了人们只顾自己和私人利益而无视对所属社群的责任；在实践层面上，社

① [美]桑德尔：《自由主义与正义的局限性》，万俊人等译，译林出版社2001年版，第217页。

② 包利民：《现代性价值辩证论：规范伦理的形态学及其资源》，学林出版社2000年版，第133页。

群主义积极地开拓公共议题，认为自由主义长期支配公共空间，却无法增进民主的参与，主张放弃“权力政治”，而代之以“共同善的政治”。社群主义批评了新自由主义“自我优先于目的”和“正义优先于德性”的主张，确立了“目的优先于自我”和“德性优先于规范”的原则。

一 “目的优先于自我”

社群主义认为，当代自由主义权利伦理对自我观的设定是有缺陷的，自由主义权利伦理没有意识到自我是根植于并部分地由并非我们选择的道德承诺和公共价值所构成的。这种原子式自我设定根源于当代自由主义者把自我与社会共同体进行了有害的割裂。新自由主义的代表诺齐克和罗尔斯都认为，社会是由各自有其自身利益的个体所组成的，由于每个人不得不走到一起，他们就共同协商来制定公共生活的准则。麦金太尔对此做出了批判，他认为自由主义权利伦理都坚持“个人第一、社会第二，而且对个人利益的认定优先于、并独立于人们之间的任何道德的或社会的联结结构”[①]。在社群主义看来，自我是在他所处的共同体中形成的，不可能脱离人们赖以存在的共同体来讨论自我的目的，个人必须在与他人共享的理想中才能真正实现自己的目的。这些与他人共享的理想成为自我不可分割的构成性要素。与他人共享的理想与目的，不仅构成自我本身，而且因为共同体中的自我与他人一同分享这一目的，从而对共同体起着构成性的作用。我们生活在一个充满价值判断的道德空间里，一个人的社会环境提供了一个不可选择的框架。这个框架规定了有价值的生活形式，任何企图完全以

① ［美］麦金太尔：《德性之后》，龚群等译，中国社会科学出版社 1995 年版，第 315 页。

个人选择的生活计划而生活的想法是不现实的，也是不可能的。

二 “德性优先于规范”

社群主义的“德性优先于规范”的原则，是在对新自由主义主张的“自由（权利）优先于德性”的批评中形成的。以罗尔斯为代表的新自由主义权利伦理认为，正义是保障个人自由权利得到实现的最重要的原则，正义是社会制度的首要价值，相对于社会其他价值而言，个人的自由与平等具有绝对的优先性。社群主义者则认为，作为公平的正义是一种正当行为原则，但人的正当行为与其道德目的或善是不可分割的。道德原则与道德具有不可分割的天然联系，把作为公平原则的正义看作人类社会的首要价值，这就忽视了道德品格或德性对于人类生活的意义。“道义论的自我由于完全没有品格，在任何严肃的道德意义上都没有任何自我认识的能力。如果说，这种自我不受任何约束，且在本质上被剥离一空，那么，任何人都将无法作为反思的对象而对自己进行自我反思。”[①]麦金太尔认为，正义概念原本有着两种不同的含义：其一是按照优秀或完美（excellence）来定义的正义；其二是按照有效性（effectiveness）来定义的正义。作为一种社会的道德规则，正义既表征一种社会的道德理想，也表示对一种社会合作的有效规则的服从和践行。作为一种个人的道德德性，正义若按照优秀或完美来定义，则表示一种个人的德性品质，即给予每个人以应得的善或按照每个人的功德来给予善的回应的品质。这也就是我们所说的人的公道、正直的品质；而如果按照有效性来定义正义，则正义的德性是个人遵守正义规

① [美]桑德尔：《自由主义与正义的局限性》，万俊人等译，译林出版社2001年版，第217页。

则的品质。“对于那种被设计用以服务于有效善的正义来说，一个完全正义的人恰恰只不过是一个永远遵守正义规则的人；而在存在一组强制性地规定了每一个人在追求其特殊利益时对每个他人的要求的规则之前，这种正义缺乏任何内容。当这些规则获得其内容时，正义的美德无外乎遵守这些规则的品质。”“正义美德与正义规则的关系互不相同，但对于两者来说，下面这一点却是一样的，即：不仅作为美德的正义是整个美德范畴中的一种美德，而且，无论是在社会秩序中树立正义，还是在个体身上把正义作为一种美德树立起来，都要求人们实践各种美德，而不是实践正义。这些支撑着正义的美德（justice-sustaining virtues）的范例是节制、勇敢和友谊。而这些美德中的每一种美德都被人们从两种选择性的立场出发作了不同的设定。”①

在社群主义看来，新自由主义权利伦理主张的不预设任何特定的善的概念的原则，实际上是把正义原则视为一种超越时空的具有普遍价值的原则。从这个意义上来说，新自由主义权利伦理在规范与德性的关系上，主张规范优先于德性。麦金太尔认为，道德的原始含义的确含有行为规则或实践训诫的含义，但它首先是指个人的品格或德性。他认为，对于个人来说，不应当是规范优先，而应当是美德优先。在麦氏看来，包括正义原则在内的所有道德原则的证明或争论都与其历史起源及发展相关：“它的不同部分源于这个传统的不同发展阶段，因而在某种意义上这个概念本身体现了历史，它是历史本身的产物。”②由于历史和传统是丰富多样的，这就决定了正义原则或道德观念的多样性；包括正义原则在内的所有道德观念都应被理解为传统构成的，是后天形成的，而不是先验的。正义原则应从特

① [美]麦金太尔：《谁之正义？何种合理性？》，万俊人等译，当代中国出版社1996年版，第56页。

② [美]麦金太尔：《德性之后》，龚群等译，中国社会科学出版社1995年版，第235—236页。

殊共同体或传统中人们共同信奉或广泛分享的那些价值中汲取其道德力量，共同体的价值规定着何为正义、何为不正义。

社群主义认为，新自由主义权利伦理极力推崇的正义，并不像他们所津津乐道的那样，正义最多只能被看作是当更高的社群美德已经消退后才需要的救助性的美德，它的作用并不持久。为了证明这一点，社群主义者反驳了自由主义所诉诸的休谟提出的“正义的环境就是保证正义德性的条件”的观点。罗尔斯认为，正义的环境有两种：客观的和主观的环境。前者主要指各种自然资源的中度匮乏这一客观事实，后者指每个主体都有着不同的利益和目的。这就意味着每个人都有着一个各不相同的生活计划或善观念，而且每一个人都认为这是他值得追求的。罗尔斯在强调这一点时做了如下的假设：每个个体之间是无利益关联的，他们只关心如何增进自己的善观念，而不关心别人如何，而且，实现他们自身的目的并不意味着他们彼此都受一些更为优先的道德联系的约束。“只要相互冷淡的人们对中等匮乏条件下社会利益的划分提出了相互冲突的要求，正义的环境就算达到了。除非这些环境因素存在，就不会有任何适合于正义德性的机会；正像没有损害生命和肢体的危险，就不会有在体力上表现勇敢的机会一样。”[①]正义环境就是促使正义德性产生的条件。一旦缺乏这些条件，正义这一德性将会丧失效力。如果没有这样的环境，正义德性甚至不可能被人们所追求。“但是一个人类社会却具有正义环境的那种特征。”[②]如此，正义德性就成为人们所需要的。

社群主义认为，罗尔斯对原初状态的这种经验主义解释与他义务论的观点是相矛盾的。因为，如果正义因其是德性而依赖于某种经验的先决条件的话，那就无法说明如何能够无条件地坚持正义的优先性了。罗尔斯表

① [美]罗尔斯：《正义论》，何怀宏等译，中国社会科学出版社2001年版，第127页。
② 同上书，第129页。

示，他对正义的环境的说明基本上是从休谟那里借用来的，他对休谟关于正义的环境并没有增加什么重要的东西。“但是，在道义论的意义上，休谟关于环境（条件）的理论并不能支持正当的优先性。它们毕竟是一些经验条件。”[①]为了证明正义之于其他德性的绝对优先性，罗尔斯就不得不既要说明正义的环境出现在所有的社会中，又要解释正义出现所达到的程度，以至于正义德性总是比任何德性更为充分和广泛地被人们所接受和采用。相反，这只能意味着正义只是某些社会的首要德性，而非一切社会的普遍价值。换句话说，正义只是在调节那些互无利益关涉的各方之间的冲突要求时，才具有更为紧迫的社会优先性。社群主义认为，这一观点应该需要社会学的支持。“如果罗尔斯的意思是把正义的首要性建立在这样一种（经验的）普遍化基础之上的话，那么，他至少需要相关的社会学支持。而仅仅断言‘正义之环境正是人类社会的特征’是不够的。”[②]因为，社会学家可能会提出这样的看法，在现代工业文明的消费主义刺激下，人类所拥有的能源和其他资源越来越短缺，另外，人们在形成共同的目标上也越来越难。这就使得正义的调节作用日益显得迫切，就此而言，正义确实具有对其他德性的优先性。

社群主义认为，假如我们设想，在现代社会存在一些其成员的价值和目标非常一致的、更为亲密的、固定的联合体中，也足以能够产生正义的环境和条件，虽然是比较低的程度上存在这样的可能。这样的联合体可能包括各个领域，比如部落、邻居、城市、乡镇、大学、商业联合会、民族解放力量和已经建立的民族主义，还有多种多样的种族、宗教、文化和语言的共同体，而这些共同体具有或多或少能够明确界定的共同目标和追求。正是因为有这样的属性存在，在一定的意义上，可以证明正义的环境条件

① [美]桑德尔：《自由主义与正义的局限性》，万俊人等译，译林出版社2001年版，第37页。
② [美]桑德尔：《自由主义与正义的局限性》，万俊人等译，译林出版社2001年版，第38页。

的缺乏。在这样的联合体中，虽然我们不能完全排除存在正义的条件，但正义的环境条件似乎并不占主导地位，至少很难说正义比其他的德性更受人们的青睐。因此，罗尔斯在原初状态的经验主义解释中表明，正义只是在那些被大量分歧所缠绕的社会里方能显示出其优越性，正义才是优先于其他德性。所以，在社群主义看来，自由主义者所主张的正义原则只能看作是一种补救性的美德，正义在道德上带来的好处在于，当社会陷入堕落状况时需用它来做修理的工作。桑德尔认为，正义的补救性质蕴含着另一系列至少是具有同样重要性的美德。为此，他采用了休谟关于道德起源的论证。"正义起源于人类协议；这些协议是来补救由人类心灵的某些性质和外界对象的情况结合起来所产生的某种不便的。心灵的这些性质就是自私和有限的慷慨；至于外物的情况，就是它们容易转移，而与此结合着的是它们比起人们的需要和欲望来显得稀少……如果自然大量供应我们的一切需要和欲望，那么，作为正义的前提的利益计较便不能再存在了，而且现在人类之间通行的财产和所有权的那些区别和限制也就不需要了。把人类的慈善或自然的恩赐增加到足够的程度，你就可以把更高尚的德和更有价值的幸福来代替正义，因此使正义归于无用。"[①]"因而，公道或正义的规则完全依赖于人们所处的特定的状态和状况，它们的起源和实存归因于对它们的严格规范的遵守给公共带来的那种效用。"[②]在社群主义者看来，正义只是一种矫正性价值，它的首要性和优先性是虚假的。

通过对新自由主义权利伦理的批评，社群主义确立了"目的先于自我"和"德性先于规范"的原则。他们认为："正义并非如自由主义者所宣称的是人类的最高价值，相反，它只是特定的，人类关系恶化之后的德性，是

① [英]休谟：《人性论》（下卷），关文运译，商务印书馆 1980 年版，第 534—535 页。

② [英]休谟：《道德原则研究》，曾小平译，商务印书馆 2001 年版，第 39 页。

陌生人之间的道德原则。”[①]因为在这样一个社会中，人们都是从自我利益出发的，人们之间的利益冲突成了首要问题，调节这种冲突需要正义规范；而在一个诸如家庭、朋友、宗教等共同体中，由于人们拥有共同的价值目标，共同体的成员对共同体的利益能普遍共同分享，如此，追求共同的善，相互关爱等德性就成为人们首要的目标，在这样的一种共同体中，正义将失去它的作用。

新自由主义权利伦理与社群主义伦理的争论所涉及的内容远非这一点，我们只是从论题需要的角度选择了这一问题。“从根本上说，现代伦理知识的合法性危机并不只是一个学术问题，而是一个社会伦理问题或道德实践问题。”[②]事实上，新自由主义权利伦理与社群主义伦理都是为现代性道德的知识合法性危机和现代性道德生活的困境寻求一种合理的出路，只是他们的理论视角不同而已，对于以罗尔斯为代表的新自由主义者来说，他们的伦理学志向是现代性的、理性主义的，而对于以麦金太尔为代表的社群主义者来说，只有通过重返历史，才可能找到“现代性道德言谈”所浸淫既久的抽象普遍理性主义迷妄的解毒剂。[③]就此而言，新自由主义与社群主义并不是针锋相对的，它们在理论的宗旨上是殊途同归的。诚如桑德尔所言，“问题不在于权利应不应得到尊重，而在于权利能不能以一种不以任何特殊善观念为先决前提的方式，而得到人们的认同和正当合理性证明”[④]。

不可否认，在社会化程度空前增高、社会分层扩大、社会结构和社会

---

① 包利民：《现代性价值辩证论：规范伦理的形态学及其资源》，学林出版社 2000 年版，第 193 页。

② 万俊人：《现代性的伦理话语》，黑龙江人民出版社 2002 年版，第 17 页。

③ 参见万俊人《现代性的伦理话语》，黑龙江人民出版社 2002 年版，第 17—28 页。

④ [美]桑德尔：《自由主义与正义的局限性》，万俊人等译，译林出版社 2001 年版，第 226 页。

关系越来越复杂的情形下，健全合理的制度规范和有效的操作程序确保了现代人类社会秩序得以顺利地发展。现代人在社会生活中表现出来的被动性和刻板性，他们对自我人生关系的疏远感，人际关系的淡化，个人自我内心情感、欲望、意愿和信念的复杂化等，这些足以说明，社会化、普遍规则化的道德规范无论多么周全，永远无法满足人类道德生活的需要，也不能彻底解决人类道德行为中的全部问题，更难以解决每个人内在自我遇到的各种疑难。“因此，伦理学作为一门特殊的人学，不但要寻找到人们行为的正当合理性标准，建立起社会普遍适用的道德准则规范系统，而且也要关照每个人的精神和人生理想，给人类提供某种深刻的内在道德关照和终极人生关怀。从这一意义上来说，新自由主义伦理学与共同体主义伦理学各自把握到了真理的一个方面。”[①]关于社群主义伦理的局限性，我们将在下文涉及麦金太尔的德性论时再做批判考察。

第二节　麦金太尔的德性论

麦金太尔在其名著《德性之后》一书中对现代西方道德生活和道德理论存在的问题展开了猛烈的批判。他从现实社会和理论的历史变迁中考察了现代社会道德秩序失范的原因。从现实社会来说，人们通常把摆脱了身份、等级和出身等封建传统对个人的约束的现代的自我的出现看成是历史的进步，麦金太尔却认为，这恰恰是德性伦理失落的最深刻的

① 万俊人：《比照与透析：中西伦理学的现代视野》，广东人民出版社1998年版，第298页。

根源所在。从道德理论的流变来说，自思想启蒙运动以来，以理性为支撑构建的各种道德理论，包括休谟的情感主义道德，康德的形式主义道德，克尔凯郭尔的选择论，边沁、密尔的功利主义，西季威克、摩尔的直觉主义理论对于道德合理性的努力，都没有确立道德的合理权威，都经不起理性的驳难，因此都不可避免地陷入了失败的命运。故而当代道德出现了岌岌可危的状况，这主要表现在：一是现实社会生活中道德判断的应用，是一种纯粹主观化和情绪化的表达；二是个人的道德立场、道德原则和道德价值的选择，是一种没有客观依据的主观选择；三是从传统的意义上，德性已经发生了质的变化，并从以往在社会中占据的中心地位退居到生活的边缘。他认为，当代西方道德衰退的根本原因是："这一失败本身就不过是摒弃亚里士多德的传统的一个历史后果。"[①] 因此，要清楚认识当代道德危机的性质，就必须追溯这个传统。从传统中提出这一德性理论，揭示其生命力，使它成为活生生的传统，以补救现代社会，这就是他打算完成的任务。对此，他在《德性之后》的第二版的跋中指出："几乎毋庸赘言的是，《德性之后》的中心论点是，亚里士多德的道德传统是我们具有的一个传统的最好例证，它的追随者们完全有资格在一个很大程度上对它的认识论的和伦理的资源抱有信心。"[②]

麦金太尔提出了一个系统的德性论来取代现代性伦理。他的体系的立足点是古典德性论资源。在对英雄社会德性、雅典的德性、中世纪德性考察的基础上，认为这些德性的践行都与社会共同体相关联，因而都属于古典的德性。他在实践概念的基础上提出了自己的德性概念。"德性就是一种获得性品质，这种德性的拥有和践行，使我们能够获得实践的内在利益，

① [美]麦金太尔：《德性之后》，龚群等译，中国社会科学出版社1995年版，第148页。

② 同上书，第349页。

缺乏这种德性，就无从获得这些利益。”[①]简单地说，德性就是获得实践内在利益的品质。在他看来，德性并非现代性中不知根底、任意灌输的碎片，而必须根植在一系列自下而上的背景之中，他的德性论有一致连贯的三个方面，即“实践——整个人生——传统”。以下我们将对这些概念做出适当的评述。

一　德性与实践的关系

实践就是通过一定的人类协作活动方式，在追求这种活动方式本身的过程中，获得这种方式的内在利益。在麦金太尔看来，实践是德性的最初立足之地。所谓实践是指“通过任何一种连贯的、复杂的、有着社会稳定性的人类协作方式，在力图达到那些卓越的标准——这些标准既适合于某种特定的活动方式，也对这种活动方式具有部分决定性——的过程中，这种活动方式的内在利益就可以获得，其结果是，与这种活动和追求不可分离的，为实现卓越的人的力量，以及人的目的和利益观念都系统地展开了”[②]。他举例说明什么是实践。比如，投掷一个好球不是“实践”，球赛则是。砌砖不是实践活动，而建筑则是。栽萝卜不是，但种地是。每一种实践都有自己优秀的标准，而人们的实践活动无非是为了体现或满足这些优秀的标准，这些优秀的标准也可以说构成了人类美好生活的标准。在麦金太尔看来，德性就是能够满足这些优秀标准的品质。事实上，在麦金太尔本人的各种著作中，他的德性论有着特定的本体论和价值论设定，我们可以把它概括为：“生活第一，内好第一，共同体第一。这些理念是内在统一

① [美]麦金太尔：《德性之后》，龚群等译，中国社会科学出版社 1995 年版，第 241 页。
② 同上书，第 237 页。

的。德性是内在的好，这只有对于生活、共同体才有意义。”①

麦金太尔本人指出，他这里的“实践”概念与一般意义上的实践概念用法不完全相同，也与他自己在定义此概念之前所使用过的实践概念不同。②对实践概念的理解主要在于他关于实践的内在利益和外在利益的区分上。所谓“实践的内在利益”就是某种实践本身内在具有的，除了这种实践活动，其他任何的类型的活动不可能获得。因而这种利益只有依据参加那种特定活动的实践所取得的经验才可识别和判断，那些缺乏相关经验的人是无法判断的。换句话说，如果不从事某种实践活动，人们就无法获得这种利益。所谓“实践的外在利益”，就是在一定的社会条件下，人们通过任何一种形式的实践（并非某种特定的实践）可获得的权势、地位和金钱。外在利益所获得总是某种个人的财产和占有物，它的特征是某人得到的更多，就意味着他人得到的更少。“因此，外在利益在本质上是竞争的对象，在竞争中，既有胜利者，也有失败者。”③比如，下棋就有自身的乐趣和魅力。这就是下棋这种实践活动的内在利益。对职业人员来说，下棋也是谋生的手段，也可以获得名誉、金钱和地位等。但这些都属于下棋这种实践活动之外的利益，即外在利益。下棋并非是获得这些利益的唯一手段，所以，它们是外在的、偶然的。相较于外在利益，实践的内在利益则只能通过该实践的活动才能获得。这里包括两个层面的含义：首先，这种好处离开了该种实践活动就无法得到说明；其次，只有参与到该种实践活动中，有了经验，人们才能识别

① 包利民：《现代性价值辩证论：规范伦理的形态学及其资源》，学林出版社 2000 年版，第 196 页。

② 一般意义上的实践主要是在两个维度来理解的：在日常生活中，实践就是实行或行动，它指的是人们实现某种主观目的的活动；在哲学原理中，实践就是指人能动地改造客观世界的活动，是人所特有的对象性活动。参见李秀林等主编《辩证唯物主义和历史唯物主义原理》（第 4 版），中国人民大学出版社 1995 年版，第 73 页。

③ [美]麦金太尔：《德性之后》，龚群等译，中国社会科学出版社 1995 年版，第 241 页。

或认识这种好处。比如，下棋本身的快乐是内在于下棋活动中的好处，如果不懂下棋、不参与下棋的实践活动，是无法得到和体验这种内在好处的。

麦金太尔认为，实践的外在利益和内在利益并非总是一致的，它们经常处于对立和相互冲突之中。而德性指的是有利于获得实践的内在利益的品质，而不是获得外在利益的品质。由于实践活动不可能是孤立的，实践者总是处于和其他实践者的相互关系之中，因此，“我们不得不把正义、诚实、勇敢的德性看作是有着内在利益的任何实践和卓越的标准之必要成分而接受，因为如果不接受这些德性，而愿像我们所想象的孩子，在下棋初期时那样去打算骗人，就要远远地被排除在卓越的标准和实践的内在利益之外，除了这是获得外在利益的诡计外，这种实践毫无意义”[①]。

二　德性与个人生活整体的关系

麦金太尔认为，称一个人有一种德性，就应当希望他在不同场合中表现出来，而一个人生活中的一个德性的整体，只有在他的生活整体特征中才可能体现出来。“没有一个至上的整体生活和目的概念，某些个别的德性概念必定仍然是部分的、不完全的。”[②]除非有一个目的，它超越所有实践的利益，作为一个整体的人的生活的善，否则对德性的理解就是不完善的。麦金太尔认为，任何一种东西，包括行为和德性，如果离开了它所处的环境和历史，就会变得无法理解。要想确定和理解别人的行为，我们必须将它们放在行为者所讲述的故事的历史或环境之中。一个行动只是一个历史

① [美]麦金太尔：《德性之后》，龚群等译，中国社会科学出版社1995年版，第242页。
② [美]麦金太尔：《德性之后》，龚群等译，中国社会科学出版社1995年版，第255页。

中的一个情节。我们生活在故事或故事的历史中，所以只有将我们的行动放在故事的历史中，才能得到理解。人本质上都是讲故事的动物。行动者既是故事的作者，又是故事中的主角。行动者的行为和经历本身就构成了故事的情节。每个人不能从他们满意的地方开始他们的故事，也不能随心所欲地发展他们自己的故事，因为，每个人的故事影响着他人，也被他人的故事所制约。“不可预言性和目的论作为我们生活的要素合并存在着；因此，我们的生活叙述有着不可预言性和部分目的性的特征。”①

在麦金太尔看来，一个人的生活是一个统一体，这个统一体是体现在其生活中的一个故事的整体。事实上，在追问什么是对一个人好的就等于是在追问这个人怎么样才能最好地过完自己的一生。人的一生是一个不断追寻的过程，而没有最终目的的概念，这种追寻是无法理解的。所以，我们就需要善的概念。“确切地说，恰恰这样一些问题使得我们企图超越在实践中和通过实践而得到的各种德性的有限概念，又因为那种能够使我们整理我们的利益的善的概念，将能够使我扩大对德性的目的和内容的理解，将能够使我们理解到生活的整体性和连续性的地位，因而正是对这种善的寻求过程，我们才初步把这种生活界定为对善的一种寻求。”②所以，麦金太尔在对德性作了进一步的补充说明，“德性必定被理解为这样的品质：将不仅维持实践，使我们获得实践的内在利益，而且也将使我们能够克服我们所遭遇的伤害、危险、诱惑和涣散，从而在对相关类型的善的追求中支撑我们，并且还将把不断增长的自我认识和对善的认识充实我们”③。

① [美]麦金太尔：《德性之后》，龚群等译，中国社会科学出版社1995年版，第272页。
② [美]麦金太尔：《德性之后》，龚群等译，中国社会科学出版社1995年版，第276页。
③ 同上书，第277页。

三　德性与传统的关系

在麦金太尔看来，一个人自己是无法寻求善或实践德性的。每个人本身都是具体社会身份的承担者，一个人可能扮演不同的社会角色，凡是对这个人好的事情必定对那些处于这些角色中的任何人都是好的。一个人所扮演的角色有着既定的条件，所以，一个人是继承这些角色的。这些构成角色的既定条件也构成道德的起点和道德的具体内容。自我必须通过自己作为共同体的一员来找到自己的道德位置，但这并不意味着它必须接受这些共同体的具体的道德规范。“共同体的生活是一切道德的源泉。规则之类只有从服务于总体的生活中才能获得其意义。”①具体的道德规范是我们的出发点，我们由此出发来寻求普遍的善。作为寻求实践内在利益的德性是构建传统的因素，同时，又把德性看成是由传统所构建的，这是因为，道德不是抽象的、超历史的，道德就存在于持续着的传统中。而传统的维持就是德性的维持。同时，德性的维持也维持着传统。只有相关德性的践行，才可能使得传统得到维持和强化。

麦金太尔认为，一个活生生的传统是对历史上承前启后并且体现了相互关系的某种论证，这种论证的一个重要部分是关于利益的论证，而这些利益构成传统。个人的实践或对利益的追求都在传统所限制的范围之内。为了理解这些传统，我们必须将其放在更大范围的历史和传统中考察。“如果要获得实践的多种内在利益的话，德性就要维持那些必需的关系，而德性不仅在维持这些必须的关系中，也不仅在维持个人生活的方式中——在这种方式中，个人以他的整体生活的善（利益）作为他的善（利益）来寻

---

① 包利民：《现代性价值辩证论：规范伦理的形态学及其资源》，学林出版社 2000 年版，第 200 页。

求——有它的意义和作用，而且在维持那些把必然的历史关联条件提供给实践和个人的传统中有它的意义和作用。缺乏正义，缺乏真诚，缺乏勇敢，缺乏相关的理智德性，就无法维持一个传统。"[①] 换句话说，德性也是维系一个传统的品质。

通过对"实践——整个人生——传统"这三个环节及其相互关系的讨论，麦金太尔总结出了德性的全部含义：德性就是有助于我们获得实践内在利益的品质；德性就是有助于我们过美好生活的品质；德性也是有助于维持一个传统的品质。

在麦金太尔看来，传统和文化决定了德性，也决定了我们的道德生活。然而，现代社会个人生活已经不是一个整体，个人生活已经被撕成碎片化的状态，在生活的不同空间和时间有不同的品性要求，而作为生活整体的德性已经没有存在的余地了。进入现代社会，具有内在利益的实践概念和人类生活整体这样一些背景概念从大部分人类生活领域撤退和隐匿，结果就是对亚里士多德哲学的坚决抛弃，同时社会变迁的这种结果就使得德性丧失了社会背景条件，从而使得传统意义上的德性退居现代社会的生活边缘。这样，德性的概念由原来"复数的德性"变为"单数的德性"了。德性不再依赖某种别的目的，不再是为了某种别的"好"而被实践了，而是为了自身的缘故，有自身的奖赏和自身的动机。如此，道德就向非目的论的、非实质性的方向发展了，不再有任何共享的实质性道德观念了，尤其不再有共享的"好"的观念。于是，规则的概念在现代个人主义道德中获得了一个新中心性，于是新的德性概念随之出现，各个德性现在的确也被看作具有了一个新的角色和功能。能保障产生服从道德律的规则和法律的性情是德性，公正的德性只是服从公正规则的性情，因为德性只不过是服

① [美]麦金太尔：《德性之后》，龚群等译，中国社会科学出版社 1995 年版，第 281 页。

从规则所必需的倾向、性情、品质。康德的义务论伦理和密尔的功利论伦理承接的正是这一思路，以罗尔斯为代表的当代新自由主义权利伦理则把德性直接界定为道德原则。“一旦正当和正义原则被确立，它们就可以像在别的理论中一样用来确定道德德性。德性是由一种较高层次的欲望（在这种情况里就是一种按相应的道德原则行动的欲望）调节的情感，这些情感亦即相互联系着的一组组气质和性格。”①功利和权利概念打倒德性并占据其中心地位，在现代人的生活中，德性已经成为实现外在利益的工具。所以，现代社会正处于“德性之后”的时代，一个不再有统一的德性观、价值观的时代。麦金太尔认为，尼采敏锐地意识到了当代道德秩序的混乱和无序特征，看到了抛弃亚里士多德目的论而为道德另觅根据的努力都流于破产，并提出了他自己的强力意志说和超人理想，走向某种非道德主义乃至德性虚无主义的歧途。

麦金太尔认为，当代道德危机根源于从外在的道德规则去要求人们的行为，而没有从德性与实践的内在善、德性与个人生活的统一性、德性与社会传统生命力的内在品性、内在关系出发。因此，重新赋予人类行为以统一性、用可以引人走向更大更好的善的实践所具有的目的性来给人的生活以灵魂，使其存在有所据，使行为有所本，使人提升，促人超越，这就是走出伦理困境的方向——把德性带回人间，还于实践，联结共享善的社团。“如果德性传统能在上一个黑暗时代的恐怖下继存下来，那我们就不会完全失去希望的基础。”②

① ［美］罗尔斯：《正义论》，何怀宏等译，中国社会科学出版社 2001 年版，第 190 页。

② ［美］麦金太尔：《德性之后》，龚群等译，中国社会科学出版社 1995 年版，第 330 页。

第三节　对麦金太尔德性论的批判

这里有一个问题需要明白，在进入现代社会以来，西方传统德性伦理是否真的出现了断裂的现象？这一断裂是发生在文化思想层面还是实际的道德生活层面，还需要我们做理性和深入的辩证。事实上，在实际的道德生活层面上，西方传统德性伦理一直是支撑人们精神信念的重要组成部分，因为西方一直有基督教的传统，而基督教从某种程度上是维系伦理道德的屏障，只要基督教没有从人们的精神生活中撤退，传统道德就不会出现连根拔起的现象。我们认为，麦金太尔所说的传统德性伦理的断裂只能是文化意义上的，关于这一点，我们已经在前面做了较为细致的分析和讨论。应该说，麦金太尔对于现代西方社会道德理论的诊断是过于严重的，对道德生活现状的批评言辞也是过于激烈的。麦金太尔主张通过建立一种教团以保持传统德性的努力，我们认为这只是一种良好的愿望而已。但是，作为一位真正有思想穿透力的哲学家来说，他向我们揭示了西方社会自思想启蒙以来抛弃德性传统、全面功利化的工业文明给人们精神生活带来的自身无法克服的道德困境。从这个意义上，现代德性伦理的重大意义在于它对社会道德的诊断，而不在于它提出的救治现代社会道德生活的所谓“回到传统德性中去”的努力。

对于麦金太尔德性论的批评，我们主要从两种意义和三个层面来展开。就两种意义而言，即对他的德性论中合理成分持肯定态度，而对他的德性论中与我们论题相关的不合理成分持否定态度。三个层面也即本节所讨论的问题：一是对他主张的德性与传统的关系的肯定；二是从现代性的角度，对他“回归共同体以拯救现代德性”的批判；三是对他主张“托马斯的德性论是亚里士多德德性传统的一个重要的组成部分”的批判。

一　麦金太尔德性论的理论启示与限度

麦金太尔认为，他的德性理论至少在三个方面是亚里士多德主义的。首先，就理论的完整性来说，亚里士多德德性论中所包括的诸如意愿、理智德性与伦理德性的区分、两种德性与能力和情感的关系、实践理性的结构等核心概念，在他的德性论中也作出了必要的探讨。其次，他的德性论能容纳亚里士多德关于愉快与快乐的论点。比如对于一个下棋或踢球很在行的人来说，他在下棋或踢球中将获得乐趣，在这种本质上是因成功和成功的活动而快乐的。最后，麦金太尔以一种实质上是亚里士多德主义的方式，把事实说明和道德评价联系起来的。“从一种亚里士多德主义的立场去识别某种行为是表明了或是没有表明一种德性或多种德性，这决不是评价，而且，这是迈向解释为什么履行这些行为而不履行另一些行为的第一步。”[①]在麦金太尔看来，德性的目的主要体现在三个方面，它不仅体现在实现各种内在于实践的善所必需的人类合作关系上，不仅体现在一个人寻求作为他整个生活之善的生活形式上，而且还体现在给实践生活和个人生活提供它们必需的历史背景的那些社会传统上。如此，在他的德性论中，德性、道德与个人、社会的生活实践这几个方面成为不可分割的统一体。“这样，道德、德性就是实践的内在品格，它也只有通过人们的实践活动才可达到。”[②]

麦金太尔把实践加入实践哲学的这一思维路径，对于消除西方分析哲

① [美]麦金太尔：《德性之后》，龚群等译，中国社会科学出版社1995年版，第251页。

② 高国希：《走出伦理困境》，上海社会科学院出版社1996年版，第140页。

学把道德逻辑化和主观化的弊端，对于扭转元伦理学家因为过于注重对道德语词的分析而把伦理学变成了一种学院式的空谈，使得伦理学的研究重新回归到现实生活中来，使得德性融入生活实践，具有非常重要的意义。事实上，伦理学本身就是非常注重实践的科学。就这个意义上来说，他的德性学说是对伦理学的一个巨大贡献。麦金太尔用实践活动所带来的内在利益与外在利益深刻地说明了实践作为人的本质的存在方式具有总体性，它是人的功利活动与伦理活动的统一。本来人就是一种两重性的存在物，他既有自然的一面又有自为的一面，而且自为的一面是以自然的一面为基础的。因此，人的实践活动必然包括两个基本方面，一方面是由自然必然性决定的人谋求生存的功利活动；另一方面是由人自己的意志决定的真正属于人的伦理活动。可见，人的实践活动既包括现实的维度也包括形上的终极关怀的维度，其中人类的终极关怀作为人类追求的最终意义，理应贯穿于人类实践活动的始终，这种超越性赋予人的活动以高于现实的理想性，赋予人的实践活动以深远广阔的伦理意蕴。只有在这种意义之光的普照下，人类日常本能的、功利的活动才成为属人的活动，人自然的一面才能和自为的一面统一起来，从而实现向着神性的超越，这样，实践活动才是真正意义的人的活动。否则的话，这种活动就仅仅是活动，甚至是单纯的动物性活动而不是实践。

麦金太尔认为，德性在起源上是与实践紧密相关的，德性归根到底是具有内在利益的实践所需要的品质。但是在现代人的生活中，道德让位于认知，实践活动沦为实现外在利益的工具。这样，人就会变成被物异化的人，成为只追求自己的私利，缺乏德性的单向度的人。因此，要使人获得全面发展，就必须重视实践活动的内在利益，必须将德性还给实践。麦金太尔虽然重视内在利益，但并没有完全否定外在利益。他只是在过分追求外在利益的社会中，呼吁重视内在利益。外在利益是一个社会发展的驱动因素，是不可或缺却可以正确引导的，内在利益既有利于群体，又是个人发展的精神力量。如果一个社会的发展坚持以德性为导向，既重视精神文明的建设又重视物质文明的发展，那么，社会发展和个人发展的方向就会一致，内在利益和外在利益也会是统一的，这样，一个社会的发展就是以人的全面的、自由的发展为目的。在今后的发展中，我们应着重强调德性在现代社会中不可替代的社会价值，在满足人们对外在利益追求的同时，积极引导人们从个体层面寻求德性带来的内在精神满足感，如正义感、崇高感以及从对他人和集体的奉献中体验到的内心的充实感等，即麦金太尔所谓的“内在利益”。这样，内在利益和外在利益就统一起来了，社会的进步和个人的发展也同时获得了一致，这才真正体现了社会发展的实质即人的全面和自由发展。

麦金太尔主张德性与整个人生和传统的关系，对于我们思考现代社会中德性与自我的完整性、德性与传统的再生性具有很好的启示作用。在麦金太尔看来，现代社会中的自我是没有任何实在性的自我，它是一种不具任何必然的社会内容和社会身份的民主化的自我。这是因为，自我在获得“解放”的同时，已经丧失了传统德性的根基。正是因为这种丧失，进入现代以来，客观的、非个人的道德标准才无处寻找，道德的标准才只能出于自己，自我才被消解为它的一系列分离的角色，散布在不同的领域。所以，麦金太尔在建构他的德性概念时，把每个人的生活看作一个整体，还维持着个人自我的完整性。麦金太尔的上述言论是具有很强的现实意义的。随着现代化的推进，一个统一意义上的自我由于涉足于不同的领域而呈现出多维性。如果我们只满足于集多种社会角色于一身的自我遵从不同领域的不同道德规范，而不顾自我的人格完善，则必然使我们在面临不同角色道德选择的冲突和矛盾时导致自我在道德领域的分离。这种分离不仅会导致“公共领域”的道德缺失，也会使个体被肢解，丧失人的完整性。因为各个领域的规范只是一种外在的约束，只能保证人行为的正当性，而行为正当的人并不一定是道德的人。如果一个社会只注重人行为的正当性，而在人的品格完善方面保持沉默，这无疑会导致个人追求自我完善维度的丧失，从而导致人本身的丧失。“一个遵守正义规则的人未必是一个正义的人，因为他可能只是由于惧怕惩罚而遵守正义规则……只有当人们不仅拥有关于正义规则的知识，而且拥有认识和实践这一规则的能力和自觉性时，他才能成为一个既自觉遵守正义规则，又具有正义德性的人。”[①]可见，完整的自我应是一个具备德性资源的自我。再者，各个不同领域的规范不是真正意义上的道德，而且这些规范还可能会相互冲突，缺乏一致性，使人无所适从。而德性却能在非常不同类型的环境中有一致的表现。另外，由于现实生活的复杂，势必出现没有现成规范可循的情况，这时人内心的德性资源就要发挥重要作用。由此可见，个体具备了内在的德性，不仅能整合不同道德领域的冲突，而且还能以不变的德性应对复杂多变的道德生活，选择和实施合理的道德行为，使主体的德性能在不同类型的环境场合和谐一致地、整体化地表现出来。

麦金太尔指出，德性是使传统得以维持的东西，整个人类社会就是靠德性传统维系成一个延续的从过去到现在再至将来的人类生活的整体。这表明，传统是靠德性维持的一个活生生的连续体。传统既存在于历史中，又是历史的延续。麦金太尔的这种观点对于我们如何对待中国传统文化颇有启示。如果我们将中国的传统文化仅仅看作是过去，是一种已经完成了的东西，那么，我们对待传统的态度不是打碎就是简单地接受。然而，如果我们把中国的传统文化看作是一个开放的、尚未完成的叙事，是一种面对未来正在形成的东西，那么，我们对传统的继承就是延续、活化，就是

① 俞可平：《社群主义》，中国社会科学出版社 2005 年版，第 123—124 页。

一种面向未来的创造。面对我们悠久、灿烂的德性传统资源，我们在现代化的进程中，应在厘清传统德性价值的基础上，寻找其在现代社会的再生点，使其成为与现代社会相适应的新的美德。

然而，作为麦金太尔德性论中的最为重要的这一实践概念，却显得非常模糊和笼统。比如，他认为个人有技巧地发出一个球不是实践，但进行球赛则是实践；砌砖也不是他所谓的实践，但从事建筑活动却是实践；农民种萝卜不是实践，但从事农作活动则是实践。在这里，种萝卜很难说不是复杂的、协作的、社会性确立起来的活动，而且在种萝卜的活动中完全可以获得麦金太尔所谓的内在利益，这种内在利益是在其他活动中得不到的。因此，种萝卜就很难说不是一种实践。正是由于他的实践概念的模糊性和笼统性，我们很难把一些活动纳入到他的实践概念之中来理解。比如，战争、生产活动、商业活动是否也属于实践，如果它们是麦金太尔所说的实践活动，那么，由此产生的金钱、财富是否也具有内在价值？而这恰恰与他主张的实践活动所获得的金钱是外在利益形成了矛盾。对此，他本人也认为，“我想承认，也许有的实践，只是恶而已，但我很难相信有这样的实践”①。实践概念的模糊性必然导致他德性概念的模糊性。在超越这一点上，马克思主义哲学关于实践概念的理解仍然具有永恒的魅力：在日常生活中，实践就是实行或行动，它指的是人们实现某种主观目的的活动；实践就是指人能动地改造客观世界的活动，是人所特有的对象性活动。实践内在地包含着人与自然、人与社会以及人与自我的关系。

另一方面，过于重视德性与传统的关系的这种思维方式，恰恰也是麦金太尔德性论中最为主要的缺陷。他将德性与传统联系起来，使得他的理论不可避免地具有道德相对主义的特点。道德相对主义者通常认为，道

① ［美］麦金太尔：《德性之后》，龚群等译，中国社会科学出版社1995年版，第253页。

德判断形成于特定的文化、历史、概念背景之中，它们之间存在着天然的内在关联，离开特定的历史和文化背景，道德原则的有效性和权威就会丧失。这样，道德相对主义所具有的问题，同样可以适用于他的德性理论。① 在通常的意义上，对道德相对主义的批评是，如果它是正确的，那么，在文化或传统道德上就是不可误的，不同文化和传统之间的道德分歧和批评就是不可能的，但这显然不成立；道德相对主义无法解释道德进步或道德改革；存在着许多难以否认的普遍的道德原则或普遍价值。对相对主义的后果及其批评，麦金太尔似乎已经意识到了，为了避免这种理论上的矛盾，他努力将德性和实践放到更大范围的文化和传统之中来做解释和说明。实际上，他的这一努力却没有取得成功，其原因就在于他没有对事实判断与价值判断做出必要的区分，而是主张二者是一致的，这样他最终陷入了道德相对主义的泥潭。再者，他实在太注重德性与历史的联系了，这就必然无视德性以及相应的道德观念的独立于历史的相对独立性和确定性，这也造成了我们对道德观念的准确把握。事实上，任何道德观念都有着特定的时代背景和现实土壤作为支撑，不同时代，人们的道德判断和道德选择是有所不同的，企图超越现实生活而寻求一种放之四海而皆准的道德价值观念的思维注定是要失败的。现代伦理及其理论的社会意义要从现代伦理道德与现代社会的内在结构上来把握。功利观念的中心性是现代社会的内在结构所致，实际上，作为现代社会的社会系统基础结构的市场经济，其合

① 道德相对主义有三种主要的形式：第一种是我们通常所说的“描述性的道德相对主义”，这种观点认为，作为一个事实问题，不同的个体或社会信奉不同的伦理规范，按照多种多样、互不相容的道德标准和道德信念去行动。这种相对主义主要依赖于人类学家和社会学家作出的经验观察。第二种是“规范性道德相对主义”，它主张道德正确性的标准应该按照不同社会的社会规范和伦理规范来加以确定，而且只有相对于那些规范才具有有效性。这种相对主义经常假设不同社会的成员作出的道德判断是不可通约的。第三种是“元伦理的相对主义”，这一观点主张在道德领域中，不可能有客观的、绝对的和普遍的判断，而且，这是道德领域的本质所决定的。这种相对主义其实是对道德实在论的坚决否认。参见徐向东《自我、他人与道德：道德哲学导论》（上册），商务印书馆 2007 年版，第 44—45 页。

理性和支配性的价值观念，即工具理性和功利观念，已经扩展到包括私人生活领域的生活世界。要从根本上改变这一社会结构，这似乎是很困难的。因此，理性的做法是德性与功利并举，把终极善和普遍善的目标有机地整合进这一结构中去。实际上，在当代西方社会，新自由主义对社群主义所持的通过建立一种教团以保持传统德性的努力的观点进行了全面深刻的批评。

以上我们在对麦金太尔的德性论所具有的现实意义作分析的同时，也指出了他的德性论的理论缺陷，这些缺陷可以归结为三点：一是他的德性论中的实践概念过于模糊和笼统，这就导致了他的德性概念的含糊性；二是他过于注重德性与传统的关系；三是他把实然和应然混为一谈。后两个缺陷导致了他在道德理论上的相对主义，而且使得德性脱离了对现实生活的关注。这些方面注定了他的德性论不可能对现代社会的道德问题做出合理的解释和说明。以下，我们将从历史与现实的角度，对麦金太尔主张“回归亚里士多德传统”是否具有可能性的问题做出批判性说明。

二　对“回归共同体以拯救现代德性”的批判

客观地说，西方德性伦理传统是适应当时的社会状况的，对于维护当时特定的社会秩序的稳定发挥了极为重要的作用，这是因为人的目的、动机、德性的确认和培养需要一个较长的时间和一个较为稳定的环境，而传统社会由于“个人是通过他的角色来识别的，这种角色把个人与各种社会共同体紧密相连，因而把个人与共同体分离开来，就没有实质意义上的个人”[①]。我们可以通过希腊城邦社会的实际状况来加以说明。“希腊是一个极小的‘城邦国家’。其中多数仅有一城及其附郭之地。拿雅典来说，它是希腊诸邦的两大领袖之一，而领土仅有一千万英里，差不多是中国台湾的十四分之一。它的人口，连同奴隶也算在内，至多三十几万而已，真正算得上国民的不到四万人。在这四万人中，有三分之二是女人和小孩子，够得上当兵及出席国民大会资格的才有一万多人。”[②]在这样小的地域空间和人口数额的社会中，社会成员之间的流动性是非常小的，人们相互之间能够得到充分的了解，所以人们对于相互之间的德性与个人修养的水平往往了如指掌。在这种情况下，如果强调一个人的道德品质、道德修养，就能更经济、更有利地维护社会的秩序。这也决定并显示了以德性为主的道德类型与传统社会是相适应的。

另外，亚里士多德传统德性伦理之所以能够实现一定意义上的统一，主要在于当时的社会是一种等级制的社会结构，等级制的社会需要一种等级制的德性观。很显然，一种等级制的德性观也同时意味着它是精英主义的。无论是《荷马史诗》对于德性问题的讨论，还是后来希腊伦理学家对于德性问题的言说，我们很难发现作为一种普通人的统一的德性观。这似乎是问题的关键，对于柏拉图来说，他的正义观恰恰就是对一种等级制的社会秩序的维护，而处于最高层次的人自然是德性完美的体现者。亚里士多德在这个问题上也强烈地表现出了等级主义的倾向：在他的城邦伦理实体中，社会成员被划分为八个等级，而每个等级都有各自的德性。虽然，这种带有等级性的德性观念更多的是一种理论的探索，但它在一定程度上折射了当时的社会现实，我们无法否认在当时社会中确实存在着等级性的道德生活的客观事实。

① ［美］麦金太尔：《德性之后》，龚群等译，中国社会科学出版社 1995 年版，第 17 页。
② 冯作民：《西洋全史》（卷 3），燕京文化事业股份有限公司 1979 年版，第 1 页。

何怀宏教授在对中国传统良心的现代转化问题的讨论中指出：中国传统的德性伦理是一种精英主义的。或许他对这一问题的分析也可以适用我们对西方传统德性伦理的理解，因为无论在西方还是中国，前现代的社会结构都是一种等级制的形态，而维护和调节这一社会道德秩序的主要还是一种建立在个体人格基础上的德性伦理，尽管中西方德性伦理传统在具体问题上的差异是明显的。[①]“传统社会是一个君主制下的精英居上的等级社会，在一般情况下，广大民众不仅与政治权力无缘，与高级、精致的精神文化也是有相当距离的。所以，当时社会道德实际上主要是一种精英道德，一种士大夫道德，而在民众那里，则甚至不是‘道德’（圣贤人格与德性）的问题，而主要是风俗的问题，也就是说，对于民众而言，主要是以君子之德去敦风淳俗的问题，如果有‘民之异秀’能由读圣贤书发展到渴慕圣贤，那他就能上升到君子一级而不再属于‘民众’了。所以，在当时的社会条件下，一种由少数居上位的精英分子信奉的，自我成圣定向的人生哲学就能够同时作为一种社会伦理，起着一种对上格君，对下美名的道德作用，然而，这种道德的精英主义特征也是明显的，不容忽视的。一方面是这种精英道德支持和维系着这一等级社会，另一方面又可以说，这种精英道德也正是慢慢从这一等级制社会中发展起来的。”[②]前面关于德性统一性问题的说明，正好体现了等级制的社会结构是德性得以统一的客观现实原因。

相较于传统社会，现代社会的结构已经发生了全方位的位移和变化。这在社会的政治、经济、文化等诸多领域有着明显的表现。首先，市场经

---

① “中西方德性伦理传统的文化特征比较”原本是我本书所要讨论的话题之一，希望从中西文化的互镜中，为超越德性与规范对峙这一现代性的道德困境寻求出路，但是考虑到这一对比是一个非常复杂的问题，已经远远超出了我自己的学力范围，所以，只是在结语部分做了必要的延伸，当然，结语部分所做的这种对比是相当粗糙的，还不足以展示问题的全部内容。

② 何怀宏：《良心论：传统良知的社会转化》，上海三联书店 1993 年版，第 50—51 页。

济要求交换主体必须具有平等、自由、独立的人格为前提，而且由于市场经济利益最大化原则，社会交际已将人的经济利益凸显出来，这是不争的事实。其次，由于社会生活的不断丰富，生活节奏不断加快，社会交往由狭隘、有限变得广泛、普遍，社会生活格局由基本固定转向动态稳定，这导致了人们角色身份由基本确定转变为不断变换的状态之中。最后，多元文化价值观念并存，社会文化结构已由精英文化下移为普通的、大众文化，人们的价值观念也发生了很大的变化。

在这个意义上，麦金太尔和其他社群主义者为了拯救德性在现代社会边缘化的命运，而将希望寄托于宗教共同体的帮助的哲学努力注定是不成功的。当然仅仅做出这样的结论还是显得较为武断的。为此，我们需要对德性与共同体的关系作一些必要的解释和说明，在此基础上，要对传统社会与现代社会中的共同体做对比，以此来回应社群主义者主张“回归共同体以拯救现代德性”论断的合法性究竟有多大。

“人的本质并不是单个人所固有的抽象物。在其现实性上，它是一切社会关系的总和。”[①]作为表征人存在方式之一的道德属性的德性，它的生成与其德性主体所处的共同体是密不可分的，个体的完善人格的塑造离不开他所生活在特定共同体中所倡导的共同价值观念和行为方式的影响，反过来，从个体身上可以折射出共同体的社会意义和价值观念。“一个人必须做些什么，应该尽些什么义务，才能成为有德的人，这在伦理性的共同体中是容易谈出的，他只需做在他的环境中所已指出的，明确的和他所熟知的事就行了。”[②]“个人要受到道德教化，必须有伦理实体的支撑。道德的根本意义在于成就德性，使人心灵良好、行为合宜。发而为人际和洽，守义应变，共创美好生活。但是，就德性的生成来说，并非是个人自成，而是在

---

① 《马克思恩格斯选集》（第 1 卷），人民出版社 1995 年版，第 18 页。

② ［德］黑格尔：《法哲学原理》，范扬、张企泰译，商务印书馆 1961 年版，第 168 页。

人际关系、社会生活中形成的。”[①]对此，马克思主义的经典作家做了更为明确的表述："只有在共同体中，个人才能获得全面发展其才能的手段，也就是说，只有在共同体中才可能有个人自由。”[②]可以说，伦理共同体是为个体的生活和德性的养成提供了一个良好的环境，缺乏良好的伦理共同体，德性就难以滋生和形成。在此，我们需要对伦理共同体这一范畴做一解释和说明。

“所谓伦理实体，就是带有伦理关切的社会团体、社会交往结构和一般人伦秩序，它们体现了人人相与之道，个人的性格特点、偏好、兴趣等实际上只具有偶性的性质，都要受到具有普遍、客观性质的伦理实体的制约和归化，从而使个人的任性受到节制、个人的人格在此之中受到了塑造。”[③]可以看出，作为组成伦理实体的个体，他要受到这一客观实体的影响和制约。这种影响和制约具体表现在，伦理实体规定了个体成员彼此之间的权利和义务，自由与责任等。正是因为这样，个体要以享受权利和自由、承担义务和责任的行为活动来为他的生命赋予意义和价值。换句话说，在这一伦理实体中，个体通过享受权利和自由、承担义务和责任的行为活动，独立人格、做人的尊严、生命的意义等具有道德属性的本质得以确保和实现。伦理实体作为一个独立的范畴，最早由黑格尔提出。[④]在他看来，伦理实体是个人的安身立命之所，是人的自由生活世界。人不能长期处于无伦理或伦理实体破碎的状态。家庭、社会、国家等是伦理实体现实存在的重

---

① 詹世友：《道德教化与经济技术时代》，江西人民出版社 2002 年版，第 220 页。

② 《马克思恩格斯选集》（第 1 卷），人民出版社 1995 年版，第 119 页。

③ 詹世友：《道德教化与经济技术时代》，江西人民出版社 2002 年版，第 218 页。

④ 高兆明教授对于黑格尔“伦理实体”范畴从四个方面做了更为详细的解释和说明。“伦理实体”首先是某种反思性的社会关系体系，因此具有普遍性和必然性，客观伦理作为实体是反思性的；其次，“伦理实体”是活的“善”，在这活的“善”中存在着人类自由存在的规范性关系体系；再次，作为活的“善”的“伦理实体”是个人的本质，它规定了个人义务内容，个人从伦理实体中获得自身存在的价值规定；最后，“伦理实体”作为客观伦理实体是关系体系。参见高兆明《存在与自由：伦理学引论》，南京师范大学出版社 2004 年版，第 400—405 页。

要环节，而国家是最高的伦理实体。“国家是自在自为的理性东西，因为它是实体性意志的现实，它在被提升到普遍性的特殊自我意识中具有这种现实性。这个实体性的统一是绝对的不受推动的自身目的，在这个自身目的中自由达到它的最高权利，正如这个最终目的对单个人具有最高权利一样，成为国家成员是单个人的最高义务。”[①]这里对黑格尔伦理实体范畴做过多的解释也没有必要，但是，从最为一般的意义上，对伦理实体的理解也是我们题中应有之义，因为这有助于加深我们对社群主义者“回归共同体以拯救现代德性”这一主张持批判态度的理解。

在传统西方社会中，个体德性与伦理实体具有天然不可分割的联系。在古希腊城邦社会中，不仅个体德性生成于城邦这一特定的伦理秩序中，而且德性的统一性这个对于希腊人来说最为实质的问题都需要诉诸城邦这个伦理实体，才能做出合理的解释和说明。具体来说，希腊思想家认为，个体的德性是以城邦为基础的，个体的生活、行为、思想、意志自由都表现在城邦中，城邦是他的习惯和德性的现实。只有在正义的城邦中，个体德性才能获得表达和实现的机会。对于中世纪的人来说，封建社会的庄园和教区成为他们生活的总体框架。基督教神学的一统天下，使得教会团体成为人们思想观念和精神信仰的实体性载体，只有具体地在教会团体中生活，个体才能获得上帝的恩赐和德性的完美。

近代以降，伴随着市场经济的异军突起和市民社会的结构转型，传统的风俗习惯和社会共同体也土崩瓦解。市场经济客观上要求人们拥有对于财产和利益的所有权，这就使个人获得空前的独立和自由，但这种极端发展也不可避免地导致个体的原子化、孤立化，尔虞我诈、道德冷漠开始破坏了以往人与人之间温情脉脉的关系。这就表明，现代社会所倡导的自由

① ［德］黑格尔：《法哲学原理》，范扬、张企泰译，商务印书馆 1961 年版，第 253 页。

主义和权利观念使得人们开始忽视了自己与其共同体的关系。正是基于这样的感悟，以麦金太尔为代表的社群主义希望在自由主义权利、在规范伦理占统治地位的今天，倡导一种“共同体主义”的德性伦理，其目的就在于希望建立一种现代伦理共同体，来恢复亚里士多德主义的德性传统，以消除因自由主义权利伦理的过度张扬而导致的消极性的社会后果。就此而言，社群主义确实看到了道德观念与共同体的密切关系，也看到了自由主义权利伦理没有很好地协调个人利益与社会利益、个体愿望与社会规范之间的关系。但是，社群主义者却没有意识到传统社会中伦理实体的局限性，他们希望建构一种类似传统共同体的日常生活世界，在当代主流社会边缘建立某种教团的共同体，借此复兴德性伦理的社会地位。事实上，这种理论设想是脆弱的，并没有多大的现实可行性。对此，我们从以下两个方面来说明。

社群主义者认为，自由主义权利伦理由于坚持一种“权利（自由）优先于德性”的原子式的个人主义逻辑，这种伦理学说忽视了个体对于他所处的环境的依赖关系，因此在个人利益与社会利益、个体愿望与社会规范之间的关系上，不能得出令人满意的回答。社群主义追求公共善，这种公共善有两种基本形式，即物化形式与非物化形式。物化形式就是公共利益，非物化形式主要表现为各种德性。然而，社群主义抽象地谈论的这种公共善，不仅在现代社会，就是在古希腊的城邦社会也不具有现实性。亚里士多德主义的共同善（即城邦善或幸福），实际上是亚里士多德伦理学的一种理想，一种把希腊城邦的社会共同体理想化的产物。在人类漫长的历史中，除了家庭这种血缘共同体外，这种共同善只在宗教团体这样的小型社会中实现过。在这样的宗教团体中，由于有着共同的信仰、共同的道德规则、共同的利益，人们之间既不会发生公正问题，也不存在自由与善的冲突问题。而现代社会不存在传统意义上的共同体，现代社会中的共同体和亚里士多德传统以及中世纪基督教时代的团体，不仅在量上，而且在质上存在根本的区别。就个体德性与共同体的关系来说，这种差别至少体现在两个方面。

首先，在成为一个优秀的人与成为一个优秀的共同体成员之间存在不对称的状态。传统社会强调个人与共同体之间的内在联系甚至统一，所以亚里士多德认为，在他理想的城邦社会中，在那样的社会结构中，做一个优秀的人与成为一个优秀的公民之间似乎是毫无二致的。在现代社会，每个共同体都拥有自己详细的道德规则，进入共同体的个体只需要遵守这些道德规则，他便是一个好的成员。但是，对于一个好成员的判断与他是否是一个好人的判断没有本质的联系，因为人不是他的角色。

其次，相较于现代社会来说，传统社会的共同体较为稳定，个人一生中所扮演的角色和占据的社会地位变化不是很大，这样，个人的生活就是一个比较连续的统一体，德性在维持一种连续的美好生活中起着非常关键的作用。而在现代社会中，如前所述，由于社会生活的不断丰富，生活节奏不断加快，社会交往由狭隘、有限变得广泛、普遍，社会生活格局由基本固定转向动态稳定，这导致了人们角色身份由基本确定转变为不断变换的状态之中。这表现在共同体中的成员变动较大，一个人在一生中可能会从事不同的职业，因而会成为多种共同体的成员。然而，每个共同体都有着各自不尽相同的道德原则要求，如此，个人的一生就可能被分割为不同时期甚至不同部分，人生的统一性也就很难真正完成。在这样的情形之下，希望通过一种共同体来塑造人的德性的统一似乎是天方夜谭。“在我看来，西方的共同体主义（communitarianism）的支持者似乎没有充分考虑到现代社会的这一状况，没有充分考虑到在现时代，传统在某些重要方面已经无可挽回地断裂了，他们对人性和社会的期望也似乎过高。共同体主义对在西方占支配地位的个人主义的自由主义批判很有力，给我们带来了许多启发，但正面的建设性的创获不够多。无论如何，道德的基本立场之所以要从一种社会精英的、自我追求至高至善、希圣希贤的观点转向一种面向全社会、平等适度，立足公平正直的观点，在某种意义上正是因为社会从一种精英等级制的传统形态转向了一种'平等多元'的现代形态。"[①]

对于德性与共同体关系在现代社会出现分离的客观事实，麦金太尔似乎已经意识到了。他在讨论亚里士多德德性论中伦理学与城邦的结构关系时指出："如果亚里士多德的德性论的大量细节的前提是现在来看早已消亡的古代城邦的社会关系的背景条件，那么，怎么能够把亚里士多德的观点加工成为没有城邦的世界里的一种道德的存在呢？或者换一种方式：是否有可能既是一个亚里士多德主义者，同时用一种历史的眼光，把城邦仅仅看作是一系列社会政治形式中的一种——即使是重要的一种——在这种政治形式里和通过这种形式，能够找到并加以教育那种作为各种德性的榜样的自我呢？而且，在这种形式里自我可以找到它的用武之地吗？"[②] 通过上述言论，可看出，麦金太尔本人对于在现代社会建立一种共同体以拯救德性的哲学努力也并非胸有成竹。事实上，他在后来也不得不承认："我的判断是，这个国家先进的现代化的政治经济与道德结构，像其他地方一样，排除了建立有价值的任何类型的社群（这种社群过去不同的时候曾经实现过，尽管形式并不完美）的任何可能性。我还相信，以系统的社群方式重建现代社会的尝试永远是无效的或灾难性的。"[③] 当然，这并不意味着现代社会就没有共同体存在的可能性。社群主义的代表人物桑德尔在论及正义原则的有限性时指出，在我们生活的这个社会中，存在很多的社群组织，诸如家庭、部落、邻居、城市、乡镇、大学、职业联合会、民族解放力量和

① 何怀宏：《底线伦理》，辽宁人民出版社 1998 年版，第 8—9 页。

② [美]麦金太尔：《德性之后》，龚群等译，中国社会科学出版社 1995 年版，第 205 页。

③ [美]丹尼尔·贝尔：《社群主义及其批评者》，李琨译，商务印书馆 2002 年版，第 22 页注释 14。

已经建立的民族主义，还有许多的种族、宗教、文化和语言的共同体，在这些共同体中具有或多或少可以清晰界定的共同认同与共享的追求。所以，麦金太尔在他的德性论中有意淡化共同体这一背景，将德性与共同体的关系置换成德性与实践的关系。关于这个问题，我们已经在前面做了比较充分的讨论，这里再不赘述。

通过上述分析，我们似乎不难得出结论：从传统社会向现代社会的转型中，所发生的一系列变化足以导致人们相互之间很难靠道德品质或道德修养来进行相互了解，这样，传统的依靠对人们的道德品质或道德修养来维持社会秩序的努力就显得捉襟见肘。在这种现代社会的压力下，相对于传统社会，现代社会在道德理论上更强调规范的作用了。因为规范是容易认识到的，一个人是否遵守了道德规范是一个较为容易解决的问题。而作为品质与个人修养的意义上的道德将相对地越来越淡化，或者至少可以说存在着淡化的趋势。因为个人的道德品质、道德修养的持续存在并不是无条件的。德性的存在需要人们不断地鼓励和鞭策，但由于个人的道德品质与个人修养的鼓励和鞭策需要相对稳定的人际环境和彼此之间的充分了解，而这一重要条件却随着社会的现代化、市场化而越来越难以具备了。“在现代社会条件下，随着人类生活社会化程度的提高，个人行为的社会意义增大，人际关系和社会交往更为复杂，社会公共事务、组织和关系的协调规范更为重要。这一切都构成了现代伦理学家关注的焦点，他们对社会行为、社会制度和道德伦理观念的思考带有更为强烈的普遍性和制度化诉求。整个社会对伦理学的普遍合理性和实践有效性提出了更高的理论要求。所以，与其说现代社会的发展要求本身为规范伦理学开辟了更大的发展余地，毋宁说现代社会本身提高了规范伦理学的理论重要性。”[1]这实际上也就是为什

① 万俊人：《寻求普世伦理》，商务印书馆2001年版，第129页。

么随着市场经济的发展，人们偏重于外在行为的整合，因此具有外在性的道德规范的地位上升了，而具有内在性的德性的地位降低的缘故，也就是为什么在现代西方个人主义道德中，规则的概念已经取得了一种新的中心地位，而与之相对的德性概念则变成了边缘性概念。

三　重读托马斯·阿奎那：德性伦理向规范伦理转化的中介

对于基督教德性伦理，本书原打算是以《圣经》为文本来做诠释的，但最终还是以奥古斯丁和托马斯·阿奎那这两个人物为代表来展现基督教德性伦理思想，而且以后者的思想为主导。之所以这样做，主要基于以下考虑。一方面，奥古斯丁和托马斯分别是教父哲学和经院哲学的集大成者。另一方面，本书的一个主要任务就是对麦金太尔德性论的批评，而我们对麦金太尔的批判的一个最为重要的地方就是对他所主张的“回到亚里士多德德性传统”这一论断上。而麦金太尔本人一直把中世纪基督教伦理看作亚里士多德德性传统的一个主要部分。他认为，“中世纪的思想何以不仅是我正在描述的道德理论和实践的传统的一部分，而且标志着这个传统的一种真正推进。不过，这一传统的中世纪阶段，乃是一种浓厚的亚里士多德式的，而不仅是基督教的”[①]。如果说这一表述还不太清晰的话，那么以下判断就足以表明他在这个问题上的态度了。“尽管《新约》的德性观在内容上与亚里士多德的很不同，但与亚里士多德的德性观在逻辑和概念的结构上是相同的。与亚里士多德的看法一样，一种德性是一种品质，它的践行

① ［美］麦金太尔：《德性之后》，龚群等译，中国社会科学出版社 1995 年版，第 227 页。

导向人的目的的实现。人的善当然是一种自然的善，但超自然却解救和完善自然。而且，德性作为手段与目的的关系，这目的是人与未来上帝的王国的合一，是内在的而不是外在的，这与在亚里士多德那里的情形一样。”①在他后来的另一部著作《谁之正义？何种合理性？》中对这一点做了更加深入的论证。在麦金太尔看来，古典的亚里士多德德性主义传统的道德探究深深地根植于“英雄时代”以来直到中世纪托马斯的西方文化之中。这一传统的延续虽然充满着内在的争论和短暂的中断反复，但它始终按照一种共享的道德探究路径和伦理学信念。具体来说，这一传统对于该时代道德生活的全部内容，即人们的道德行为、价值观念和伦理关系等方面的诠释是从以下三个方面来进行的，一是人们所处的社会情景，二是人的内在目的性追求和外在实践合理性的相互联系，三是把人类对善生活的追求和实现这一追求的必要主体基础即人的内在德性的培养作为伦理学的中心主题。因此，它既是历史的、社会文化的，也是人格化的、实践理性的，还是价值目的论的。在他看来，托马斯的德性论是亚里士多德德性传统一个非常重要的组成部分，其原因在于，托马斯的德性论在逻辑结构和目的论的意义上基本上是符合亚里士多德德性传统的。在托马斯·阿奎那这里，这种价值目的论具有自然哲学目的论和神学终极目的论的双重属性。对于这一点的最好说明就是托马斯·阿奎那关于自然德性与神学德性的分类上。所以，本书对基督教德性论的讨论自然也以托马斯·阿奎那为主。此其一。

其二，本书是在伦理思想发展和演变的轨迹上来讨论德性伦理的，而阿奎那是经院哲学的集大成者，就学理的系统性和连贯性而言，无论是他在一般哲学问题上的讨论还是本书所要讨论的德性伦理上，其体系性的完

① [美]麦金太尔：《德性之后》，龚群等译，中国社会科学出版社1995年版，第233页。

整性可能是《圣经》所无法比拟的，尽管因为《圣经》在内容上的权威性和综合性是不容置疑的，但这一点并不能成为我们讨论基督教德性论一定要以《圣经》为文本选择上的充分必要理由。而且，如果选择以《圣经》为文本依据的话，势必在相关内容上会出现不可避免的重复之嫌。

其三，从伦理思想展开的轨迹来看，传统德性断裂的一个思想原因就是以理性主义为精神内核的规范伦理的崛起，而托马斯·阿奎那在使德性向规范过渡中，充当了一个非常重要的角色，这一点可能是麦金太尔本人始料未及的。换句话说，托马斯·阿奎那对于亚里士多德和基督教伦理的综合，客观上促进了德性伦理向规范伦理的转化。关于这一点，除了有国内学者指出外[①]，也被西方现代德性伦理学者所指出。而这一点，恰恰是我们对麦金太尔批判方面最具创新的其中一个方面。下面我们就来讨论托马斯·阿奎那是在什么样的意义上使得德性伦理学向规范伦理转化的。

托马斯·阿奎那的伦理思想主要是在他的《神学大全》的第二部分中讨论的。在这一部分中，他的伦理思想主要由两个方面构成：一方面是关于德性问题的讨论，另一方面是关于道德戒律问题的讨论。在前一个问题上，他主要是对古希腊亚里士多德德性论的继承和改造。麦金太尔指出，在德性论上，托马斯·阿奎那是对亚里士多德传统和奥古斯丁这两种极为不同传统的综合，“阿奎那关于一般美德，尤其是正义美德的解释也必然

---

① 有学者指出，在中世纪，托马斯的伦理思想在伦理思想发展和演变的轨迹上具有双重作用，一方面是他的伦理思想使宗教伦理世俗化，世俗伦理宗教化；另一方面是充当了使德性伦理学向规范伦理学转化的中介作用。完成这两种转化的具体体现是他把古希腊亚里士多德德性伦理学与希伯来律法思想结合起来。基督教的“十戒”则是他构建基督教规范伦理学的理论基础。（参见张传有《托马斯：德性伦理学向规范伦理学转化的中介》，《华中科技大学学报》2005 年第 5 期。）就我本人所了解的国内学者在这个问题上的看法而言，类似于张传有教授的这样的观点还没有看到。应该说，这样的说法是一个值得去关注的话题。本节问题讨论的思路得益于张传有教授，在此表示感谢。

是综合保罗、奥古斯丁和亚里士多德的要素而形成的”①。但是这种综合是把亚里士多德纳入以保罗和奥古斯丁为主要代表的基督教的理论框架之中的。②在前文德性伦理的历史样态的分析上，我们已经完成了这一工作。在后一个问题上，阿奎那主要讨论了戒律的分类、各类戒律的关系以及对“十戒”的详细讨论，而他对这个问题的讨论，恰恰就是他把德性伦理学推向规范伦理学的一个重要环节。关于这一点，我们可以从以下几个方面来考察。

阿奎那之所以强调德性伦理必须向规范伦理转化，其中一个最为重要的原因就是他已经意识到了德性伦理学存在着的内在缺陷。在通常的意义上，德性伦理与规范伦理的一个重要区别就表现在这两种理论关注的焦点的差异上：对于德性伦理来说，它更在乎道德行为主体的内在品格的完善；而对规范伦理来说，如果主体的行为符合既定的道德规则，那么这样的行为就具有道德属性，因而就是善的或好的。在对于一个人做道德评价问题上，亚里士多德德性传统似乎没有给道德规则以较高的地位。亚里士多德明确意识到，无论规则可能获得多么完善的表述，它们都不可能给所有可能发生的事情提供指导。相较于亚里士多德，阿奎那把对人类行为的规范放在了首要的位置上。为了论证德性伦理的缺陷，阿奎那采用了举例

① [美]麦金太尔：《谁之正义？何种合理性？》，万俊人等译，当代中国出版社1996年版，第249页。

② 事实上，麦金太尔对于托马斯·阿奎那在德性论问题上的态度表现出前后判若两人的看法，这表现的《德性之后》和《谁之正义？何种合理性？》这两本著作中对于托马斯·阿奎那的具体讨论上。在前一著作中，麦金太尔给予托马斯·阿奎那的评价更多地是否定意义上的，他指出：“一，阿奎那式的亚里士多德的德性论的说法不是唯一可能的说法，二，阿奎那是一个没有代表性的中世纪思想家，尽管他是中世纪最伟大的思想家。”（参见《德性之后》，龚群等译，第227页。）该书出版后，许多读者就书中的一些不足与错误向麦金太尔提出了一些讨论和建议，麦金太尔本人也虚心接受了这些建议。他在该书再版时已经做出了相关的澄清。比如他在《谁之正义？何种合理性？》一书的前言中指出，“譬如，我现在认为，我以前对阿奎那关于德性之统一性论点的批评完全是错误的，而这部分是因为我误读了阿奎那的著作。”（参见《谁之正义？何种合理性？》，万俊人等译，前言，第2页。）

的方法。他说，“正义”的本义就是各司其职和“谁的东西归谁所有”，这一原则似乎看上去很简单，但是真正做到“正义”是很难的，因为在某种情形下一个人对这一原则的遵循可能对当事人造成不正义的损害。所以，为了确保正义德性的真正实施就需要对其施加许多外在条件来限制。这就意味着，随着外在条件的增加，德性失效的可能性也就越大，德性失效的方式也就越多，因此德性本身的普遍价值也就大打折扣。阿奎那认为，亚里士多德所主张的“适度”“中庸”思想反映的就是德性的限制条件，这恰恰暴露了德性的相对性。正是由于德性自身的相对性所致，使得德性伦理呈现出它内在的不确定性。不仅如此，阿奎那也意识到了德性本身的内在性。固然，德性的内在性使得德性具有一种相对的稳定性。但同时，这种内在性也具有一定的模糊性。这表现在：判断一个行为是否从德性出发，事实上我们是无法从行为本身来加以确认的，因为我们看到的只是外在的行为本身，而一个人的行为并不必然意味着就是相应的德性体现。这一点也是现代规范伦理学家对德性伦理的一个最为重要的指责。阿奎那对德性本身和德性伦理的不确定性的论述，意味着他已经开始有意识地把以人的内在品格为中心的德性伦理转向了以人的外在行为为中心的规范伦理。在这个意义上，有学者指出，“托马斯之所以把伦理理论的重心由人的德性转向道德规范，除了与他对《圣经》中的‘十诫’的研究有关外，还在于他意识到德性伦理的相对性和内在的特征或缺陷”[①]。

与功利主义和权利伦理的现代规范伦理一味强调规范的重要性而忽视德性伦理功能的思维不同，阿奎那在把德性伦理向规范伦理转化的过程中，并没有对德性伦理的作用做简单的否定，而是努力地综合规范伦理与德性伦理的作用。换句话说，他力图在道德实践中，把对规则的遵守和对德性

① 张传有：《托马斯：德性伦理学向规范伦理学转化的中介》，《华中科技大学学报》2005年第5期。

的培养有机地结合起来。这方面最为明显的表现就是他把德性原则与行为原则看作是一个行为原则的两个方面。阿奎那明确地指出，对一个人的行为原则的考察可以从两个方面入手，一是人的行为的内在原则，另一个是人的行为的外在原则，内在的原则是能力和习惯，而外在的原则则是对各种道德戒律的遵守。在进一步的意义上，阿奎那认为，德性与戒律是目的与手段的关系。他指出，戒律的制定者在制定戒律时的意图有两种：第一是他们希望通过制定相关的戒律，引导人们实现自己德性的完美，这种动机是戒律制定者的最终目的；第二是戒律制定者的意图还在于实现戒律自身的内容，而这就是导向或倾向于德性的某种东西，也就是一种德性的行为，这种意图则是戒律制定者达到其意图的具体手段。在阿奎那看来，戒律的目的在于德性，而戒律的内容则是它所要求于行为者的具体行为，这种作为目的的东西与作为达到目的的手段之间的东西的不同恰恰是德性与戒律的根本区别所在。

在德性伦理向规范伦理推进中，除了以上两个方面的工作外，阿奎那还对戒律做了非常细致的研究。具体地说，这就是他对戒律的分类、各类戒律之间的关系以及道德戒律本身的性质三个方面的论证上。就戒律的分类来说，阿奎那所谓的戒律就是关于责任的概念。戒律包括道德戒律、礼仪戒律和司法戒律三种形式。在这三种戒律中，其中道德戒律最为重要，其他两种戒律则是达到某一方面的道德目的的一种方式。在这个意义上，礼仪戒律就是引导人们达至上帝的道德戒律的规定，而司法戒律则是指导邻人之间和睦相处的道德戒律的规定。司法戒律与道德戒律的关系实质上蕴含的就是法律与道德的关系。他在强调这两者的一致性的同时，也看到了它们之间存在的差异。在阿奎那看来，自然法本质上就是伦理法，自然法中的许多原则本质上就是一些基本的道德原则。而人为法则的戒律则是司法戒律。自然法是人为法的前提和基础，这就蕴含着一个现代意义上法律与道德的关系，即法律是以道德为基础的，法律与道德是不同的规范形式，但法律是以道德为渊源的，法律不能违反道德。就此而言，“阿奎那是西方历史上第一个对法律与道德的关系做了详细讨论的哲学家”[①]。礼仪戒律作为一种宗教中不可缺少的戒律，它除了宗教意义之外，还具有一定的伦理道德意义，因为它是从人的各种看似世俗的活动中来展现这两种意义的。

除了一般的意义上戒律包括上述三种形式外，道德戒律本身也可以分为三种形式，一是直接与自然法或人的理性相一致的，这类道德戒律人们靠本能就能做到；二是要经过思考而得到的，它们比起第一种来说更具有一般化的特点，这类道德戒律是靠世俗的教诲和习惯来形成；三是关于神学的，它们需要神的帮助，是神恩的结果。在阿奎那看来，在这三种道德戒律中，无论哪一种都离不开人的理性的作用，即使是关于信仰问题方面的神学的戒律，也要通过人的理性才能得以实现。在这个意义上，如果我们说阿奎那的神学理论的一个最大的特点是神学的理性化，那么，在宗教伦理思想方面也不例外。“道德戒律不同于礼仪的和司法的戒律，它们是和那些其本性与善的品性有关的东西相关联的，因为人的道德依赖他们和理性的关系，而这又是人类行为所特有的原则。那些被称为善的东西则与理性相一致，而那些被称为恶的东西则与理性不相一致。”[②]换句话说，由于善的品性是与理性相一致的，而道德戒律的根本目的就在于追求这种善的品性，所以，道德戒律自然就与理性相互关联了。在阿奎那看来，自然法本质上体现的就是人的自然理性，而人的理性的判断必定是以某种方式产生于自然理性的，按照这种逻辑，所有的道德戒律都必然地从属于自然法，

① 张传有：《托马斯：德性伦理学向规范伦理学转化的中介》，《华中科技大学学报》2005 年第 5 期。

② 同上。

也就是从属于自然理性本身。

除了在最为一般的意义上对戒律做了讨论外，阿奎那还对《圣经》中的“十诫”做了与前人不同的解释和说明，这一点使得他加速了把德性伦理向规范伦理转化的速度和力度。“十诫”的具体内容包括：1，除上帝之外不可崇拜别的神；2，不可崇拜偶像；3，不可妄称上帝的名；4，当守安息日；5，当孝敬父母；6，不可杀人；7，不可奸淫；8，不可偷盗；9，不可作假见证；10，不可贪恋别人的妻子、不可贪恋别人的财物。[①]对于“十诫”来说，一般的理解是，前四条反映的是神与人的关系，后六条才是人与人之间的关系，所以，从戒律的意义上，前四条是神学性质的，而后六条才具有伦理道德的意义。阿奎那一反常态，他认为人们通常所理解的前四条关于信仰的戒律也具有伦理道德的意义，只不过它们是属于神学伦理的戒律而已，因为，对上帝的崇拜也是一种德性的活动。在他自己的理解上，阿奎那对“十诫”的部分内容做了合并与拆分。他把前第1条戒律与第2条戒律合并为一条，把第10条戒律分开来表述。这样，关于神学的道德戒律就有3条，而关于人与人的伦理戒律就有7条了。他之所以这样做，是因为，在他看来，第1条戒律与第2条戒律本质上是相同的，都是对上帝的唯一崇拜。“贪恋别人的妻子”与“贪恋别人的财物”具有不同的性质，前者的目的是为了获得性欲的满足，属于肉体上的贪欲；而后者的目的是为了渴望占有，属于物质上的贪欲。因此这两条戒律一个是禁止肉体上的贪欲的戒律，另一个是禁止物质上的贪欲的戒律。

① “十诫”产生于公元1世纪，当时摩西带领以色列人出埃及后三个月，来到西奈山下宿营。耶和华召摩西上山，与以色列人订立了《西奈盟约》，并亲手将“十诫”写在两块石板上交给摩西。“十诫”是《西奈盟约》的核心，也是全部《圣经·旧约》的重要内容。《圣经·旧约》有两个地方记载“十诫”的具体内容，一处是《圣经·出埃及记》第20章3—17节，另一处是《圣经·申命记》第5章7—21节。

在更进一步的意义上，阿奎那讨论了“十诫”中各种戒律之间的地位问题。在他看来，不可崇拜偶像的戒律是涉及行为的，不可妄称上帝的名字的戒律是涉及话语的；当守安息日的礼仪是涉及思想的，因为这种礼仪作为一种戒律供人们信奉，最重要的就是发自内心地信仰上帝。在阿奎那看来，由于行为比言语影响大，而言语比思想影响大，所以关于信仰的伦理戒律的顺序依次是：不可崇拜偶像；不可妄称上帝的名字；当守安息日。在人与人的伦理戒律的排序上，阿奎那仍然坚持认为，行为上的犯罪比言语上的犯罪更严重，更与理性相反对，而言语上的犯罪比思想上的犯罪更严重，更与理性相反对。阿奎那进一步指出，在对行为的禁止的顺序上，消除罪恶比传播美德更显得迫切。“要离恶行善，寻求和睦，一心追赶。”[①]“你们要洗濯、自洁，从我眼前除掉你们的恶行；要止住恶，学习行善。”[②]而对罪恶的消除又是按照其严重程度来分的。在这个意义上，“当孝敬父母”就优先于其他戒律，这是因为如果不遵守那种他最亏欠的人的命令是最严重的；其次是“不可杀人”，因为它比奸淫之罪更严重，而奸淫之罪又比偷盗之罪更严重。

阿奎那认为，“十诫”中的戒律基本上是关涉具体行为的，而非一般意义上的戒律或道德原则。在他看来，作为自然法的首要的一般戒律或道德原则对于一个具有自然理性的道德主体来说，是某种不证自明的东西，没有必要再做进一步的解释和颁布。这些一般性的道德原则或戒律包括基督教教义所倡导的原则，诸如“爱”“不伤害”等。阿奎那在道德戒律上的这一思想，应该说对康德义务论所主张的“绝对命令”或“定言命令”的思想产生了很大的影响。在康德看来，对于任何一个有理性者来说，“绝对命令”的道德原则都无一例外地适用于所有人，它的合法性是不证自明的。

① 《圣经故事·旧约·诗篇》，第34章14节。

② 《圣经故事·旧约·以赛亚书》，第34章16—17节。

阿奎那在对戒律进行讨论的过程中也明确地意识到了规范伦理的内在的限度，这种限度是与德性伦理的比较中发现的。在他看来，与德性伦理关注一个人的行为的内在目的不同，规范伦理的戒律只关注行为主体的外在的行为。换句话说，在目的与手段的辩证关系上，规范伦理的戒律在关注人们从事某种行为时，往往只注重手段而忽视了行为的内在目的或动机。另外，在道德实践中，与德性伦理一样，规范伦理的一般戒律似乎也具有某种相对性，由于一般戒律包含在自然法之中，因此它具有永恒的魅力，可是一旦涉及复杂多样的具体戒律时，是否一定要按照一般戒律所要求的原则或精神行动，就会出现捉襟见肘的情形。应该说，阿奎那关于规范伦理戒律的内在限度和相对性的认识是相当深刻的，这也符合后来我们对规范伦理的一些批评态度。

在通常的意义上，“十诫”作为规范体系，它以神与人关系的规范统率着人与人关系的规范，使神圣规范优于世俗规范，以便在逻辑上使世俗规范从神圣性中获得正当的依据。阿奎那从伦理学的意义上，对“十诫”做了细致的分析和论证，在他看来，“十诫”不是对人的道德品质的要求，而是对人的外在行为的规范。就此而言，阿奎那以“十诫”为理论基础而建构的基督教伦理学体系更多体现了规范伦理的色彩。

西方中世纪基督教一统天下的局面，使得包括哲学在内的一切学科都成了神学的婢女，虽然现在看来，这样的判断还需要做进一步的检讨，但从当时人们伦理道德生活的实践和伦理学知识理论之间的相互关联来看，我们可以想像的是，作为经院哲学一代大师托马斯·阿奎那的伦理思想，对当时人们的道德实践和道德理论产生的影响肯定是巨大的。就此而言，我们所做出的“阿奎那充当了把德性伦理向规范伦理转化的中介”这一学术判断是具有合理性的。至少我们可以对麦金太尔这样的说法是持怀疑态度的：“尽管他（指阿奎那——引者注）的解释背景主要的不是城邦社会，而是宗教社会，但这一宗教社会却不再只是来世或天国，而是世俗与宗教相互融合的道德共同体。人类达到完善目的的途径不是单纯地去服从某些神圣的戒律，而是或更根本的是通过首先完善自我的德行和内在品质达致这一目的”[①]。事实上，对于我们自己的这一学术判断，也可以在当代西方一些德性伦理学的倡导者的言论中找到佐证。英国哲学家伊丽莎白·安斯库姆（G.E.M.Anscomber）在其著作《现代道德哲学》中指出，亚里士多德伦理学中的“应当”“需要”“必须”这些日常的术语之所以被现代道德哲学中的“不得不”“负有义务”“被要求去做”等替代，其中一个非常重要的历史原因就是，“在亚里士多德和我们之间出现了基督教，以及与之相伴的对于伦理的法律观。因为基督教从旧约律法（Torah）中推衍出它的伦理观念”[②]。对于本节主题的一些话语，我们的思维就延伸到这里。

① ［美］麦金太尔：《谁之正义？何种合理性？》，万俊人等译，当代中国出版社 1996 年版，第 19 页。

② G.E.M.Anscomber，“Modern Moral Philosophy”，转引自 *The Structure of Virtue Ethics*，p.41. 另参见徐向东编《美德伦理与道德要求》，江苏人民出版社 2007 年版，第 45 页。

第五章

规范与德性的合题：现代性伦理的话语和谐

德性与规则之间还有另一种非常关键的联系，因为只有那些具有正义德性的人才有可能知道怎样运用规则。①

——麦金太尔

无论从思想学理方面对德性伦理式微的直接原因的分析，还是从社会结构转型的角度对其根本的社会原因的诠释，我们的讨论都离不开现代性这一话题。因为，从伦理学的理论形态来说，功利论、义务论、权利论诸形态都属于普遍理性主义的伦理学，它们都是启蒙运动后现代社会的产物。从社会结构来说，市民社会就是现代的社会结构和秩序建构方式。所以，如何思考超越德性伦理与规范伦理对峙这一问题，也需要从现代性入手才能找到解决问题的思路。规范伦理在现代社会道德生活中的宰制性地位，是现代性精神理念在伦理道德领域的渗透和延伸。客观地说，思想启蒙运动所设计的现代性方案在全球范围内还没有完成，那么，现代性精神理念就不能仅仅归于个人、权利、利益、自由、理性等价值观上，还应该关注价值观的另一个维度即共同体、内在的目的、德性等。现代性的精神价值具有两面性表现在伦理学上，就是规范伦理与德性伦理存在着各自的理论优势和限度。就此而言，现代性伦理应该是规范伦理与德性伦理的合题与统一。本章从两个向度上对规范伦理与德性伦理结合这一问题进行了解释和论证。就道德系统中的德性与规范来说，二者呈现为历史与逻辑两个层

① ［美］麦金太尔：《德性之后》，龚群等译，中国社会科学出版社 1995 年版，第 192 页。

面。就道德建设来说，在对制度伦理何以可能的理解上，我们对德性伦理与制度伦理的关系做了必要的把握，并提出了一个具有建设性的路径：即从制度伦理走向德性伦理。

第一节　现代性伦理的理论与实践限度

一　现代性与现代道德哲学

从传统向现代转换的过程中，在道德领域呈现出来的以规范伦理为主导形态的道德生成图式，是有着深刻的社会根源的。事实上，我们对于麦金太尔主张“回归亚里士多德主义传统”的社会学诠释，从一定意义上来说，就是从现实社会因素方面来思考这一问题的。为了对这一问题有一个更深层面的理解，本书将从现代性这一角度来透视规范伦理的理论生成图景。显然，对于现代性概念本身的理解，构成了我们讨论的题中应有之义。

“人们很难给出一个确定无疑的‘现代性’概念，因为它所指或能指的都不只是一种时间向度，而且还有更重要的是一种极其复杂、充满内在矛盾的文明或文化过程，一种悖论式的实践价值取向，一种交织着内在紧张和冲突的存在结构，一种看似透明却又诸多暧昧的生活样式，以及一种夹杂着乐观主义想象与悲观主义情结、确信与困顿的人类精神状态。”“‘现代性’无法用‘现代性’言说叙述自身，它需要‘传统’与‘后现代’的上下文语境来显露它自身的意义。"[1] 从语义学的层面来说，现代性理念就是现代社会所具有的特征与性质；从编年史的意义上来说，现代性理念指文艺复兴以来现代历史的时代特征；从社会思想史的角度来说，现代性理念所包含的就是启蒙运动所开启的社会思想文化特质即理性的时代精神。对于现代性理念的哲学层面的反思，当代思想理论界的理解可谓五花八门。在这里，全面描述现代性的外延是没有必要的。我们结合对论题本身的理解，主要把握作为理念型的现代性概念就够了。换句话说，我们主要是从这样一个意义上来关注现代性的精神内涵的，即：既然规范伦理构成了现代社会中伦理学主要的知识形态，因而它成为衡量和判断现代人道德生活中的主要标准，那么，支撑这一伦理话语权形成的精神理念究竟是什么？这一理念是否还有足够的精神能量来调整现代人的道德生活？如果不能，还需要什么样的伦理学资源来补充？基于这样的思路，我们将从对现代性的最一般意义的理解中逐步展现这一问题。大体来说，当代社会思想家对于现代性的理解可以归结为以下几点。

"现代性"即指一个特定的历史时期。"现代性一词指涉各种经济的、政治的、社会的以及文化的转型。正如马克斯·韦伯及其他思想家所阐释的那样，现代性是一个历史断代术语，指涉紧随'中世纪'或封建主义时代而来的那个时代。"[2]这是在历史时间而非问题意识的意义上来理解"现代性"概念的。

"现代性"即一种特殊的社会生活方式和制度模式。吉登斯是这一观点的典型代表，他在很多著作中表达了他对现代性的这种认识。"何谓现代性，首先，我们不妨大致简单地说：现代性指社会生活或组织模式，大约十七世纪出现在欧洲，并且在后来的岁月里，程度不同地在世界范围内产

① 万俊人：《现代性的伦理话语》，黑龙江人民出版社 2002 年版，第 133 页。

② [美]凯尔纳、贝斯特：《后现代理论》，张志斌译，中央编译出版社 2001 年版，第 2—3 页。

生着影响。”[①]“首先意指在后封建的欧洲所建立的而且在20世纪日益成为具有世界历史性影响的行为制度与模式。”[②]

从叙事的性质和范围来诠释“现代性”概念，利奥塔把“现代性”归结为现代主义，一种特殊的叙事方式。“在《后现代状况》中我关心的‘元叙事’（meta-narratives），是现代性的标志，理性和自由的进一步解放，劳动力的进步性或灾难性的自由（资本主义中异化的价值来源），通过资本主义科学技术的进步，整个人类的富有，甚至还有——如果我们把基督教包括在现代性（相对于古代的古典主义）之中的话——通过让灵魂皈依献身的爱的基督教叙事导致人们的得救。黑格尔的哲学把所有这些叙事一体化了，在这个意义上，它本身就是思辨的现代性的凝聚。”[③]

“现代性”是启蒙以来“一项尚未完成的谋划”。哈贝马斯是这一观点的代表。他认为启蒙现代性具有尚未实现的解放潜力，是一项未竟的事业。“18世纪为启蒙哲学家们所系统阐述过的现代性方案有他们按内在的逻辑发展客观科学、普遍化的道德与法律以及自律的艺术的努力。同时，这项方案亦有意将每一个领域的认识潜能从其外在形式中解放出来。启蒙哲学家力图利用这种特殊化的文化积累来丰富日常生活——也就是说，来合理地组织日常的社会生活。”[④]

“现代性”不是一个历史时间概念，而是“一种态度”。“所谓‘态度’，我指的是与当代现实相联系的模式；一种由特定人民所做的志愿的选择；最后，一种思想和感觉方式，也是一种行为和举止方式，在一个相同的时刻，这种方式标志着一种归属的关系并把它表述为一种任务。无疑，它有

① [英]安东尼·吉登斯：《现代性的后果》，田禾译，译林出版社2006年版，第1页。

② [英]安东尼·吉登斯：《现代性与自我认同》，赵旭东译，生活·读书·新知三联书店1998年版，第1页。

③ [法]利奥塔：《后现代性与公正游戏》，谈瀛洲译，上海人民出版社1997年版，第167页。

④ 王岳川、尚水主编：《后现代主义文化与美学》，北京大学出版社1992年版，第17页。

点像希腊人所称的社会的精神气质（ethos）。”[①] 这种观点表明，“现代性”是一种与现实相联系的思想态度与行为方式。

与其他思想家不同，舍勒没有把现代性完全等同于时间发生学意义上的现时代，他是以现代社会的问题意识来思考现代性概念的。因此，他对这一问题的解释是比较全面的。舍勒指出，从传统向现代的这一转变，不仅发生在制度层面，而且包括人的内在心性的全方位的转移。“它不仅是一种事物、环境、制度的转化或一种基本观念和艺术形态的转化，而几乎是所有规范准则的转化——这是一种人自身的转化，一种发生在其身体、内驱、灵魂和精神中的内在结构的本质性转化；它不仅是一种在其实际的存在中的转化，而且是一种在其判断标准中发生的转化。”[②]

在以上具有代表性的社会思想家关于“现代性”的理解中，我们可以看出这一概念所蕴含的精神理念。尽管社会思想家们对于现代性的理论解释存在着差别，但他们基本上都是在外在的社会结构和内在的文化心理这两个层面来理解这一概念的。这样，我们就可以把现代性理念界定为现代化过程中所确立起来的现代社会与现代人的价值理念、思想态度以及实践模式。这种现代性理念的核心是人的主体性、理性、个人本位与人道原则。具体来说，这一精神理念包括如下基本的内容：独立、自由、民主、平等、正义、个人本位、主体意识、总体性、认同感、中心主义、崇尚理性、追求真理、征服自然等。当然，现代性精神理念内容的确定是与传统社会比较而来的，相应地，传统社会的精神理念就是：依附、身份、血缘、服从、权威、家族至上、等级观念、人情关系、特权意识、神权崇拜等。传统社会和现代社会在精神理念方面存在的这种明显对比，前文从传统共同体与现代市民社会的视角出发来讨论德性伦理与规范伦理的关系时已基本展示

① 汪晖、陈燕谷主编：《文化与公共性》，生活·读书·新知三联书店 1998 年版，第 430 页。

② 刘小枫选编：《舍勒选集》（下卷），上海三联书店 1999 年版，第 1409 页。

出来。后现代性的主导理念包括：差异性、多元性、偶然性、不确定性、碎片性、无序性、游戏性、精神分裂、结构解构，文本互涉、修辞与反讽、躯体与欲望，无中心主义等。[①]以下我们将从现代性理念中的理性主义精神这一最为核心的要素来讨论现代性规范伦理的生成图景。

思想启蒙最为明显的标志就是理性主义的兴起。“启蒙运动就是人类脱离自己所加之于自己的不成熟状态。不成熟状态就是不经别人的引导，就对运用自己的理智无能为力。当其原因不在于缺乏理智，而在于不经别人的引导就缺乏勇气与决心去加以运用时，那么这种不成熟状态就是自己所加之于自己了。Sapere aude（要敢于认识——引者注）！要有勇气运用你自己的理智！这就是启蒙运动的口号。”[②]在这一理性主义的号召下，直接导致了近现代科学的异军突起。在通常的意义上，近代物理学为现代科学的方法论和宇宙观提供了重要的理论基础，近代物理科学肇始于伽利略，在牛顿那里达到了登峰造极的地位。现代科学的形成以一种前所未有的方式使人类意识到，人类凭借自己的理性，就可以开始探索自然界各种的奥妙；在理性的武装下，人类的自然肢体得到了极度的延伸和放大，对自然的征服和索取的力量也空前的增强。因此，现代科学的产生和发展显示了人类理性的至高无上的地位。其结果是，理性不仅被重新确立为人的本质力量的特征，而且也因此被普遍化，成为一种相对超越于人类所处的特定传统和实践的东西。这个影响直接导致了启蒙运动的理性理念。在这个概念的精神鼓舞之下，现代道德哲学家开始按照一种普遍主义的方式来理解和思考道德，因此，对普遍性和不偏不倚性的强调也顺理成章地成为现代道德哲学的一个主要标志。

现代理性主义的科学方法不仅对现代道德哲学的理论思维产生了巨大

① 俞吾金：《现代性现象学》，上海社会科学院出版社 2002 年版，第 36 页。

② ［德］康德：《历史理性批判文集》，何兆武译，商务印书馆 2005 年版，第 23 页。

的影响，而且对伦理学的方法论的影响也是根本性的。从霍布斯以来到康德为止，现代道德哲学家倾向于以牛顿力学为榜样来设想和建构伦理学。"这种状况激励着休谟，他试图像牛顿一样，通过运用自然科学的实验推理方法，揭示道德存在物的本性及其规律，提出一个用以说明整个人类精神领域的普遍而完整的科学体系，使精神领域像自然世界一样透彻澄明。"[①]现代道德哲学家普遍假设，一个伦理理论必须有一个结构，这一结构具有两个基本的特征。首先，一个理论必须具有一种等级结构，即是说某些概念和原理必须被看作是基本的，一个伦理理论的其他要素都可以从基本概念和原理中引申出来。其次，一个伦理理论必须是完备的，即是说这一理论试图按照基本概念以及从中引申出来的概念来说明在伦理生活中所涉及的一切现象。由于这两个基本特征，现代道德哲学就显示了一个成熟的科学理论所具有的一些本质特点，例如高度系统化和理论化。在这一点上，斯宾诺莎和康德伦理学最为典型。

现代道德哲学理论的生成有着深刻的社会现实根源。现代社会的一个本质特征是大规模的商业化和工业化以及现代意义上的城市化的兴起。此外，社会分工、职业的多样化和平等观念的确立对道德思维也产生了重要影响，其中的一个表现是：人们逐渐把遵守和服从某些规则看作道德生活的最基本的要求，因为那些规则有助于维护和促进社会稳定和社会和谐。这样，道德评价的基本关注就从"应该成为一个什么样的人"的问题转向"应该履行什么样的行动"的问题。"历史地看，我恐怕这主要应该归结于西方社会的近代化或曰现代化转向这一历史事实。众所周知，最先发生在西方世界的社会现代化转向，标志着人类社会文明从传统型的自然农业经济向现代型技术工业经济的根本性转变，与之相随的是，从封建神学政治

① ［英］休谟：《道德原则研究》，曾小平译，商务印书馆2001年版，第1页。

（封闭的、世袭的和神政的）向自由民主政治（开放的、民族立宪的和制度化的）的政治结构的转化和从封建神学文化向自由开放的世俗的社会文化转化。无论是十七、十八世纪的西欧，还是十九世纪中叶以降的中国，都是如此。这种社会整体结构性的转换必然带来的道德文化后果是，为了适应现代社会化大生产、大交换和大结构所产生的社会大功利、大关系和大秩序的要求，人类的道德便如同黑格尔所言那样，由一种个人或家庭型的德性伦理（即'道德''Sittlichkeit'）转向了一种社会性的、具有普遍合理性意义的'伦理'（德文'Moralitat'）。易言之，社会政治的合法性要求（民主基础上的共同可接受性），社会化生产和交换的合理性秩序要求，以及人际关系社会化、复杂化现实要求，都越出了传统德性伦理所能料理的限度。这既是为什么现代社会特别强调法制和秩序的根本缘由所在，也是现代伦理转向一种傍依法律、寻求普遍合理性规范的思维理路之主要原因。"[①]在这个意义上，我们可以说现代道德哲学的关注焦点是行为和规则。

现代道德哲学理论生成图景除了与社会现实方面的因素紧密联系之外，还有自身所具有的特定内涵。现代道德哲学理论的一个最为显著的特点是对义务和责任的强调。由于现代道德已经被看作是维护社会生活的最起码、最基本的要求，因此那些要求就被认为是每一个人都必须严格遵守的，而且，在满足那个条件的情况下，每个人都可以自由地去追求他理性地认同的生活观念。无论对于功利主义还是对于义务论伦理学来说，一个能称得上合理的道德生活必须以不违背或侵犯他人的自由和权利为前提。"唯一实称其名的自由，乃是按照我们自己的道路去追求我们自己的好处的自由，只要我们不试图剥夺他人的这种自由，不试图阻碍他们取得这种自由的努力。"[②]在这个方面，康德强调在任何时候都要把人当作目的而不要当作手段

① 万俊人：《德性伦理和规范伦理之间和之外》，《神州学人》1995 年第 12 期。

② [英] 约翰·密尔：《论自由》，程崇华译，商务印书馆 1959 年版，第 13 页。

的表述虽然抽象，但其理论的实质仍然是强调对自由、权利以及义务的尊重。既然那些要求已经被作为人类生活的最基本的要求，所以，与此相关的义务也被认为在道德思考和道德反思中具有最高的地位。其他的理由，甚至一些在传统意义上与伦理生活相关的理由，若与严格意义上的道德理由发生了冲突，就必须让位于后者。这就导致了这样一个观点：只有一个道德义务才有资格击败另一个义务。正是由于对道德义务与责任的格外关注的现代道德哲学，受到了以麦金太尔为代表的现代德性伦理学家的严厉批评。以下我们将对构成现代性伦理的两个主要形态即规范伦理与德性伦理各自的理论优势与局限做一讨论，在此基础上，寻求适合现代性精神的合理的伦理形态。①

二　规范伦理及其限度

在一种道德类型学的意义上来说②，规范伦理学和德性伦理学是伦理

① 关于现代性伦理的理论资源，有人认为，除了规范伦理和德性伦理外，还包括宗教伦理。包利民教授讨论了现代性规范伦理中的目的论和道义论的伦理学，M. 斯戴克豪思从现代性的角度讨论了基督教伦理学的资源形态。（参见包利民《现代性价值辩证论：规范伦理的形态学及其资源》，学林出版社2000年版。）此外，万俊人教授从普世伦理角度，讨论了信念伦理、规范伦理和德性伦理。其中信念伦理主要包括基督教伦理、佛教伦理、伊斯兰教伦理这些主要的形态；万俊人对规范伦理的古典形态及其现代地位做了讨论；对于德性伦理，主要从中西伦理源头的儒家的德性伦理和古希腊德性做了基本的比较。（参见万俊人《寻求普世伦理》，商务印书馆2001年版，第72—168页。）本书主要从规范伦理与德性伦理各自的理论优点和局限来讨论现代性伦理的合理形态，对于宗教伦理在现代性伦理中的地位和作用，本书不打算论及。

② 关于道德类型学的说法，国内学者万俊人教授对之做了两个方面的理解。一是文化现象学意义上的道德类型学；另一是哲学意义上的道德类型学。前者的含义是指一种依据某种特定理论图式（这种理论图式往往带有思想家自身的理解和解释特征）来规定、区分和解释道德的特性、功能和作用，以及它作为一种特殊文化现象在人类生活中运作的特殊理解方式。后者指作为一种描述、解释、区分和论证关于道德现象之探究的理论方法，表达着伦理学家所建构的特定道德哲学体系的样式。（参见万俊人《比照与透析：中西伦理学的现代视野》，广东人民出版社1998年版，第397—401页。）显然，我们这里关于规范伦理学和德性伦理学的分析，是在后一种意义上进行讨论的。

学的两种基本的形态。事实上，对伦理学做规范伦理和德性伦理的这种分析问题的思维只是一种逻辑上的划分，在客观的道德生活中，我们是很难做出这种分类的。任何伦理学的知识类型，都不过是对现实道德生活人们所认同的道德要求、原则、理想等理论概括和建构。关于这一点，我们可以从思想家对于伦理学的理论的论述中得到确证。德国哲学家弗里德里希·包尔生认为，伦理学的使命就是首先要确立人生的目的或至善，然后寻求实现这一目标的方式或手段。[①]具体来说，这一方式或手段就是通过什么样的内在品质和行为类型，人们可以达到或实现至善或完善的生活。在西季威克看来，伦理学的研究不外乎两个方面：一是对人类合理行为的终极目的即人的善的本质及其获得这种终极目的的方法的研究；二是对真正的道德法则或行为的合理准则的研究。[②]当代著名的新儒家代表成中英教授指出，伦理学的知识体系大体分为两个类别：一类知识是着重于对道德目的性和实现这一目的性的道德力量的论证，另一类知识主要是侧重于对客体现象的道德责任性和承担这一责任性的理性能力的论证。他认为，德性伦理的理论宗旨就是以“个人主体的自觉建立和实现精神的自由和人格的价值”[③]。可以从最为通常的意义上说，伦理学的基本问题包括两个方面的内容：“我应该如何行动或我应该做什么？”和“我应该成为什么样的人或我应该成就什么？”前者以人的行为的完善为目的，可以把它归结为“道德秩序如何可能？”的问题；后者以人自身的人格的完善为目的，可以将其归结为“德性生活如何可能？”的问题。围绕对“我应该如何行动或我应该做什么？”的问题的研究形成和解答形成了规范伦理学，围绕对“我

① 参见［德］弗里德里希·包尔生：《伦理学体系》，何怀宏等译，中国社会科学出版社1988年版，第10页。

② 参见［英］亨利·西季威克：《伦理学方法》，廖申白译，中国社会科学出版社1993年版，第26页。

③ 参见成中英《文化、伦理与管理》，贵州人民出版社1991年版，第129页。

应该成为什么样的人或我应该成就什么？”的问题的研究形成和解答形成了德性伦理学。就此来说，规范论和德性论是伦理学的两种最基本的理论形态。而上述思想家所诉诸内在品质来实现人生至善的伦理学理论类型就是德性论的，而义务论和“责任伦理”显然属于规范伦理的范畴。

从伦理思想发展的轨迹来说，德性伦理在思想启蒙之前的传统社会一直居于主导地位，规范伦理是现代社会结构转型的产物，关于这一差异，我们在前文已经从社会学的角度做了比较详细的讨论。很多思想家认为，现代伦理学更应该注重对行为准则的研究，因为伦理学所研究的善只限于人的努力所能获得的善，终极目的或至善对于确定什么是正当行为并不具有可行性和根本性意义，在这个意义上来说，伦理学主要被看作是有关行为正当与否的研究。无论是功利主义集大成者西季威克还是当代最为著名的权利伦理代表罗尔斯都坚持这种观点，这些我们已经在前文多处提到过了。关于现代伦理的宗旨和性质的论述上，最具有代表性的人物是弗兰克纳，他主张伦理学的首要任务是提供一种具有一般概括意义的原则和规范，借以回答什么是正当或应当做什么的问题。弗兰克纳认为，道德本质上就是用来调节和指导社会成员行为规范的体系。罗尔斯曾经明确表示，他在对伦理学的两个最基本的概念即正当和善的界定上，其中就是参考了弗兰克纳关于目的论的理论。①

通过前面从现代性问题入手对现代性规范伦理的反思可以看出，作为一种典型的现代性道德理论类型，规范伦理学实际表达着现代理性主义的客观知识化和普遍同质化的价值权威诉求。它关注社会基本层面的伦理规范和公共伦理秩序，甚至只是某种形式的可普遍化“底线伦理”。因此，它总是或多或少地表现为某种齐一化的普遍性社会道义要求和外在约束，甚

① 参见[美]罗尔斯《正义论》（何怀宏等译）第23—24页中相关内容和注释①。

至常常诉诸社会对权利与义务的制度化安排，成为政治伦理和法律规范的直接表达式。概括地说，现代规范伦理学关注的主题集中在三个方面：一是对道德规范制度化的伦理论证而形成的伦理制度学，这种规范伦理学的思维贯穿于伦理思想发展轨迹的全部；二是对社会制度道德性的伦理论证而形成的制度伦理学，这一点可以说是现代性伦理的主要话题；三是对社会现实问题的伦理论证而形成的应用伦理学的问题。

从价值取向来说，现代规范伦理是以自由主义为支撑的。具体来说，这一现代伦理学的理论形态有两个基本的前提性预设：第一，享有自由是人天赋的属性，追求利益是人的根本目的，人的本性就是趋利避害，人与人的关系所需要的只是让步性或约束性的规范。第二，做一个什么样的人完全是每个人自己的事情，每个人都有权决定自己的生活和人生，任何社会或个人都无权干涉个人的这一权利；但无论一个人成为什么样的人，他的外在行为都必须符合社会的普遍道德规范，都应该具备道德上的正当。所以，现代规范伦理学认为，伦理学没有必要去关注和研究人的内在品质，它应当从社会生活的现实出发，研究和提出针对人的行为的普遍道德原则和道德规范。人的行为只要符合道德原则和道德规范，这个行为在道德上就是好的，或者说就是善的。就此而言，现代规范伦理是一种道义论伦理。因为，这一理论认为，人的行为的道德性质和道德意义首先不在于其所达成的目的或所体现的内在价值，而在于它所具有的伦理正当性。行为的伦理正当性必定是伦理的而非单个道德主体自身行为目的或价值的实现程度。行为的伦理正当性的根本在于它合乎具有普遍道义性的道德原则或道德规范。道德原则或道德规范的合法性和正当性在于它们公正合理地规定了人们道德行为的权利和义务，为道德实践确立了正确合理的权利范围和相应的义务承诺，为人的自由提供了可靠的伦理保障。道德原则和道德规范是以行为是否符合道义为基本评价标准的，制定这种具有普遍有效性的道德原则和道德规范是伦理学的首要任务。

现代规范伦理的理论诉求就是根据理性原则来制定行为的道德原则和道德规范，只要人们的行为是在既定的原则和规范内，这一行为就具有道德价值，就此而言，现代规范伦理不再把人的内在品质作为伦理学的终极目的来把握。从道德实践来说，它与具有内在性和超越性的德性伦理相比，现代规范伦理具有外在性和他律性，这就注定了它只是一种普遍主义的底线伦理，这种伦理学试图说明现代社会所有成员都应该遵守的基本道德的内容、范围和根据。"'底线'是一个比喻，一是说这里所讲的'伦理'并非人生的全部，也不是人生的最高理想，而只是下面的基础，但这种基础又极其重要，拥有一种相对于价值理想的优先性；二是说它还是一种人们行为的最起码的界限，人不能够完全为所欲为，而是总有所不为。'普遍'的含义一是说它无一例外地要求所有人；二是说它寻求所有人的赞同、所有人的共识。而要如此，这种道德当然又必须是最基本和最起码的，所以'普遍'与'底线'两者总是相互联系的。"①

不可否认，现代规范伦理或所谓的"底线伦理"的理论目标是符合现代社会道德要求的，它对于现代道德生活的解释也是具有合理性的，但是这种理论上的合法性与实践上的合理性并不意味着它足以对丰富多彩的道德生活做出全面的解释和说明。然而，当这种普遍化的规范伦理丧失人的内在德性资源的支撑时，规范伦理的沉迷就会蜕变为一种单纯规则主义的、甚至是律法主义的偏执，成为缺乏内在价值动力和人格基础的纯粹符号式的表达，而不是真实有效的道德价值资源。诚如万俊人教授在2008年发表的文章中指出，"'现代性'的规范伦理学——无论其理论的'可普遍性'程度多么高，其实践的'普适性'多大——都无法充分料理现代人日益稀

① 何怀宏：《底线伦理》，辽宁人民出版社1998年版，第191页。

罕却又日益复杂的‘私人’道德生活问题”[①]。换句话说，从道德实践的意义上来说，作为道德类型学意义上的规范伦理，其理论要求和价值关切存在“单向性”的倾向。如何解释这一点，我们将从三个方面来说明。

其一，规范伦理学的理论预设具有“单向性”。规范伦理学以人的趋利避害的人性为理论前提，在规范伦理的倡导者看来，追求自由和利益是人的天性，为了维护人们之间利益的分配，就需要一种协调性的规范来保证人们之间利益的获得，在此意义上，道德仅仅被作为人与人之间的一种契约。功利主义者所主张的“资源的中度匮乏”、新自由主义权利伦理所谓的“原初状态”，他们无一例外地都体现了把规范看作是人们在利益追求中的一种让步或妥协。其实，任何利益都是有条件的、偶然的、不确定的企求，它不足以使生活成为有意义的。利益和规范只是具有外在性和暂时性的目标，相对于具有内在性和超越性的生活目的来说，它们永远只能是工具性或手段性的，利益和规范到底有利于人去做什么，这才是一个目的论问题。事实上，人类生活的现状要比道德及道德的目标丰富和复杂得多。生活目的表现为人们所期望的东西，但人类追求美好生活的内容并非仅仅限于感官满足的物质利益，对精神境界的完美和高尚品德的追求是伴随着整个人类生活的，而后者是更具有决定意义的因素。关于这一点已经被无数的人类思想家的言论和人类生活的历史所证明。

其二，规范伦理学所主张的“规范性”具有“单向性”。规范伦理学把“伦理学问题”完全等同于“规范问题”，遗忘了伦理学应该解决的根本问题。“规范问题”所涉及的是如何通过利益上的让步而确立某种可以得到公认的准则，规范总是含有“应该”这一意义，规范就是通过“应该”这一形式表达出来的行为规则，规范意味着为行为规定某种“度”，它总是企

① 万俊人：《关于美德伦理学研究的几个理论问题》，《道德与文明》2008 年第 3 期。

图劝告人们做某事或不做某事。而“伦理学问题”的中心则在于考查一个规范如何才是正当的，换句话说，支持这个规范是正当的终极价值是什么。就此而言，规范伦理的论证不具有终极论证的意义，因为人们是否应当接受某种道德规范或者伦理制度的存在与消失，有待于它是否是道德来判断。不可否认，从道德存在的人际社会特性和特殊价值性两方面看，规范性的确是道德的基本的特性。但是“规范性并不是道德的唯一本性，广义的道德既包括个人美德或德性，也包括人际和社会的道德规范。道德不是纯个人的事情，更根本的说，它是人际的和人类社会的事情。规范伦理学或者把伦理学看作是给人们制定道德规范的科学，是难以获得充分正当合理性证明的，除非人们把伦理学局限在道德规范问题的探究层次而不顾其他，若如此，该伦理学理论就是不完整的”①。

其三，规范伦理调节范围的“单向性”。规范伦理的确具有引导现实生活的品格，这主要源于它的确定性和稳定性。然而，正是因为它的确定性，使得具体的规范总是确定地对应于一些具体的行为，并且因其稳定才可能被贯彻、落实到现实的道德生活中。规范作为普遍的行为准则，具有无人格、外在于个性的特点，其功能更多地展现在外在的公共行为领域。规范在尚未被个体接受时，总是表现为一种外在的律令，它与个体的具体行为之间往往存在着一种距离。而且，规范的确定性、稳定性常常可能蜕变为封闭性、僵化性，面对新的境遇和新的行为，既有的规范可能会显得不适应、不够用，规范伦理学只关注人的行为，把人看作只知道服从外在规范，缺乏内在道德品质和道德主体性的机械物，这与人的全面发展的要求是背道而驰的。“原则的道德只关心人们做或未做，因为这是规则所要求的。在这种伦理学范围内，人们除了拥有原则和具有按原则行为的意

① 万俊人：《寻求普世伦理》，商务印书馆 2001 年版，第 121—122 页。

志（和能力）以外，很可能根本没有什么道德性质。”[①]

三　德性伦理及其限度

德性伦理学的概念是与现代规范伦理学相对应的。在通常的意义上，德性伦理也称为美德伦理。“‘美德伦理’（the ethics of virtues），是指以个人内在德性完成或完善为基本价值（善与恶、正当与不当）尺度或评价标准的道德观念体系。”[②]当代德性伦理学者豪斯特豪斯（Rosalind Hursthouse）认为，与强调责任或规范的义务论和强调后果或效果的功利论相比，德性伦理具有以下几个方面的特征：德性伦理是作为一种以“以行为者为中心”（agent-centred）的伦理学，而非“以行为为中心”（act- centred）的伦理学；它所关心的是人“在”（being）的状态，而非“行”（doing）的规条；它强调的问题是“我应该成为什么样的人”，而非“我应该做什么”；它采用特定的具有德性的概念（如好、善、德），而非义务的概念（正当、责任）作为基本概念；它拒绝把伦理学当作一种能够提供特殊行为指导规则或原则的汇集。这样，基于行为者的德性伦理，就是从个体的内在特质、动机或个体本身所具有的独立的和基本的德性品格出发，来对人类行为做出评价（不论是德性行为，还是义务行为）。[③]在以麦金太尔为代表的现代德性伦理学家看来，现代规范伦理学中的功利主义把德性看成获得感性利益的外在手段，从而使得德性变成了工具性的东西，而自由主义的权利伦理所提出的“权利”也并非是一个具有确定性的概念。无论是功利论还是

① ［美］汤姆·L. 彼彻姆：《哲学的伦理学》，雷克勤等译，中国社会科学出版社 1990 年版，第 226 页。

② 万俊人：《寻求普世伦理》，商务印书馆 2001 年版，第 141 页。

③ Rosalind Hursthouse，*On Virtue Ethics*，Oxford，1999, p.17.

权利论，它们都以非人格的道德理论为前提，这就导致了对人的内在德性的忽视。

从以上我们引用豪斯特豪斯关于德性伦理学的基本特征的认识中可以看出，相较于规范伦理学，德性伦理学是一种“以人的德性为中心”的伦理学，而不是“以人的行为为中心”的伦理学，它强调的是“我应该成为什么类型的人”，而不是“我应该做什么类型的行为”。德性伦理关注人的内在品质，以个体道德人格的整体生成和个体道德行为的高度自律为核心内容，以个体道德精神的高尚性和个体道德行为的完美性为核心目标。强调以“自我实现”为价值取向的个体道德人格的完善，注重具有“自我约束”性的自律型道德主体的养成。它的前提性理论预设是，“行为的正当性或由德性界定，或根源于德性，或被德性确证，或依据德性来阐明”[①]。主体行为的正当性来源于主体品质的道德性，主体品质的善是主体行为正当性的源头，只有具有德性的人才能做出有道德的行为。

从上述意义上来说，相较于功利论和义务论的规范伦理来说，德性伦理的理论优势在于：第一，强调道德的动机。德性论的优点就在于它提供了对道德动机自然而有吸引力的说明。作为一种以主体、而非以行为为中心的伦理学，德性伦理关注的不仅是发生了的行为，而且进一步推及到伴随在行为中的道德动机、愿望和情感等问题。第二，通过培养品格而指导行为。德性伦理不仅可以根据美德或恶德而得出相应的规则，而且也不排除规则主义的规则。这两种规则都能够指导我们如何行动。德性伦理与规则伦理之间的区别在于当把这些原则应用于具体事件时，它们给出的原因是不同的。因此，德性伦理不仅通过规则，而且也通过培养美德来指导人的行为，而后者是更为根本的；前者只是后者的组成部分。第三，对“非

① Daniel Statman，*Virtue Ethics* , Edinburgh university , 1997, p.262.

人格性”理想的质疑。“非人格性”是一种认为所有人在道德上都是平等的观念，它坚持人们在道德行为选择的过程中应当平等地对待每一个人的利益，这也就是我们在前文所说的现代道德哲学的“不偏不倚”的观点。德性伦理则认为，一些德性是有偏爱的，而另一些德性则不是。因此，德性伦理中对偏爱的这种理解更接近我们的生活，因而更容易被人们接受和实践。第四，德性具有无穷的魅力。德性是所有社会都十分需要的宝贵的、短缺的精神资源。它的存在，使得各种各样的社会实践得以正常进行。德性就是人类为了幸福，为了欣欣向荣、美好生活所需要的品质。德性维持了社会传统的延续；维护了人类对生活之善的追求，使人类相互合作成为可能，使个人生活有积极向上的完美追求。

作为一种道德类型学意义上的德性伦理，其自身也面临着一定的理论挑战。这就是规范伦理学家对其提出的批评。规范伦理学家指出，“德性”这个概念并不是德性伦理学特有的概念，而是一个一般的概念。功利主义者认为，利他主义和慈善是最重要的德性，康德义务论也认为，如果一个人通过行使意志的力量来抵抗对立的欲望和倾向，并严格按照道德责任来行动，那么这个行为主体也会显示出相应的德性。所以，义务论和功利论都主张，德性概念是从道德原则中引申出来的，或者是从严格地遵守和服从道德原则的倾向中引申出来的。德性具有重要性，仅仅是因为具有德性有助于人们履行正确的行动。更准确地说，规范论者认为，每个德性都有一个相应的道德规则与之对应。基于这样的理解，规范论者提出了三个论点。第一，道德规则要求人们履行或者不履行某些行动，那些行动既可以由具有德性的人来完成，也可以由不具有德性的人来完成。第二，所谓德性只不过是一种经过内化的服从道德规则的倾向，例如，慈善的德性就是处于慈善的责任而履行善的倾向。第三，德性没有内在价值，而仅仅具有工具和引申的价值。具有德性的人和不具有德性的人相比，只是更有可能做正确的事情，即严格地服从道德规则，并且能够正确地判断在什么情况下做出什么样的行为。德性的重要性仅仅在于德性激发了正确的行动。规范伦理的这三个论点无非是要表明，我们在进行道德评价时，要把对行为者的评价和对行为的评价区别开来。这两种评价对于完整的伦理评价来说是必要的，但是，对行为的评价逻辑上先于对道德行为者品格的评价。这就表明，如果确证德性的根据不是正当的行为，那么，人们自然会对德性的根据提出疑问。大多数德性伦理学家期望借助于形而上学的目的论来解释这一问题，但是这种解释是并不能令人满意的。

从道德实践的角度来说，德性伦理所主张的一些价值理念也是难以贯彻的。我们在前文对于古希腊德性统一问题做讨论时指出，德性伦理蕴含着一种精英论、等级论的思维，正是由于这种这种思维的存在，德性伦理主张与“内在好”和“共同体”具有不可分割的联系。而这一点似乎成为德性伦理最为脆弱的表现。“真正的共同体是很难达成的。它需要个人恰好处于既没有完全被集体吞没，又不是不再认同集体的那一个‘中道’上。唯有如此，‘主客统一’才会出现。”[①] 德性伦理蕴含的精英主义和等级主义的思维，存在着用道德生活价值取代生活价值的道德理想主义倾向。事实上，人类生活的内容是丰富多彩的，人们只有在满足基本生活需要之后，然后才能追求一种具有“内在好”和超越性的自我完善的精神生活。伦理学的首要任务似乎应当是处理基本生活领域，而非自我实现的事情。德性伦理过于推崇“内在好”的道德生活的思维，恰恰就是牺牲生活价值的表现。不可否认，生活价值虽然是“外在好”，但是如果它不能得到适当的满足，人的最基本的尊严也将会无法实现。道德理想主义的思维方式除了造成对生活价值的挤压外，更为严重的危害恐怕就是政治领域出现的道德

---

① 包利民：《现代性价值辩证论：规范伦理的形态学及其资源》，学林出版社 2000 年版，第 209 页。

恐怖主义。在人类历史上，曾经出现过“没有美德的恐怖是邪恶的，没有恐怖的美德是软弱的”[①]。的法国大革命中的情形便是证明，就此而言，中国的“文化大革命”也是道德理想主义盛行的典型，为此，我们的国家和民族曾经尝付了沉重的代价。

除了精英论和等级论的内在限度外，正如规范伦理学者所批评的，德性伦理所主张的道德要求和道德评价标准具有模糊性，在现代社会的道德实践中是难以操作的。“一个正义体系回答了人们有权要求什么的问题；满足了他们建立在社会制度之上的合法期望。但是他们有权利得到的东西并不与他们的内在价值相称，也不依赖于他们的内在价值。调节社会基本结构和规定个人义务和责任的原则并不涉及道德应得，分配的份额并不倾向于要与它相称。”“没有一个正义准则旨在奖赏德性。”“在其他情况相同的条件下，天赋较好的人更可能认真地做出努力，而且似乎用不着怀疑他们会有较大的幸运。奖励德性的观念是不切实际的。在人们强调按需分配的准则而忽视道德价值时更是如此。”[②]虽然罗尔斯这里主要是分析个体德性对于社会政治制度和分配制度并不具有非常重要的意义，但也可以看出，他的这些言论反映的是规范伦理学者对于德性伦理的批评态度。

通过对规范伦理和德性伦理理论限度的说明，我们的目的是为了寻找一种现代伦理建构的合理模式。换句话说，一个完整的伦理学体系，不仅包括规范伦理所要求的“我们应该如何行动”的行为规范的问题，而且需要德性伦理所要求的“我们应该成为一个什么样的人”这一具有内在人格的问题，规范伦理与德性伦理的互补，才能称为一个完整意义上的伦理学体系。这不仅是伦理学理论的要求，也是道德生活的客观要求。对这一问

① 朱学勤：《道德理想国的覆灭：从卢梭到罗伯斯庇尔》，上海三联书店 2003 年版，第 286 页。

② ［美］罗尔斯：《正义论》，何怀宏、何包钢、廖申白译，中国社会科学出版社 2001 年版，第 311、312 页。

题的考察是离不开现代性这一问题的本身的，因为从价值的维度上来说，现代性所蕴含的精神具有双重性，而这种双重性恰恰是现代性伦理建构的客观逻辑。在前面的论述中，我们把现代性的精神理念界定为在现代化过程中所确立起来的现代社会与现代人的价值理念、思想态度以及实践模式。这种现代性理念的核心是人的主体性、理性、个人本位与人道原则。从伦理学的角度来说，这一精神理念体现在如下几个方面：个人本位、自由、权利、正义、理性、规则主义等。当然，这些现代性的精神理念内容是与传统社会所主张的社会共同体、内在的目的、身份、血缘、服从、人情关系、德性等价值比较而来的。然而，现代性精神的一路高歌猛进，并没有实现启蒙思想家所设计的美好社会蓝图，在理性精神的空前高扬下，现代人价值观念的困惑与彷徨同样是一个不容回避的话题。正是在这个意义上，哈贝马斯敏锐地意识到，“现代性是一项未完成的设计”[①]。换句话说，现代性伦理精神的面向应该是规范伦理与德性伦理的某种综合，这才是具有现实性和合法性的道德命题。

事实上，我们对规范伦理与德性伦理各自的理论限度的讨论，已经在逻辑上蕴含了现代性伦理建设的思路。这里，我们将从道德实践的角度，来对这个问题再做一次必要的延伸说明。就现代规范伦理来说，它把目光聚焦在个人、权利、利益、自由、理性等价值观上，这势必将事实与价值、经验与理性、道德与传统、个体与群体、权利与义务等加以人为地割裂，从而使道德与人的真实生活之间出现了紧张的对峙。如此一来，昔日曾经在人的生活中扮演极为重要角色的共同体、德性等内在性的因素逐渐淡出了伦理学的知识视野，其中最为严重的后果诚如麦金太尔所言，伴随着启蒙运动所倡导的理性主义精神的充分展开，现代道德哲学内部越来越呈现

① ［德］于尔根·哈贝马斯：《现代性的哲学话语》，曹卫东等译，译林出版社 2004 年版，第 1 页。

为一种不协调的状态，尽管有许多伟大的思想家为道德统一性的问题做出了不懈的努力，但是现代道德哲学内部七嘴八舌的状况愈演愈烈。客观地说，现代性自身的演进过程及其后果表明，单纯依靠理性主义建立起来的现代规范伦理，反映的并非是人类道德生活的全部内涵，在现代性规范伦理的这种线形展开的同时，引发的是一种伦理价值的“单向性”问题。换句话说，现代规范伦理的有效性仅仅体现在它对现代性伦理精神的一个向度上的解释，这一向度就是我们所说的个人主义、自由主义、理性主义、规则主义和多元主义等。

同样真实的是，现代性精神的另一个向度正在被以麦金太尔为代表的社群主义所刻画。在此意义上，我们把这一学派在道德问题上的理论思潮称为现代德性伦理学，尽管他们的理论态度不尽相同，但这并不足以影响我们对现代性伦理精神状况的整体性把握。现代德性伦理学的核心话题是建立一种新的社群以及附诸在这种共同体上的共同善、德性与传统的关系等，它的理论目标就是以一种历史主义的眼光来重新思考这些传统精神在现代伦理学中的理论价值以及在现代道德生活中的实践意义。用中国现代新儒家的话来说，西方现代德性伦理学的这种思维就是“返本开新”。就此而言，麦金太尔主张回归亚里士多德传统以拯救现代德性的哲学努力，就不单纯是对现代道德哲学的一种解构和批判，更重要的意义表现在他对于现代性伦理秩序的建构上的努力。诚如意大利学者乔凡娜·波拉多芮所言，“阿拉斯戴尔·麦金太尔驻足凝思于对一种远古过去的回忆与对美国多元论的全球性视野之间，并深深沉浸在苏格兰凯尔特人（一译‘盖尔特人’）的传统世界之中，极大地丰富了当代的道德争论，使其达到了一种无与伦比的深度。他以一种全部的灵活性在历史主义的密网纵隙之间游刃有余，其辩谈（discourse）直指一种新托玛斯主义视域的极境，他不把这一极境理解为（道德哲学）范畴重建的非常时刻，相反，却把它理解为至达‘美德伦理’的关键点。视为全面剖析所有古希腊文化并达到对亚里士多德思想的充分系统化的一条线索”①。事实上，麦金太尔的本意并不是简单地追寻传统社会的美德，也不是对现代社会既存的道德理论的根本拒斥，而是在对规则伦理话语霸权地位批判的基础上，使德性伦理得到合法的定位。这一点麦金太尔本人在后来也做了澄清："他们误把这部书（指《德性之后》）解释为对作为代替‘一种规则伦理’的‘一种德性伦理’的辩护。这种批评没有注意到下面的这个方面：在此方面，任何充分的德性伦理都需要‘一种法则伦理’作为其副本，‘的确，这种伦理认为，只有对于某个拥有正义美德的人，对如何应用法则的认识本身才是可能的’。这部《美德的追寻》的续集所集中关注的，便是正义与法则之间的这种联系。”② 就此而言，以麦金太尔为代表的社群主义的现代德性伦理学的贡献在于，他们把启蒙运动理性主义所遮蔽的现代性伦理精神的另一个面向展现了出来。

综合而论，通过对现代规范伦理和现代德性各自的理论及其实践方面的限度做分析的基础上，笔者想要表明的是：现代规范伦理学拒绝传统德性伦理学的理论预设前提却又不得不另外寻求前提的做法，本身便说明了现代规范伦理的知识困境：撇开了传统的德性伦理和道德形而上学的进路，它并没有创立一种无任何假设前提的普遍规范伦理。在道德实践层面，这种依据理性主义建立起来的规范伦理，它所展现的只是现代性价值双重维度中的一个方面。对于这一点，成中英教授做了很好的说明。他指出，现

① Giovanna Borrsdori，*The American Philosopher* ,The University of Chicago Press , 1994 , p.137. 转引自万俊人《比照与透析：中西伦理学的现代视野》，广东人民出版社 1998 年版，第 389 页。另参见万俊人《现代性的伦理话语》，黑龙江人民出版社 2002 年版，第 26—27 页。另参见 [美] 麦金太尔《谁之正义？何种合理性？》，万俊人等译，当代中国出版社 1996 年版，第 2 页。

② [美] 麦金太尔：《谁之正义？何种合理性？》，万俊人等译，当代中国出版社 1996 年版，第 1—2 页。

代规范伦理对于理解与规范人的行为，有着良好的理性的分析力和精密度，所以能够比较好地掌握权利和义务的界限，并比较重视行为的效率和效果。但是，它因为削减了人的主体性整体的投入，因而限制了自我担当的道德创造力，容易使人的品质平庸化和现实化，把人推向机械化商品的存在，根本无法真正凸显人的崇高和尊严。与之相对的是，“德性伦理体系似乎具有强烈的目的性，也更能激励人性中的创发力量，展现人的道德勇气、智慧和活力以及为理想牺牲的精神。这是人的主体性的至高表现，且基于与宇宙本体的连贯性，充满淋漓尽致的生命精神。但是在社会与国家层次，它面临现代科技与经济分工的需要，却无法有效地动员协合众人的力量”[①]。

从道德生活的客观实际来看，人类不仅有追求自由、利益、理性的权利，他们享有的追求崇高和完善的个性是不容忽视的。所以，在规范与德性、现代与传统之间，似乎难以实现截然的理性分割。道德运行的机制是主体自觉和社会调控、自律与他律的统一。“综合起来说，在最一般的抽象意义上，道德的基本运行目标是完善的社会道德和完善的个体道德的有机统一。”[②] 因此，不仅道德系统中的德性与规范在逻辑上和现实上难以分开，而且，作为伦理学理论类型和道德评价类型的德性伦理与规范伦理也是伦理学的不可分割的统一体，这种统一不只是主观逻辑上的要求，也是客观逻辑上的必然。如何合理地协调现代性伦理价值的两个方面，使得德性的价值在现代性伦理中凸显出来，自然是我们本书的题中应之义，同时也是本书的理论归宿。

① 成中英：《文化、伦理与管理》，贵州人民出版社 1991 年版，第 133 页。

② 罗国杰：《伦理学》，人民出版社 1989 年版，第 86—87 页。

第二节　德性伦理与规范伦理结合的向度

一　道德系统中的德性与规范

任何一种完整的伦理学理论都包含着两个方面的内容，既关于主体道德品质的德性论和关于主体道德行为的规范论，每一种伦理学理论都是关于这两个方面的统一的学说。“功利主义者和义务论者同样赞成培养道德的美德，即使他们对于哪些美德最重要还有不同的意见。例如，对功利主义者来说，行善的美德极为重要，而在许多义务论理论中，正义的美德似乎更为重要。一个人无论他偏爱的是功利主义、义务论或者美德理论，为了学会过一种合乎美德的道德生活，对于他来说，亚里士多德的道德理论是充分适用的。”[①]这就表明，现代性伦理的合理思路应该是建立一种德性与规范相互统一的道德运行机制。事实上，西方新自由主义规范伦理与社群主义德性伦理争论的焦点就在于对道德本体论问题的回答即个体德性与行为规范何者在先的问题，为此，我们需要在道德系统的知识语境中，对于德性与规范的关系做一学理上的概述。

（一）德性与规范的历史之维

德性、规范总是相对于道德主体而言的。就它们与存在主体的归属关系而言，德性总是内在于主体的，因而是内在的。相对于德性来说，规范是一定社会对道德行为主体的客观要求，在形式上表现为风俗习惯、禁忌

① ［美］汤姆·L. 彼彻姆：《哲学的伦理学》，雷克勤等译，中国社会科学出版社 1990 年版，第 239 页。

等，它具有历史性和民族性，是外在于主体的。就其性质而言，德性具有自律性，规范具有他律性，这是就主体的自觉能动性而言的。需要指出的是：德性与规范虽然与主体的归属关系不同，但这并不意味着两者是毫无逻辑和现实关联的。“德性以主体为承担者，并相应地首先涉及人的存在；相形之下，规范并非定格于主体；作为普遍的行为准则，它更多地具有外在并超越特定主体的特点。然而，尽管德性与规范各自呈现出和主体的不同关系，但二者并非彼此悬隔。”[①]换句话说，在道德系统中，德性与规范存在着相互转化的属性。

道德实践证明，在德性向规范转化的过程中，人格起着重要的中介作用。正是德性首先占有了人格并与人格交互，并因此而获得了能动性，才使德性获得了向道德规范转化的现实途径。在现实生活中，道德规范往往可以通过对理想人格的超越或扬弃而得到涌现。道德规范之所以能成为一种人们所共同遵守的准则或规范，就是因为道德规范能够反映一定的社会需要和道德理想。这种道德理想并不是出于人们随意的想象，而是以现实的利益格局为根据，同时又在这些理想人格中取得了具体形态。“相对于比较自觉的观念系统，与人的具体存在融汇为一的理想人格似乎具有某种本体论的优先性：在抽象的行为规范出现以前，理想的人格往往已作为历史中的现实而存在；规范系统本身在一定意义上亦以历史中的理想人格为其重要的本源。事实上，理想的人格同时也可以看作是一种完美的存在范型，这种范型对一般的社会成员具有定向与范导的意义，观念化的规范系统在相当程度上亦可理解为对这种范型的概括、提升。埃尔德曼认为，‘品格的善在逻辑上更为基本’，‘在道德生活中，规则是后起的’”。[②]这种区别使得人们对于理想人格的把握具有先在性。或者说，人们总是对理想人格有所

① 杨国荣：《伦理与存在：道德哲学研究》，上海人民出版社2002年版，第146页。

② 同上书，第147页。

领悟。这种被领悟的理想人格一旦为人们所普遍认同，人们就自觉或不自觉地依照理想人格为榜样来调整自己的行为。这已经说明理想人格具有一种与道德规范相似的功能——人类行为导向的功能，而且由于理想人格集德性于一身，人们如果长期以某种类型的理想人格为榜样，就会自觉或不自觉地获得了与理想人格相似的德性。从这个意义上来看，向理想人格的学习本身就是一种行之有效的培养人类德性并使人们遵守道德规范的重要方式。

人们通过向理想人格学习的机制来养成人们的德性并使人们遵守社会所要求的道德规范，已经被道德教化的实践所证明。理想人格中包含的德性在人类认识能力提高到一定程度的基础上，也可以被看作是一种榜样。因为理想人格中包含着德性的相似性很容易使人们通过自己的概括能力、想象能力而使这种德性与具体的理想人格相分离，使这种德性成为在思想上相对独立的与具体的理想人格相分离的榜样。这种榜样因其外在于人的人格而具有最早的道德规范意义。换句话说，人们通过一定的抽象而使德性与一定的理想人格相分离，从而形成了对一般社会成员具有定向与指导功能的道德规范。这种道德规范是以观念的形态存在的，它具有抽象性、概括性以及人格的外在性。这种具有概括性、抽象性以及人格外在性的道德规范虽然就其产生的根源来说，是以理想人格的存在为前提的，但它一旦产生出来，就自有其优势。这种优势的具体表现就是道德规范以其抽象性、概括性而同时也就具有了普遍性和非人格性。

道德规范与一定的社会环境相联系，通过塑造理想人格来实现其向德性转化或过渡。需要说明的是，从德性通过人格以及人类的认识能力而向道德规范转化的过程来看，应该承认，德性相对于道德规范的存在具有优先性，但从道德规范向德性转化的角度来看，则应当存在着相反的情形。因为从德性依附于人的本体而存在的角度来看，德性通过人格确实存在着相对于道德规范存在的先在性，但从现实历史的角度来看，德性并非时时处处先于道德规范。就道德规范来看，其原始形态往往与现代系统的、自觉的、多样的道德规范的形态不同，即它是以某种风俗、习惯、礼仪、禁忌等形式存在于社会之中，这就是特定时代的道德规范的存在形式，它就是当时影响人们道德行为的实际制约因素，就是起作用的道德规范与道德准则。从这个意义上来看，道德规范的存在并不晚于德性的存在。人类社会之中理想人格的存在并不是一种偶然的现象，并不是出于杰出人物或理想人物的纯粹的自愿自觉性或先知先觉性，杰出人物或理想人格身上所体现的德性的产生是与一定的社会环境密不可分的。道德规范还是社会环境的有机构成部分，正是理想人格或杰出人物所产生的社会环境提供了保证这样的理想人格产生的价值原则，以及这种价值原则赖以存在的社会风尚。

事实上，人们往往是根据自己所理解的价值原则以及与该价值原则一致的道德规范，确认或突出理想人格的德性，理想人格之所以能够在社会上凌驾于一般人格之上，之所以能够成为人人学习的榜样，就是因为理想人格符合当时或后世的价值取向以及相应的道德规范、风尚与习惯。从这个意义上看，历史上的理想人格总是与一定形态的道德规范相联系，在一定程度上可以说正是一定的道德规范成就了一定的理想人格。具有平等、自由德性的个人主义者不可能在中国封建社会成为一种理想人格，因为这样的理想人格与当时社会的价值观念、道德规范格格不入。因此，“不管是就其本然形态而言，还是从它被塑造或再塑造这一面看，历史中的理想人格都难以和一定的规范系统截然相分”[①]。在道德规范向理想人格的转化以及实践的角度来看，道德规范的内化或转化为人的德性，是通过环境的

① 杨国荣：《伦理与存在：道德哲学研究》，上海人民出版社2002年版，第148页。

影响、教育的引导、个人理性的认同、情感的体验、自愿的接受等环节来达成的。正是通过这些主观和客观相统一的环节，外在的道德规范逐渐地融合于个体内在的道德意识之中，并通过人的道德实践而凝结为人的德性，统一于人的人格，或者说使德性占有了人格并通过这种占有而成为人格的构成部分。而且这种转化之所以必要和可能，是因为理想人格与道德规范相比，又有着道德规范不可替代的社会优势，因为如果不将道德规范转化为凝聚着德性的人格，就难以产生社会所需要的德性，理想人格以其具体性、崇高性和亲切性以及与普通大众的同质性对于鼓舞、激励人类德性的养成，对于更多的理想人格的出现具有不可估量的作用。

综合而论，德性通过占有人格从而构成规范的现实根据之一，具有本源意义的先在性；而规范则从现实社会价值取向以及实际的伦理生活中的道德选择活动等方面制约着理想人格的形成与塑造，从而呈现出德性转化为规范与规范转化为德性的双向互动机制。“如果仅仅从静态的观点看，往往容易引出单向决定的结论，惟有着眼于历史过程，才能把握二者的真实关系：正是在历史实践的过程中，德性与规范展开为一种互动关系并不断达到具体的统一。”[①] 从这个意义上来说，“道德规范与德性都是道德系统进化与发展的产物，社会发展的每一时期都存在着与该时期相适应的道德规范与德性，它们共同构成了相应时代的道德风貌”[②]。从学理层面来说，道德系统中的德性与规范之间相互关联、互为前提的属性，是由伦理学本身的学科品格决定的。“伦理学既是一门实践科学，也是一种价值理想的设置。也就是说，伦理学既要为人们提供现实可行的价值方针、规范和指导，也要为人类指明和设计终极的价值目标和理想人格，以引导和激励人们追

① 杨国荣：《伦理与存在：道德哲学研究》，上海人民出版社 2002 年版，第 148 页。

② 高恒天：《道德与人的幸福》，中国社会科学出版社 2004 年版，第 105 页。

求超现实的精神完善。这是人性的内在要求，也是伦理学自身的内在特性使然。”[①]

不可否认，在道德运行的实践中，德性与规范之间虽然存在一些差别，但二者之间也有着相互联系与影响的一面，如除个别的情形下，反映社会现存秩序的规则与个别超越于现实的圣贤之德性追求有冲突对立外，对于大多数人来说，德性总是在遵守秩序规范的基础上形成的，而有了德性，一般来说也会更加自觉地遵守社会的规范规则。规范伦理包含了德性伦理的基本的核心的内容，而德性伦理的追求则能更好地为规范伦理提供主体的能动基础。这里涉及德性与规范更为内在的逻辑关联。

（二）德性与规范的逻辑之维

德性与规范是相辅相成的。在人类的道德实践中，德性在使道德规范转化为德行方面具有重要的作用，因为非人格化的或外在于人格的道德规范本身很难直接过渡到德行。从这个角度来说，德性正是道德规范发挥其道德功能的中介条件。从道德实践的逻辑出发点来看，人类的道德实践应当以道德认识为前提，即知道什么是善、什么是恶，也正是在这个意义上，苏格拉底提出了“德性即知识”的命题，他认为道德依赖于知识，没有知识也就没有德行，人只要具备了有关的道德知识，才能做道德之事；而且人只要具备有关的道德知识，就必然会做善事。根据这种观点，似乎只要人们知道了道德规范，人们就会按道德规范办事，人们就会实践出德行。但从逻辑的角度来看，苏格拉底这一命题是难以无条件成立的，因为知道了道德规范的内容，知道了什么是善，什么是恶，仍然不能导致人类的道德行为，因为从“是什么”推导不出“应当做什么”。“道德认识意义上的

① 万俊人：《伦理学新论：走向现代伦理》，中国青年出版社 1994 年版，第 47 页。

'知'，虽然不同于事实上的认识，但就其以善恶的分辨、人伦关系的把握、规范的理解等内容而言，似乎亦近于对'是什么'的探讨；以善恶之知而言，知善知恶所解决的，仍不外乎什么是善，什么是恶的问题。从逻辑上看，关于是什么的认识，与应当做什么的行为要求之间，并不存在蕴含的关系。"[①]这一问题后来被英国哲学家休谟自觉地认识到了，他认为，从逻辑上来看，人们不能从"事实判断"过渡到"价值判断"。这等于说道德规范不可能无条件地自动转化为人类的德行。道德规范之所以能成为道德规范，就在于它以道德原则为根据，在于它源自于善，在于它涉及善恶分辨，在于它肯定什么应当做、什么不应当做。但是，道德规范所具有的普遍性总是超越并外在于人类个体的，它不能直接地与人类个体形成有机的统一体。不但如此，道德规范对于进一步社会化的社会个体来说，往往是一种限制，往往具有他律的特点。这种情况说明，道德规范不但不能无条件地自动转化为人类德行，而且这种转化即使可行，也是存在着相当大的阻力的。

为了使道德规范转化为人类的道德实践，使道德规范顺利地转化为人类的德行，使人从"知其善走向行其善"，在实践中，人类不是以纯粹逻辑的方式来进行这一过渡的，或者说来解决这一问题的。在道德实践中，人们是以德性的培养来实现这一在逻辑上看来是不可能的过渡的。在实践中，德性的培养往往伴随着人类个体成员的社会化过程，因为德性本身并不是一种可以离开社会的存在，动物不存在德性，德性本身的养成就是人的社会化的重要内容。正是德性使人成为一种社会的存在，成为一种文明的存在。因为德性在其养成过程中已经成为人格的构成了，它彻底地克服了道德规范的非人格性，克服了道德规范的外在性，实现了道德规范的内化。由于德性成为人格的构成部分，这就使得德性与道德规范相比获得了与个

① 杨国荣：《伦理与存在：道德哲学研究》，上海人民出版社2002年版，第149页。

人更为密切的关系，使德性与人的知、情、意不可分割地联系在一起而在整体上改变了人的人格，这时候，德性就成为德行的来自人类自身的保障，而人们在遵守社会道德要求的同时，并不会感到一种外在的压迫或被动的屈从，于是德性就成为促使人类知行合一的来自人类自身的本质力量，而道德认识就会化为人的道德行动，“是什么”就会转化为“应当做什么或不应当做什么”，“事实判断”就会转化为“价值判断”，道德被动就会转化为道德主动，道德不自由就会转化为道德自由。这表明，德性在与道德规范一起促进人类的道德实践方面，具有相辅相成的关系，显示了道德规范依赖德性的一面。

德性之所以能够弥补道德规范在促进道德实践中的不足，之所以能使自己与道德规范形成一种相辅相成的关系，还在于它与道德规范相比，表现为人类个体的自我约束。在这个意义上，德性成为道德规范得以确立和有实效的中介，它以“我应当”的形式对人类个体进行约束。强调德性在实践中对道德规范具有弥补其不足的作用，并不意味着削弱道德规范在道德实践中的作用，因为道德规范本身对于德性的养成具有重要作用。德性的形成过程就是人自觉或不自觉地按照道德规范塑造自我人格的过程。一定社会之中占主导地位的道德规范不但制约着人们的道德行为，而且也规范着人们的人格的发展方向。“导民以学，节民以礼，而性成矣。”[①]礼既有制度之意，又泛指一般的规范；性则指与天性相对的德性。“导民以学，节民以礼”，意味着引导人们自觉地接受、认同普遍的规范，并以此约束自己；“性成”则是由此而使天性提升到德性。张载也提出了类似的看法，强调“凡未成性，须礼以持之”[②]。“故知礼成性而道义出。”[③]这里所肯定的，亦为“知礼”（把握规范系统）与成性（从天性到德性的转换）之间的统一

---

① 《李觏集》，中华书局 1981 年版，第 66 页。

② 《张载集》，中华书局 1978 年版，第 264 页。

③ 同上。

性。这体现了道德规范对于德性养成的重要作用。对规范的这种认同，同时也有助于避免德性向自我中心的衍化，换句话说，道德规范对于避免已经形成的德性的过分主观化或内在性的色彩也有重要作用，由于每一个人都受到相同的道德规范的影响，或者说道德规范对于每一个人来说具有同质性，于是，在一定程度上，受这些规范的影响而养成的人们的德性之间就有了某种相似性。如果没有道德规范在人们之间的这种沟通作用，那么，就不能保障人们的德性之间的相似性，如果切断德性与规范之间的联系，就不能担保不同的人格之间的相似性，就不能避免德性之间的矛盾。从这个意义上来说，正是道德规范统一了德性、包容了德性、协调着德性、养成德性。道德规范在道德实践中的作用并不逊色于人的德性在实践中的作用。

总之，单纯的德性也有自身的不足，它也需要规范的范导，以克服其自身的局限性，需要规范与之相关联，这是由道德运行的机制所决定了的。如果人为地只注重其中的任何一方面，则必然会在道德实践中影响道德整体功能的发挥，甚至在伦理实践中会导致极为不利的后果。现代社会相对于传统社会更注重道德规范的社会作用，却不同程度地忽视德性的社会作用所引起的不良后果，正是由于没有发挥道德的整体功能所造成的。

德性与规范具有目标的一致性。前文已经论及，从道德运行的机制和运行的目标来看，德性与规范之统一，不仅是伦理学的理论目标，更是社会道德生活的必然要求。从人类追求幸福的活动来说，人类社会必须对其成员具有一定的凝聚力，必须使社会处于一定程度的有序状态之中，而这种凝聚力和社会秩序的形成既离不开规范，也离不开德性。德性与规范的统一，不但表现在其对于社会凝聚力与社会秩序的作用目标的一致上，而且在规范与德目一致中得到了具体的展现。与德性是人格之占有一样，德目从一个方面表征着人的社会存在。比如古希腊关于美德就有智慧、勇敢、正义、节制之德目之体现，中国儒家中有“仁、义、礼、智、信”等具体德目。历史地看，一定社会所倡导的道德规范与其相应的德性之间就存在着某种程度的对应关系。“强调义务和行为的道德学说，能得到培养人们的气质以按照自己的义务行为的品质道德学说的帮助；同时，道德和品质的道德学说可以培养人们按特定方式行为的气质。再说，道德的美德与道德义务的原则是相互对应的；如果确实是相互对应的话，那么为许多道德原则所禁止的行为和被谴责为道德上恶的行为之间当然同样是相互对应的。这两种探讨道德的方式可以完美地相互印证、相互补充：就每一条义务原则而言，存在着与之相对应的品质特征或者美德，这种品质特征或美德就是按照特定方式行为的气质；就每一种品质的美德而言，同样存在着与之对应的义务原则。”①“但我们不能得出结论，说美德和原则可以相互替换，或者说，一个可以还原为另一个；我们仅仅可以说，美德和原则在一种道德理论或一部道德法典中服务于同一个目的，或具有相同的功能。”②

从道德规范与德性相互向对方过渡本身来看，二者可以说也是统一的。道德规范可以说是“非人格化的德性”，而德性可以说是“人格化的道德规范”，它们是同一个对象的不同的存在方式。“非人格的德性”指的就是存在于具体的个人之外的道德，它是人类在文明进步中通过社会文化的方式抽象出特定的道德原则、道德规范和相应的价值观念系统，它表现为一种规范道德的构成形式和一种道德原则的论证过程。德性或“人格化的道德规范”指以个体为单位的人在同一过程中不断通过自我的人性自觉和价值认同，将既定的道德原则、道德规范和相应的社会价值观念系统地个体化、特殊化和内在主体化，表现为一种美德伦理或人格品德构成形式和一种美

① [美]汤姆·L. 彼彻姆：《哲学的伦理学》，雷克勤等译，中国社会科学出版社1990年版，第248页。

② [美]同上书，第254页。

德完善的过程。道德的这两种存在方式是两个相向对应的动态过程，其间既有相互交错、相互促进的一面；又有相互抵触、相互矛盾的一面，从而在总体上构成一个矛盾的统一体。道德规范与德性相互转化的运动过程，是两个相互对应交会而又不可或缺的两个方面，如果没有道德规范向德性的转化方面，道德就会成为无主体基础，无人格担当的空洞规范；如果没有德性转化为道德规范的方面，德性就无法获得普遍合理性证明，就无法使不同的德性相互之间协调一致，就无法使不同的德性具有一致性。诚如弗兰克纳所说："原则无品质是空的，品质无原则是盲的。"① 总之，规范与德性共同构成了道德的统一体。

不可否认，德性作为个体的能动性品质，它使人的行为不仅合乎道德，而且出于道德，没有充分深厚的个人德性基础，任何普遍的规范伦理都不可能完全落实于人们的实践行为，其实践效果也会大打折扣。有关道德的各种规范、制度，毕竟总是以外在于人的形式存在的，只要人还没有形成内在的德性，就还没有成为真正的道德主体，有关道德的规范、制度的道德意义就是不完全的。"在德性和法则之间还有另一种非常关键的联系，因为只有那些具有正义德性的人才有可能知道怎样运用法则。"②

二　从制度伦理走向德性伦理

以上我们就道德系统中规范与德性的关系，从历史与逻辑的角度做了讨论。作为伦理学类型的规范伦理与德性伦理，在道德运行中也呈现为相辅相成、对立统一的辩证关系。从理论上讲，伦理学是规范伦理与德性伦

① ［美］弗兰克纳：《善的求索》，黄伟合等译，辽宁人民出版社 1987 年版，第 138 页。

② ［美］麦金太尔：《德性之后》，龚群等译，中国社会科学出版社 1995 年版，第 192 页。

理的统一。在道德运行的目标上应该是调节社会秩序的规范伦理与关注个性完善的德性伦理的合题与统一。对德性与规范之间关系的上述理解，有助于我们对道德本题论问题的理解。然而，对道德系统中的德性的讨论，仅仅停留在这些方面还是不够的，如何在道德建设中探索一条具有方向性的融合德性伦理与规范伦理的合理之路，才是更具有现实性的问题。

（一）制度伦理何以可能

在前面的讨论中我们指出，现代社会与传统社会的一个基本差异就在于它的高度理性化和制度化，随着社会结构的转型，价值观念的多元化与道德秩序的失范急需整合，因而在当代道德生活的实践中出现了某些道德制度化和制度道德化的客观趋势，道德制度化或制度道德化也就是我们通常所说的制度伦理。在当今世界，制度伦理的研究之所以成为伦理学研究的范式转移，最根本的原因就在于社会生活的制度化趋势得到空前的加强。[①]我们觉得，既然在现代社会中，以制度伦理为标志的规范伦理构成了道德生活的核心内容，那么，我们就必须在制度伦理的话语情境下，思考制度伦理与德性伦理的关系，在对二者关系的考察中，凸显德性伦理的现代意义。只有这样，才是比较现实合理的路径。那么，什么是制度伦理？制度伦理与德性伦理之间的具体关系是什么？在道德建设中究竟如何协调

① 万俊人教授从知识社会学的角度，结合西方社会和我国社会道德生活的实践，讨论了制度伦理是当代伦理学理论研究的范式转移问题。他认为，制度伦理的最为重要的任务就是为社会制度体系的建构提供必要的基本价值理念、道德论证和社会伦理资源。现代社会区别于传统社会的一个重要特征，是其生活的社会化和制度化程度日趋强化。当人们的生活越来越多地聚集于公共空间而非私人领域时，也就意味着现代生活的社会化或公共性程度越来越高。社会公共生活的基本特征在于其公开、透明和秩序规范，而能够做到公开、透明和秩序规范的唯一有效方式，只能是社会生活的制度化。在这个意义上，制度伦理的兴起可以被看作是当代伦理学范式发生新的转移的先兆。它既是现代社会生活本身的特征和发展趋势使然，也是现代性道德知识增长的一个值得注意的新的生长点。我本人认为，这篇文章较好地把握住了伦理学理论知识与现实道德生活之间的关系，为我们理解当代伦理学理论研究的范式转移问题提供了一个纲领性文本。参见万俊人《制度伦理与当代伦理学范式转移：从知识社会学的视角看》，《浙江学刊》2002 年第 4 期。

二者的关系？

“制度伦理，主要是指以社会基本制度、结构和秩序的伦理维度为中心主题的社会性伦理文化、伦理规范和公民道德体系，如制度正义、社会公平、社会信用体系、公民道德自律等。制度伦理包括三个基本的层面：以国家根本政治制度结构为核心的社会基本制度伦理系统；以社会公共生活为基本内容的公共管理——与狭义的行政管理或企业管理不同——伦理系统；以公民道德——与一般意义上的个人美德不同——建设为目标的社会日常生活伦理系统。”[①]从概念外延上来说，我们认为，万俊人先生对制度伦理所包括的内容的理解基本是周延的，并且在对制度伦理做了客观合理的划分基础上，标示出了制度伦理与行政伦理、德性伦理的不同。应该说，这一概念的内容是具有现代性精神品格的。但是，从概念的内涵来说，我们似乎觉得这一理解没有揭示出它所应该蕴含的最为实质的东西。

为了对制度伦理做出比较全面的理解，需要首先明确制度的含义。在此基础上，再来讨论制度与伦理的关系。制度是由人制定的规则。制度是一系列相互联系的行为规范的组合，它广泛存在于人的各种实践活动领域，诸如政治制度、经济制度、法律制度、文化制度等。一切社会制度和规则的建立都是为了社会关系的完善和人性的充分展现。“如果一个社会的基本价值得到坚定而一贯的公认，且如果必要，会得到坚决的卫护，它们就构成了社会的制度支柱，并由此而增加着社会有序化的可能性。”[②]建立和改造制度的人们，应该清醒地意识到一种制度的正义原则应当是什么，它所体现的人文价值和关怀应当是什么，对这一制度的命运关系重大。“个人的人类价值是评价制度和公共政策的准则。它们描述着个人眼中的好社会，它

① 万俊人：《制度伦理与当代伦理学范式转移：从知识社会学的视角看》，《浙江学刊》2002年第4期。

② ［德］柯武刚、史漫飞：《制度经济学》，韩朝华译，商务印书馆2002年版，第89页。

们是反映着将人类长期福祉变成评价制度和公共政策的尺度这样一种思维方式”[①]基于这样的理解，我们把制度和伦理的关系概括为三个方面：首先，一定的伦理精神是一定的制度得以产生的观念基础，是某种制度赖以产生的价值理念。其次，每一制度的具体安排都要受一定的伦理观念的支配，制度不过是一定伦理观念的实体化和具体化，是保证伦理观念得以变为现实的有效措施，是结构化了的伦理观念。如果没有相应的制度，任何理想和价值追求都只能是乌托邦。最后，制度作为实现某种伦理要求的手段，肩负着协调和整合社会成员的价值趋向和行为方式的任务，因而它必须把某种伦理要求直接以制度的形式表达出来并确立下来，以便使当下的实践能达到预期的伦理目标。

要讨论制度伦理与德性伦理的关系，首先需要明确制度伦理这一概念的内涵。在此，我们也需要对伦理制度与制度伦理这两个概念做必要的辨析。因为，就学理本身来说，如果对这一问题理解不清楚，那么，我们对其他相关问题的讨论将是一本理不清楚的糊涂账。关于“伦理制度”，目前学术界大多将其理解为道德规范和建设的制度化和法制化，或将其理解为是与经济制度、政治制度、法律制度并存的概念，以此作为制度伦理研究的一个方面。换句话说，伦理制度就是制度化的伦理，即使社会的道德要求和价值目标制度化的规则、规章、法规等的总称。“制度伦理概念，只能被用来指称在一般的非伦理的制度中所蕴含着的道德原则、伦理价值。在不引起歧义的情况下，也可以将其简要地定义为‘制度中的伦理’。”[②]就制度的内容来说，它涵盖政治、经济、文化等人类活动的领域。虽然这些领域的具体制度本身并不是具体的、直接的道德行为规范，但在设立这些制度时又往往要依据特定的伦理原则、道德要求。伦理原则、道德

① ［德］柯武刚、史漫飞：《制度经济学》，韩朝华译，商务印书馆2002年版，第89页。
② 吕耀怀：《道德建设：从制度伦理、伦理制度到德性伦理》，《学习与探索》2002年第2期。

要求的支配使这些并非直接的道德行为规范和制度指向特定的伦理目的，并可能产生一定的具有道德意义的结果。在这个意义上，我们比较倾向于制度伦理的说法，其理由如下。

第一，就现代社会的客观道德生活而言，不可否认，随着社会结构的转型，价值观念的多元化与道德秩序的失范也急需整合，特别是在经济活动中，由于利益的驱动和市场的扩大，多元经济主体之间的活动虽然需要道德的支持，但必须有强而有力的法律制度进行规范，才能使有不同动机、不同目的的多元主体有秩序地合作。但是，这从另一个方面折射了制度伦理存在和研究的现代意义。因为相较于传统社会，现代社会的特征是高度理性化和制度化，在这种理性化和制度化的社会中，需要一种深深的价值和人文关怀。

第二，从伦理学的性质和学科使命来说，伦理学具有集理想主义和现实主义于一身的先天品格。它既要为人们提供现实可行的价值方针、规范和指导，也要为人类指明和设计终极的价值目标和理想人格，以引导和激励人们追求超现实的精神完善。如果将“伦理制度”作为对与经济制度、政治制度、法律制度等并列的伦理制度来看待，实际上也未脱离个体伦理的理路。应该说，道德法治化、伦理制度化的思路也是伴随市场经济的变革而生长起来的，是对传统伦理反思的产物。然而这种思维和变革对传统伦理而言，并不是内容和本质上的变革，只是道德运作方式和评价方式的变化。即是说，道德制度化的思路仍是个体伦理学的延续，只是将道德的非强制性转变为以法律、制度为后盾的强制性方式，突出了制度约束的作用。实质上，这还是对个人的“道德立法”，是以管理与约束的外在形式来促进和监督个体道德的形成。从一定意义上而言，制度伦理并不是个体道德制度化，其与个体伦理的思路和内容是有根本差异的。将制度伦理理解为道德的制度化，会忽视对“制度”层面的伦理思考，从根本上并无助于个体道德的升华。在现实生活中，如果制度安排不合理、不道德，个体道德就难以发挥作用，最多只能是独善其身的手段。使用立法、政策、制度等强制性手段来约束个体道德，顶多是对社会秩序的维护而已，根本上并不能促进社会的变革与发展。所以“伦理制度”中的道德、伦理制度化的思路，不能归属于制度伦理的论域中，而应归属于个体伦理中。

第三，从道德运行的机制来说，社会道德是一个自律和他律、社会调控和个体自觉的合题与统一。它不是道德自身线形展开的过程，而是一个政治、经济、文化诸多因素的综合互动。作为制度伦理来说，在其运行机制和方式上仍然遵循这一客观的逻辑轨迹。换言之，如果将“伦理制度”与经济、政治、法律制度相并列，那就意味着其关注的重心是“伦理”的制度，而经济制度、政治制度及法律制度是在“伦理制度”的视域之外的。这与制度伦理的论域显然不同，制度伦理恰恰将经济、政治和法律等制度作为研究的重点和重心。另外，伦理即使能成为或是一种“制度”，其与政治、经济、法律的制度仍是有区别的。就人类社会而言，并不存在独立于社会事务之外的伦理关系，伦理关系广泛地渗透在社会关系之中，也就是说并不存在一个单独的伦理的、道德的领域。它实质上体现的仍然是一种在社会政治、经济中人与人的关系。伦理、道德的要求与规范只是在各个社会领域中，即经济、政治、文化、法律中才能发挥作用。伦理关系、道德规范所具的软性、非强制性的特征，使之难以与经济、政治、法律等独立的领域相并存。退而言之，即使存在“伦理制度”这一领域，也不是制度伦理研究的重点甚至是唯一的内容，至多是附带性的内容。所以，在“制度伦理”研究中，抓住主要和关键的内容是十分必要的，否则制度伦理的研究就脱离不了原有伦理学的思路和框架。更为重要的是，如果坚持伦理制度化的思路，不仅违背了伦理学的性质，也会产生一种泛道德主义的思维方式，这一点已经使我们的民族和国家尝付了许多沉重的道德代价。

（二）制度伦理与德性伦理的辩证

显然，以罗尔斯为代表的新自由主义权利伦理是一种制度伦理，它展示了制度伦理的实质及其重要性。这可以从它所主张的“自由优先于德性”的原则中得到明确的验证。具体来说，“自由优先于德性”的命题包含两个层面的含义。一方面，在社会的公共理性要求与个人的道德正当性要求之间，前者具有绝对的优先性。这种公共理性不是一种社会性的道德理性，而是一种社会性的制度理性或政治理性，它构成了新自由主义民主政治合法性的价值依据。“制度原则对个人原则的优先性，则是指道德方面的优先性，是指一种正当（社会正义）优先于一种正当（个人行为的优先）而被人们考虑，是指制度正义的确立要优先于个人政治义务和法律义务的确定。”[①]用罗尔斯自己的话来说，“在公平正义中，权利的优先性意味着，政治的正义原则给各种可允许的生活方式强加了种种限制，因而公民的要求则是，任何追求僭越这些限制的行为都是没有价值的。但是，只有当正义制度和政治美德不仅是可允许的，而且也是完全值得公民为之奉献忠诚并且得到它们维护的生活方式时，才能期许公民们把这些制度和美德看作是正义而善良的社会制度和政治美德”[②]。然而，“在公平正义中，这一限制通过权利的优先性表达出来。因之，在其普遍形式上，这种优先性意味着，可允许的善理念必须尊重政治正义观念的限制，并在该政治正义观念的范围内发挥作用”[③]。另一方面，在社会伦理原则与个人道德原则之间，前者具有绝对的优先性。

① 何怀宏：《公平的正义：解读罗尔斯〈正义论〉》，山东人民出版社 2002 年版，第 59 页。

② 罗尔斯：《政治自由主义》，万俊人译，译林出版社 2000 年版，第 184 页。

③ 同上书，第 187 页。

在这一点上，以罗尔斯为代表的新自由主义权利伦理对于社会制度正义价值的道德考量，是当代规范伦理学所要着力完成的任务。罗尔斯首先确立了两个正义原则；其次依照两个正义原则来确定社会的基本结构及制度。由此再在体现正义原则的社会制度条件下培养个人的正义道德感（德性）。罗尔斯对于这一点的论述是针对功利主义的错误观点的。在他看来，个人原则（个人的善、德性）与社会原则（社会的共同善、制度的德性）之间是有差别的，功利主义的错误之处恰恰在于把个人原则简单地扩展为社会原则。这种差别最为明显地体现在社会原则对于个人原则的优先性上。制度原则的优先性体现在为个人的自由和权利提供了一个前提和基础，只有在一种正义的制度下才能实践相应的个人道德。换句话说，只有在一种良好的制度环境下，个人的自由、权利、德性等才能获得有效的保证与实现。因为制度原则对个人原则的“优先性是指我们在考虑道德或伦理体系时，首先要考虑制度伦理，考虑它是否符合正义，这不是因为它是我们最高的道德目标，而是说它是最起码的、但也是最基本的、甚至对我们每一个人都生死攸关的规范标准”[①]。就此而言，制度原则优先于个人道德原则的道德理论是不充分的，并不是包括规范伦理与德性伦理在内的一种完整的道德理论，它只是规范了我们的社会制度，而不是我们的全部生活，它仅表达了在一个多元价值社会中，一种具有可供选择的生活方式，而不具有终极性的价值。而对于罗尔斯主张的“制度优先于德性”而忽视德性伦理的思路，我们觉得这条思路也并非完全令人满意。

在如何思考由于规范伦理的过度膨胀而使得德性伦理越来越退居道德生活的边缘这个问题上，以麦金太尔为代表的社群主义把目光转向了传统社会，希望从传统的亚里士多德德性主义那里汲取有效的道德资源

---

① 何怀宏：《契约伦理与社会正义》，中国人民大学出版社 1993 年版，第 160 页。

来“返本开新”。对于麦金太尔的做法，我们觉得这只能是一种无视社会现实的新的道德乌托邦，他似乎有过于注重德性和传统而忽视制度伦理建设之嫌。在国内伦理学界，尽管有很多学者在道德建设问题上提出了德性伦理与规范伦理结合的思路，但在实质问题的讨论上语焉不详。很多学者只是从德性伦理与规范伦理各自的理论限度的角度出发，表明了德性伦理与规范伦理的结合是现代道德建设的合理路径。还有学者从德性伦理与规范伦理结合的理论意义方面，提出了自己的看法。这些讨论虽然有一定的理论意义，但是并不具有现实性。我们的思路是立足于现代伦理生活的客观现实，在对制度伦理与德性伦理关系的合理把握下，坚持从制度伦理走向德性伦理。当然，这也是一种方向性的思路，其合理性有待于进一步讨论。显然，这就需要我们对制度伦理与德性伦理的关系做一基本的掌握。

虽然说制度伦理中的“制度”是支撑制度的道德要求，它在形式上并不是直接的道德规范，但是作为依附在制度框架内的这种价值规范，制度伦理是一种针对社会的伦理，它所强调的是一定制度框架、制度设计和安排对人的行为方式的制约和影响，因此它仍然具有制度所具有的一些基本特征。具体来说，制度伦理具有集体性、他律性以及强制性等特征。制度伦理的集体性是相对于个体伦理或个体道德来说的，制度伦理代表了社会大众的集体意志，因此，制度伦理不太关注个体间的意志差异，而把关注的重点放在全体社会的共同利益和伦理要求上。就此而言，以罗尔斯为代表的新自由主义权利伦理所主张的“权利优先于德性”是有意义的。制度伦理的他律性也是针对道德个体的行为来说的，是社会这一群体对于个体的外部道德控制。制度虽然是人创造的东西，但它一旦被创造出来，就可能离开人，会处于一种独立于人的意志的状态，甚至会控制人的意志和行为。制度就是“集体行动控制个体行动”[①]。社会通过制度调节和控制个体，而制度呈现为外在于个体的形式，从而表现出他律性的稳定性。制度伦理的强制性指通过舆论压力以及其他制度措施给予个体以道德控制。

从最为一般意义上说，德性伦理是指主体对自身的生存意义、精神归属、处世方式以及对某种伦理精神体认后所形成的精神品质和道德境界。显然，德性伦理所强调的是个人的道德认识和道德修养，立足于个人道德品质的提高。相较于制度伦理来说，德性伦理呈现出内在性、自律性和超越性的特征。

德性概念的基本内涵所展示的是行为主体的道德品格与道德境界，以及由道德品质所形成的主体的人格状态。与制度或规范的外在性不同，德性主要是道德主体的一种内在的精神品质。关于这一点可以从中西伦理学史上得到验证。中国传统哲学是在人的道德本性意义上使用德性概念的，德性也就是道德主体的内在品质，“德者，得也”。(《管子·心术上》)“外得于人，内得于己”；“内得于己，谓身心所自得也；外得于人，谓惠泽使人得之也。”(许慎：《说文解字》)在以亚里士多德为代表的西方传统德性伦理学的知识话语中，德性就是使某一事物达到完美状态的特性或规定，人的德性就是使人成为善良，并获得优秀成果的品质。即使在情感主义和理性主义伦理学那里，对于德性仍然是在主体的内在品质上来把握的。“德性的本性、而且其实德性的定义就是，它是心灵的一种令每一个考虑或静观它的人感到愉快或称许的品质。”[②]在康德看来，“德性就是力量，它是一种主宰自己、强制自己使责任化为现实的力量”[③]。“伦理性的东西，如果在本性所规定的个人性格本身中得到反映，那便是德。”[④]显然，黑格尔把德性

① [美]康芒斯：《制度经济学》(上卷)，于树生译，商务印书馆1994年版，第87页。

② [英]休谟：《道德原则研究》，曾小平译，商务印书馆2001年版，第13页。

③ [德]康德：《道德形而上学原理》，苗力田译，上海人民出版社2002年版，第31页。

④ [德]黑格尔：《法哲学原理》，范扬、张企泰译，商务印书馆1961年版，第168页。

看作人的某种道德意义上的性格。麦金太尔把德性作为一种获得性的人类品质来看待。在现代西方德性伦理学家那里，“德性就是人类为了幸福、欣欣向荣、生活美好所需要的特性品质”[①]。尽管中西方哲学思维方式差异造成了中西伦理道德上的巨大差异，但思想家对于德性的理解却存在着大致接近的看法。在最为一般的意义上来说，德性就是使得一个人的品德高尚并使其实践活动实现完美的品质，是人之为人的一种内在规定性，是伦理关系的内在动力。作为伦理学的一种知识类型，德性伦理就是以个体或群体品质为核心，以社会关系中的人为本位，以实现人的幸福生活为目的的伦理道德体系。由此就不难看到，德性伦理是一种对人的生活的内在性、整体性和超越性关注的道德思维方式，它反映了伦理道德生活的本真状态。

与制度伦理只关注人的外在行为是否合乎规范不同，德性伦理以人的内在品质为核心，以行为者的实践活动为对象，关心人的自我发展和自我完善，从而把道德评价放在“一个人应该成为什么样的人”这一中心问题上。由于德性伦理关注的是人的内在品质，因此在德性伦理看来，对人行为的评价是在对人的品质评价的基础上衍生出来的。换句话说，在德性伦理看来，道德之为道德的根本在于一个人的内在品质，只有具备了某种内在的品质，我们才可以说他是一个有道德的人，只有有道德的人才能表现出道德的行为。德性的内在性并不意味着它是个体在与外界毫无关联的情况下生成的。恰恰相反，内在的德性有着无可置疑的外在源泉。成德的外部环境与人类个体的心理因素相结合，才有可能酿就所谓个体自身的德性。德性的内在性也不意味着封闭性。恰恰相反，内在的德性总是可能通过诸种途径显现于外。道德的实践品格，使得德性注定要通过个体的行为外化

① Rosalind Hursthouse ,*On Virtue Ethics*, Oxford University Press ,1999,p.29.

出来，即所谓“得于心则形于外”。德性在行为、实践中的外化，不仅确证了个体的德性，而且体现出德性的社会功能。

与制度伦理的他律性不同，德性另一个重要特征是自律性。包括制度伦理在内的外在规范本质上是社会对个体的某种强制性要求，它们对个体的约束与个体感性欲望的伸张处于某种紧张的对立状态之中，因此决定了制度伦理对于行为主体来说就只能是一种他律性的约束。而德性可以说是包括制度伦理在内的外在规范的内化，是社会性规范通过人的道德实践逐渐凝聚而形成的精神品格或道德人格。这种道德人格就是一种出自自觉和自愿的行为。亚里士多德指出，“自愿性与选择性是与德性紧密相关的，并且比行为更能判断一个人的品质”[①]。自愿性和选择性使德性具有了自律性。出自德性的自律行为，蕴含着个体从事这种行为的自觉与自愿。没有自觉与自愿，就不是德性主导的自律行为，而只可能是偶然的或被强制的行为。不自觉或不自愿的行为，虽然有可能在表面上与德性要求相一致，但由于不是出自德性，没有自律性，故不是真正的德性行为。康德认为，对于任何一种合乎道德规则而不是出于道德规则的行为，我们只能说他在道德规则条文的意义上是善的，而在实质的意义上并没有体现出道德的真正价值。如果说康德在这个问题上的表述显得过于抽象，具有一种强烈的义务论色彩的话，那么，黑格尔的论述则显得较为具体一点："一个人做了这样或那样一件合乎伦理的事，还不能就说他是有德的；只有当这种行为方式成为他性格中的固定要素时，他才可以说是有德的。"[②]

相较于制度伦理的外在性与集体性，德性伦理更注重人的精神、内在的心灵，关心人存在和发展的意义，确立人生的终极价值，高扬人存在和

① ［古希腊］亚里士多德：《尼各马可伦理学》，廖申白译注，商务印书馆 2003 年版，第 64—65 页。

② ［德］黑格尔：《法哲学原理》，范扬、张企泰译，商务印书馆 1961 年版，第 170 页。

发展的理想性。就此而言，超越性是德性伦理所特有的理论品格。具体来说，德性伦理的超越性体现在以下几个维度上。就道德个体来说，德性的超越性首先是指他的主动性品质或道德主体的选择性，它使得个体能够自主地选择或做出正确的行为。即使在既有的规则或制度出现不适应的情况下，基本的德性也可能引导个体自主地寻求和实现应有的道德价值。换句话说，德性能够超越既有规范和制度的局限而发挥独特的作用。“在这些情形下，现存的法律不能提供任何清楚的答案，或者，也许根本就没有答案。在这些境况中，法官也缺少规则，也必须运用理智，如同立法者当初一样。法官这种行动所涉入的领域，就是亚里士多德称之为‘公平合理’的领域，即合乎理性的——尽管不是由规则支配的——判断领域。”① 其次，德性伦理的超越性还体现在它有助于确立人生正确的价值目标，提升生活品格和生命价值。在德性伦理学家看来，人们所追求的好生活不仅不能与德性相违背，恰恰需要寻求的就是我们具有什么样的德性才会使我们获得好的生活，才会确立生活的正确原则，也才会提升我们人生的价值目标，从而提升生命的质量。亚里士多德在讨论理智德性和伦理德性的关系时指出，伦理德性确定了人们生活的正确目标，而理智德性则提出了达到这些目标的手段。

德性伦理的超越性的深层体现就是人的道德自觉和人对道德自由的追求。超越有内在和外在之分，外在超越就是人类把自己的信仰以及人生价值目标置于人之外的必然性之中，以认识和利用外在功利目的作为理想境界，如功利主义伦理学。内在超越就是人类追求自己精神世界的价值，追求人之为人、体现人的尊严与幸福的东西。根本而言，德性就是人的自觉性，就是人不断地摆脱动物性的自然属性而追求人之为人的品质。人类具

① [美] 麦金太尔：《谁之正义？何种合理性？》，万俊人等译，当代中国出版社 1996 年版，第 170 页。

有超越自然和自身的天性，正如德国哲学家马克斯·舍勒所言，“人，只有人——倘使他是人本身（Person）的话——能够自己——作为生物——超越自己，从一个中心、可以说空间时间世界的彼岸出发，把一切，其中也包括它自己本身，变成他的认识的对象”[①]。自由是道德的根据和来源，德性就是一种超越、一种自由，是一种不被自己主观情欲所主宰的状态，用康德的话来说，就是“自己为自己立法”，就是剔除了经验成分的目的王国的成员，就是一种意志自律；用中国哲学家的话来说，就是一种“从心所欲而不逾矩”、“圣人应物而不累于物”的理想境界。

（三）制度伦理与德性伦理的地位和程序

正是由于德性具有上述特征，这就使得以德性为核心的德性伦理比以规范为核心的制度伦理在地位上更高，德性伦理可以使人上升到更高的道德境界，更有利于人的自由和全面发展。实现制度伦理的外在约束，虽然不可或缺，但又只是道德建设中的低层次的任务。有关道德的各种规范、制度，毕竟总是以外在于人的形式存在的。只要人还没有形成内在的德性，还没有成为真正自由的道德主体，有关道德的规范、制度的道德意义就是不完全的，因为在规范、制度的压力、强制下，可能导致产生某些合于道德却又并非出于道德的行为。而使人的品质德性化，造就出高于制度伦理的德性伦理，才是道德建设所要达到的更为重要、更为根本的目标。“虽然制度伦理十分重要，为任何道德建设所不可或缺，但道德建设又不能停留在、局限于制度伦理或伦理制度建设。道德建设更为根本的任务，是在制度伦理、伦理制度的基础上，塑造出具有完全的道德意义的德性伦理。”[②]既“得于心”又“形于外”的德性，使得人的行为不仅合乎道德，而且出于道

① ［德］马克斯•舍勒：《舍勒选集》（下卷），上海三联书店 1999 年版，1337 页。

② 吕耀怀：《道德建设：从制度伦理、伦理制度到德性伦理》，《学习与探索》2000 年第 1 期。

德。依凭德性的伦理，因此而具有完全的道德意义。道德总是人的道德，而且是为人的道德；人不能永远是道德的客体，而要努力成为道德的主体。人的主体地位，要求道德建设从制度伦理走向德性伦理。德性的上述特征，使人在道德活动中的主体地位得以彰显，为人的全面、自由的发展提供了道德上的可能性。否定德性伦理，人就会为外在的道德所规范所异化；如果不重视德性伦理的建设，人的发展就会是片面的、被动的。

对德性的探索不是一般意义上的哲学本体论对“存在”的解答，而是对“应该存在”的追问与解释，这种追问和解释是人类对自身终极价值的关怀。作为人的一种内在品质，德性就是一种“先于存在的存在”，这种“先于”仅仅是一种在道德意义上的“先于”，即在变得“更好”意义上的“先于”[①]。就此而言，德性伦理在地位上的优先性是不容置疑的，但这并不意味着德性伦理与以规范为核心的制度伦理是彼此悬隔的。从社会道德实践的意义上，德性伦理与制度伦理之间存在着相互的内在勾连。具体来说，它们之间的关系呈现为如下的互动机制：首先，制度伦理并不直接作用于德性伦理，而是以迂回的方式给德性伦理以间接影响。制度伦理对德性伦理的作用，主要靠制度中所隐含的伦理精神和价值意义整合人们的行为，更新人们的精神面貌。制度将某种伦理精神和价值意义结构化、实体化。其次，只有使社会个体对制度的伦理要求产生价值认同，才有可能提高社会的德性水平。制度伦理对个人德性的影响有两种基本方式，一是通过调节行为来整合观念——强调他律；二是通过整合观念来调节行为——强调自律。就对德性伦理的影响而言，显然后一种方式更能起作用，因为这种方式把社会生活的秩序化建立在每个人的精神自律的基础上，而精神

① [法]齐格蒙特·鲍曼：《后现代伦理学》，张成岗译，江苏人民出版社2003年版，第88页。

自律能力本身就是德性水平的标志。最后，不能片面强调制度伦理对德性伦理的作用，制度伦理与德性伦理是相互作用并相互转化的。制度伦理对德性伦理的作用已如前述，而德性伦理对制度伦理也是时刻在发生作用的。在一个社会中，良好的精神风貌（这是社会成员德性伦理水平的集中体现）是制度能健康运作并有效发挥作用的黏合剂；而不良的社会风气则会瓦解和腐蚀制度。制度伦理与德性伦理的相互转化主要表现在：制度伦理是当时人们的实践精神的重要组成部分，它体现的是当时的时代精神。每个时代的时代精神是被这一时代的先进分子和精英阶层所首先把握并付诸实践的，它并不是每个社会成员个体意识的简单集合。

所以，德性伦理虽然高于制度伦理，但是又离不开制度伦理。社会道德建设的必须着眼于最为基础的层面，这包括一般意义上的公共领域的道德规范、职业道德规范以及婚姻家庭道德等基本的领域，而这些领域的道德规范往往以制度伦理的形式呈现出来。只有做好这些领域的工作，我们才能对社会成员提出更高的道德要求。换句话说，现代社会中的制度伦理是实现德性伦理的前提和基础。如果没有制度伦理这一最为基础性的东西，德性伦理的建设就是空中楼阁。如果不依靠具有强制力的制度伦理有效地抑制不道德行为的发生，那么，即使已经生成的德性也难以继续存活下去。就此而言，我们又可以说，虽然德性伦理在道德价值的地位上高于制度伦理，但是，在道德建设的实践中，制度伦理又要先于德性伦理。单纯讨论德性伦理与制度伦理二者孰高孰低，这是一个价值上的优先问题；而讨论二者孰先孰后，这是一个道德建设中的程序问题。二者只是同一问题的两个不同方面而已，这里并不存在逻辑和现实上的矛盾。只有既正确地审视了其地位的高低问题，又正确地解决了其程序的先后问题，才可能正确地进行道德建设。就这一点来说，正如有学者指出，只有从转型社会的现实出发，才可能真正处理好规范伦理与德性伦理学之间的关系。①

制度伦理与德性伦理的关系及其二者在道德实践中的地位和程序，为我们思考当下中国道德建设问题提供了必要的指导。这里只能提出一个具有纲领性的思路，对于相关问题的具体讨论，显然已经越出了我本人的学术能力范围，不是本书所能够回答的。事实上，当下中国道德建设中同样面临着传统德性失落的问题，当然中国传统德性失落的原因除了社会结构的转型这一普遍性的因素之外，还有着自己独特的社会和文化因素。由于现代社会公共生活领域的空前扩大和私人生活领域的极度萎缩，使得麦金太尔“回归亚里士多德以拯救现代德性”的哲学努力丧失了客观的社会基础，因此他的这一思路是无法拯救西方社会的，当然也就更不可能完全用来思考当代中国的道德问题。但是在麦金太尔的这一哲学努力中却包含着一些可资借鉴的因素，至少他重视德性与传统的思维是合理可取的。关于这一点，在前文对麦金太尔德性论的批判中已经做了比较详细的讨论。鉴于此，我们就不能不在道德建设中给予德性伦理以较高的地位，不能不重视德性伦理的建设。在中国传统道德资源中，儒家伦理显然是最主要的成分，而儒家道德学说基本上是以为己之学和成德之教为核心内容的。儒家为己之学追求的价值目标是自我德性的完善、理想人格的成就和理想人生境界的达至。所以，有学者指出，“儒家既重视外在的道德规范，又重视内

---

① 有学者指出，在整个规范伦理学的体系之中，德性伦理学和规范伦理学是相反相济、相辅相成的两个方面。从积极方面看，德性伦理学强调了道德的一系列重要方面：好的行为与我们情感和思考能力的发展有关，伦理反思与我们性格的教养和教育相关。德性伦理学表明，不是所有的道德缺陷都可以归结于诸如政治和经济框架条件或社会关系的；有些道德缺陷确实处于个人责任范围内的道德错误。社会的特定道德质量与其成员的立场、态度和情感能力相关。没有相应的感受，我们的道德行为就会脱离具体情况。但是，另一方面也要看到，不是所有的道德反思准则都可以还原为有德性和敏感的个人的决定。为了共同生活，社会需要特定的道德规则和准则。除了个人道德的原则，也需要公共领域的规范和准则。个体德性和公共道德涉及两个不同层面的问题。应该决定性地规定社会结构的规范，不能够从有感受能力的个人德性中推论出来。德性不能够充分限制社会的错误发展。德性的发展以稳定的社会框架条件为前提。参见陈泽环《多元视角中的德性伦理学》，《道德与文明》2008年第3期。

在品质的塑造和涵养，可以说有着规则与美德相统一的性质”[①]。就此而言，中国传统道德资源中德性伦理的成分是比较丰厚的。在现代中国社会，如何寻求一种传统德性资源转换和开发的合理路径，在崭新的制度伦理的基础上重塑适合现代中国社会需要的德性伦理，使人的道德主体力量真正凸显出来，使具有外在性、他律性、强制性的制度伦理逐渐内化为道德主体的意志自律，实现人的真正的道德自由，才是问题的关键所在。当然，这是一个非常重大的理论和实践问题。

① 詹世友：《孟子道德学说的美德伦理特征及其现代省思》，《道德与文明》2008 年第 3 期。

第六章　并非结论的结语：德性伦理的言犹未尽

第一节　论题的理论论域

本书视阈中关于西方德性伦理传统相关话题的言说，主要是在一种思想史展开的层面上来考察其主要的理论形态、内涵与外延的。这样说的意思并非就意味着本书的考察完全是一种简单的历史描述，相反，在一种更加深刻的意义上，笔者始终坚持历史与逻辑相一致的原则，对西方德性伦理传统的内在精神、理论流变、现代命运等问题做了比较合理的把握。换句话说，笔者在对德性伦理传统做理论刻画的同时，也是从每一特定理论形态所对应的社会伦理道德生活实践来做考量的，而非仅仅思考从德性伦理生活的实践中离析出来的作为伦理学知识形态的德性理论形式。关于这一点，从宏观的层面来说，一个最为显著的表现是，本书对德性伦理传统式微的原因是从特定的文化背景、伦理思想形态演化的进程以及社会结构转型的客观现实等方面做了相对周严的考察。就德性伦理传统式微的思想文化原因而言，本书分别考察了现代性规范伦理学形态中的功利论、义务论、权利论对于德性的理解，并考察了它们各自的理论限度，其目的是为了彰显德性伦理在现代社会道德理论和道德实践中的价值。就德性伦理传统式微的社会现实因素来说，以社会学的思维方式，对传统社会结构与现代社会结构做了相关的比较，旨在对麦金太尔“回归亚里士多德以拯救现代德性”的哲学努力做出了必要的批判。最后，我们的思维延伸到了现代性的知识话语，从规范伦理与德性伦理结合的维度上粗略地诠释了德性伦理在现代社会的价值。应该说，这种思维是一种富有理性的、现代性的批判态度。从这个意义上来说，本书对于传统德性伦理学相关话语的言说只是多元视角中的一种伦理学的审视态度。换句话说，这种对伦理学相关问题的考察只是以麦金太尔德性伦理为中心的。我这样说只想表明如下一个意思：本书对德性伦理关注的焦点是现代性批判中的德性伦理学，其中也包含了一些其他方面的问题，而非德性伦理学的全部内容。

事实上，德性伦理学的问题远非仅限于本书所讨论的一些问题，尤其是在西方当代德性伦理学运动中，学者们所讨论的问题层出不穷。在一种相对粗略的意义上，我们可以同意有学者提出的关于德性伦理学研究的一种划分。[①] 陈泽环教授最近指出，当代多元视角中的德性伦理学大体可以有以下三个方面的分类：一是行为分析中的德性伦理学；二是现代性批判中的德性伦理学；三是转型社会中的德性伦理学。这里我们来转述一下这一划分的具体内容，并对相关问题做出自己的评述，意在抛砖引玉。

所谓“行为分析中的德性伦理学”主要是针对英语国家“新德性伦理学”所关注的一些问题。从个体道德行为者的意义上来说，他们的首要兴趣并不在于个别行为本身及其规则，而是把关注的焦点厘定在行为者整体的德性上，行为者行为的感受、理由、动机、条件、境况、个人关系等方面。以我自己的阅读经历来说，这一理论流派对问题的论证上除了具有浓厚的分析哲学的味道外，他们对相关问题的说明是以现代心理学的知识为基础的。这一点对于国内研究德性伦理的学者来说，或许是一个弱项，需要我们在这方面加强训练。所谓“现代性批判中的德性伦理学”是在关注

① 参见陈泽环《多元视角中的德性伦理学》，《道德与文明》2008 年第 3 期。本期刊登了由万俊人教授主持的“美德伦理专栏”的四篇文章，另外有万俊人的《关于美德伦理学研究的几个理论问题》，詹世友教授的《孟子道德学说的美德伦理特征及其现代省察》，高国希教授的《德性的结构》。以我自己的阅读经历和对德性伦理学的认识来判断，这四篇文章是近几年来国内德性伦理学研究方面很有建树的文献，提出了很多富有创造性的观点，对于我们开展德性伦理学的研究有很重要的学术指导意义。

主题的差异性的意义上与“行为分析中的德性伦理学”相比较而言的。它主要是对功利论和康德义务论的批判，主要是批判其缺乏对特殊个人的关注，要求道德生活更具体化、更人情化，更注重个人德性及其在道德生活中的作用。就此来说，麦金太尔就是现代性批判中的德性伦理学的典型代表。因为他《德性之后》采用一种历史学和人类学的方法，其批判的锋芒集中和鲜明地指向“自由个人主义现代性”的概念框架和精神气质。所谓“转型社会中的德性伦理学”主要是针对我国道德建设的实际情况而提出来的一种分析方式。为了提出这一命题，作者引用了德国学者马库斯·迪韦尔（Marcus Duewell）的观点："康德义务论的道德哲学、功利主义形式的目的论的后果论、霍布斯之后的契约论是决定性地影响现代伦理学学科发展的基本理论类型。之所以如此的原因首先在于，这三种伦理学类型坚定地对应了伦理学面临的近代挑战。鉴于追求各自利益的广泛博弈空间，关于善的观念的日益多元化，现代伦理学的特殊任务首先在于：发现一条如何以道德上合法的方式能够解决由此产生的利益和价值冲突的道路。在此需要一种普遍主义的观点，它能够以一种不依赖于某种善的概念的尺度评价道德要求的合理性。撇开部分的重大差别，可以说这种普遍主义是上述论点的共同标志。"①

陈泽环教授认为，就全球而言，现代性还是一个尚未完成的任务，在不能用一种强制的手段把一种理想模式赋予现实社会的条件下，完全拒绝和否定康德义务论、功利主义和新自由主义的权利伦理的道德哲学是不妥当的，但是，对其进行批判、修正和补充则是必要的。由于我国还处于社会转型的过程中，西方意义上的公民权利本位的现代社会尚未确立，因此在对待近现代西方主流伦理学的态度上，我们应该有自己的

① Herlinde Pauer-Studer, *Enifuehrung in die Ethik .Wien*, 2003 . 参见陈泽环《多元视角中的德性伦理学》,《道德与文明》2008 年第 3 期。

立场。换句话说，在思考新世纪整个伦理学体系建设的问题时，就吸收西方伦理学的积极合理因素来说，我们首先应该更多地重视康德义务论、功利主义和新自由主义的权利伦理，其次才是批判个人自由主义、道德生活原则化的新德性伦理学中的积极因素。所以，只有从“转型社会”的实际出发，才能真正处理好德性伦理学与规范伦理学之间的关系。结合以上分析和本书讨论问题的思路，应该说，本书是综合了“现代性批判中的德性伦理学”和“转型社会中的德性伦理学”这两个方面的。

诚然，上述划分缺乏一种逻辑学上的技术支持，致使这样的分类从概念的逻辑要求上还显得不够严格和科学，因为对一种概念的划分总是执行同一个标准，而上述对德性伦理学的分类并不是在一个层面上来对应的，三者之间在内容上似乎存在一种重叠交叉的现象，但是这并不太影响当前人们对德性伦理相关问题研究的侧重点上的不同理解。所以，如果说这种划分还具有一定的合理意义的话，那么，我们对于作为微观个人“行为分析中的德性伦理学”基本没有涉及，这不能不说是一种遗憾。当然，对于这个问题的讨论，已越出了本书讨论的范围，且非我自己学力所能承受。

第二节　中西互镜：德性伦理传统的文化比较

无论是上面提到的对我国转型社会中的道德建设问题的思考，还是对麦金太尔“回归亚里士多德传统”的批判上，一种中国传统德性伦理的知识资源（或视野）都是永远需要的。就前者来说，当前道德建设所需要的伦理精神的价值生态，有相当一部分是从祖先那里继承而来的，即使是新生成的道德资源形态，也与传统具有不可分割的联系。"传统就是代代相传的事物。传统是现在的过去，但它又与任何新事物一样，是现在的一部分。"[①]就后者来说，由于现代社会的特殊结构，麦金太尔企图"回归亚里士多德以拯救现代德性"的努力只能是一种良好的愿望而已。如果麦金太尔把目光移向中国传统儒家德性资源，或许会找到解决问题的思路。基于这样的理解，我们需要对两种不同的德性传统做一个文化学意义上的比较。当然，以下只是给出了一个大体的比较框架，许多问题有待于做具体和深入的论证。

一　中西德性伦理传统的文化差异

不同文化相互观照的意义在于认清对方各自的优势和不足，在此基础上相互学习，达到取人之长，补己之短的目的。就德性伦理传统来说，中西互镜关涉的首要问题就是德性伦理传统的各自特征。在一种更为实质的意义上来说，它们各自的特征体现的恐怕就是中西德性伦理的异质性，因为只有准确地把握这个层面上的内容时，才能发现二者的理论优点和不足之处。就中西方德性伦理传统来说，造成中西方传统德性伦理学差异的一个关键因素是中西哲学的核心范畴不同，因为伦理学是作为哲学的一个组成部分而存在的，而且在更为实质的意义上来说，中西德性伦理学传统几乎是在同一个时间发生的。[②]

① [美]希尔斯：《论传统》，傅铿、吕乐译，上海人民出版社1991年版，第15页。

② 我这里是在先秦儒家伦理学和亚里士多德伦理学范围内做出比较的，因为它们分别代表了人类轴心时期不同地域的思想家对于道德问题的思考，它们是典型意义上的德性伦理的代表。

一个民族的哲学有怎样的核心范畴，就会有怎样的哲学，当然也就会有怎样的伦理学，哲学和伦理学内化和塑造着该民族的思维方式及其伦理智慧。中西哲学的核心范畴不同，造成了中西思维方式和民族智慧的根本差异。中国哲学的核心范畴是“仁”和“道”，它们是从日常语言的经验事实中概括出来的。“仁”这个范畴形成中国的“价值理性（日用理性）”；“道”这个范畴形成中国的“诗性智慧”。价值理性使中国人特别关注社会和人事关系的调整和维护；诗性智慧使中国人的思维方式拒绝逻辑而极富想象。二者以“入世”和“出世”共同来安顿中国人的人生。西方哲学的核心范畴是“存在”或“是”。据亚里士多德说：“古往今来人们开始哲理探索，都应起源于对自然万物的惊异；他们先是惊异于种种迷惑的现象，逐渐积累一点一滴的解释，对一些较重大的问题，例如日月与星的运行以及宇宙之创生，作成说明……他们探索哲理只是想摆脱愚蠢，显然，他们为求知而求知，并无任何实用的目的。”[①] 海德格尔认为，哲学起源于古希腊人对“一切存在者在存在中”的惊讶。由此，“存在”（Being）成了哲学的主题，“是什么”成了哲学的追问方式。关于“存在是什么”的询问和思考以及由此获得的一切知识就是希腊的或西方的哲学智慧。由于这种理论化、体系化的知识之超验、终极和绝对的性质，哲学就是形而上学。问存在“是什么”，实际上把存在当作一个客观对象来把握。因此，起源于希腊的西方哲学具有形而上学的对象性思维方式和知性逻辑认知态度的特征。只有理解中西哲学的核心范畴，我们才能理解中西伦理学在德性方面的内在差异。大体来说，中西方德性伦理在文化意义上的差别主要表现在以下几个方面：德性主体上的个人与人伦的差别；道德评价标准上的成就与成人的差别；德性实践上的“理智德性”与“仁

① ［古希腊］亚里士多德：《形而上学》，吴寿春译，商务印书馆 1959 年版，982b10-30。

且智”的差别。[①]

在德性主体上，中国传统儒家德性伦理学较为注重人事关系的调整，个体的德性只有在人际关系中方能体现出应有的价值。这一点可以从儒家德性伦理的核心范畴“仁”的内涵中得到更加明确的解释。[②]在《论语》中，一个完整的“仁”的概念乃是爱与仁作为复礼的综合。显然，儒家伦理中“仁”的概念在地位上与亚里士多德伦理学中的“德性”概念相类似，因为它具有统率其他各种德目的功能特性。[③]这里需要说明的是，传统儒家伦理中的“个人”具有“虚”、“实”相交的两面性。“虚”表明孔子的思想在儒家德性伦理体系中，没有明确界定一个具有独立实存意义的个人概念，在谈论“我”、“自我”、“本人”这样的概念时，其语境总是相对的、非实体性的。“实”表明儒家伦理中的个人概念又具有实在性和真实性，具体表现在个体内在德性的修养和外在的伦理关系之中。一方面，个人的德性只能在内在化了的道德意识品质和心灵境界的精神追求中才能呈现出来，这也就是儒家所说的“为己之学”的传统。另一方面，个人的德性必须在多方面的人际关系中才能得到展示，抽掉客观的人伦关系，个人的德性将无从谈起。就此而言，儒家德性伦理首先是关系中的“协调性”义务规范和对这些规范的内化实践，而非独立的个体目的性价值的完成或目的实现。相

① 参见万俊人《儒家美德伦理及其与麦金太尔之亚里士多德主义的视差》，《中国学术》2001年第2期。另参见万俊人《现代性的伦理话语伦理》，黑龙江人民出版社2002年版，第209—248页。

② 从词源学的角度来说，“仁”最早出现在《诗经》中，用来描绘高贵的狩猎者。有些学者由此推断，“仁”在一定意义上也指“男子气概”或“须男之气”。这似乎表明“仁”也具有希腊文意义上“arete”（译为“德性”）的本原含义。但从“仁”字的构造和在《论语》中的含义来看，它与西方意义上的“arete”所具有的差别就表现出来了。“仁”是由“人”与“二”两个部分组成的，显然它所指向的是人与人之间的关系。参见牟博主编《中西哲学比较卷》，商务印书馆2002年版，第133页。

③ “仁”这一核心范畴在《论语》中有多种不尽相同的含义。大体说来，“仁”具有以下三种含义：一是作为一种最高道德价值或德性境界；二是作为对人的道德评价；三是作为“人”的同义词。但是，儒家传统伦理中这一核心范畴含义的多样性，并不影响它作为德性通称的价值功能。正是在这个意义上，英语世界把孔子的“仁”译为“德性”。

形之下，西方传统德性论主要侧重于关注个人品德内炼，德性总是具体的，与个人的特殊角色的作用和目的相匹配的功能或价值的实现。在这个意义上来说，德性意味着特殊行为实践的圆满成就，或者以这样的成就所展示的行为者在某一特殊品质上的卓越和优秀。对于这一点，我们已经在前面古希腊德性观和德性统一的问题中做出了非常详尽的讨论。

不可否认，造成中西伦理传统在德性主体差异上的直接原因是中西哲学的不同范畴，但是最为根本的原因恐怕在于社会结构的差异上。在儒家德性伦理传统中，由于缺少足够明确的天人之分和家国之分，人伦关系的自然化和德性主体概念的非人格化便成为一种必然的文化结果。自然化的人伦观念凸显了血缘地位，使之成为决定一切人际关系的根本。在这种呈现为横向性的等级社会结构中，形成一种类似古代雅典城邦公民社会的情形是不可能的，更不可能产生亚里士多德伦理学意义上的把人作为目的或拥有自由权利的“个人”概念。

由于中西传统伦理在德性上的差异，直接导致了在道德评价机制上的不同。对于儒家传统伦理来说，“内圣外王”被儒家尊为道德评价的经典标准。具体来说，儒家传统德性伦理的根本目的不在于实际取得的成功，而在于整个人生的道德确立，在于作为伦理人或“仁人”的根本完善。它是道德的，因为德性的完美必须依靠道德主体的自觉实践才能实现。同时它又是伦理的，因为个人的道德实践必须且只能在具体的人际关系这一客观环境中才能达到目的，实现其价值并得到客观的肯定。而对西方德性伦理来说，评价一个人成功与否的标准在于他个人实际取得的成就，换句话说，西方德性伦理在道德评价上更注重个人的实际事功。

这里我们从德性主体的差异来解释道德评价上的不同。在儒家传统德性理论中，在人与人的关系中，关系双方都具有主体的地位，或者说根本就不存在主客之分。在这样的人际关系中，德性的最为重要的价值不在于关系中的任何一方具有独立自为的目的，而在于相互对待的道义。在这个意义上，德性的价值是靠关系中的对方或其他人的评价来实现的，这就使得对方或他人对于自己行为的评价显得非常重要和关键。正是如此，处于人际关系中的个人并不具备独立实体或作为本体的价值意义，只具有相对的或相互承诺的道义意味。在以亚里士多德为中心的西方传统德性伦理中，德性就意味着使得一个人好又使得他出色地完成他的活动的品质。可以看出，德性总是与具有独立身份的个体紧密关联在一起的，这一点柏拉图给予了最为完美的说明。在古希腊德性传统中，德性之所以必须落实到个体身上，主要的原因在于以下几个方面：在人与人的关系中，自我与他人的关系是一种主客泾渭分明的关系，换句话说，人际之间的主客体关系是一种相对的。因此，作为德性价值实现的目的本身，目的总是相对于某个人的自我来说的。这样，个人自我与他人或社会的关系同时意味着目的与手段的关系。在这种关系结构中，作为存在本体或作为价值本体地位的个体或群体是客观的。如此，处于对人与社会关系的分化意识，德性被分别归属于作为社会或社会共同体之成员的公民个体和社会共同体本身，因而形成相互之间具有严格区别的个体德性与社会德性。换句话说，这一意识中的德性概念更多地具有社会角色的、特殊的和分离的特点，而非人伦关系中的角色德性或关系性德性。

在道德修养的实践上，存在“智德双修”与“理智德性”的差异。在传统儒家德性伦理中，存在着一种以“德”代“智”的思维倾向。在一种德性主义至上的伦理框架之中，德性不仅仅关系到对于道德主体的行为技术方面的要求，更重要的是人的道德修养的问题。在这个意义上，儒家这种注重德性的为己之学强调的“主要的不是追求未来仕途上的实用，而是一种与提高自身品质和培养的道德活动”[1]。而对于以亚里士多德为中心的西方德性伦理来说，道德实践的主要方面就是“理智德性”的培养。从德性的生成来说，理智德性主要是通过教导而形成的，所以需要经验和时间。而伦理德性则是通过习惯养成的。理智德性的培养主要依赖于知识和技术的教导，其教育主要是经验知识的同质性教育。“所以德性是一种选择的品质，存在于相对于我们的适度之中。这种适度是由逻各斯（理性——引者注）规定的，就是说，是像一个明智的人会做的那样地确定的。”[2]中西伦理学在道德实践上的这种差异，从哲学思维上来说，就是价值理性和逻辑理性的不同所致。关于这些问题，需要深入细致的讨论才能做出合理的解释和说明。

二　德性伦理传统断裂的历史文化原因

由于本书是在现代社会结构转型之中思考西方德性伦理断裂的社会历史原因，西方德性伦理的困境在于西方社会工业化进程中出现了自身无法克服的因素。相应地，中国传统德性伦理的断裂除了与西方社会有着某些相互公度的因素之外，还有着自己独特的文化和社会历史因素。

在中国传统伦理思想史上，孔子是第一个从德性论角度构建伦理学说的思想家。他抓住当时已经出现的“仁”的观念，把它提升为具有人本主义和德性主义思想内涵的伦理原则和理想，并以此为核心建立了自己的伦理学说体系。孔子的“仁”虽有多重含义，但最基本的意思则是“爱

① 焦国成：《中国伦理学通论》（上册），山西教育出版社 1997 年版，第 386 页。

② [古希腊]亚里士多德：《尼各马可伦理学》，廖申白译注，商务印书馆 2003 年版，第 47—48 页。

人”[①]。樊迟问仁，子曰：“爱人。”[②]以仁为核心，孔子提出了孝悌、忠信、智勇、中庸、礼义、温、良、恭、俭、让、宽、敏、惠、刚、毅等反映人的品德状况的伦理范畴（即“德目”）。他还把具备了较完美德性的人称为“仁人”或“君子”，把与此相反的人称为“小人”。这就为人们建立了一种人格理想和人生价值观。孟子继承了孔子的德性主义的逻辑方向。他说：“仁也者，人也。合而言之，道也。”[③]又说：“亲亲，仁也；敬长，义也。”[④]这是说，只有具备仁德的人，才有贵于天地的人生价值，才是真正意义上的人。也正是从肯定人的道德价值和理想出发，孟子才把人性理解为“善”的。随着历史由诸侯互竞向大一统的中央集权迈进，社会价值体系也以“天下无二道，圣人无二心”的历史最强音表现出来，秦汉以后儒家学说最终以“罢黜百家，独尊儒术”形态在中国历史上演进。自汉代董仲舒、宋明理学家，逐渐将孔孟的德性伦理扭转成为形而上学的独断论，德性伦理变成外在化的、刚性的封建纲常礼教，从而“在理论上把一定条件下的‘当然之则’形而上学化为‘天理’（自然的必然性），混同必然与当然，成了宿命论；在实践上，它后来成为李贽所批评的‘道学之口实，假人之渊薮’，戴震所批评的‘以礼杀人’的软刀子。它实际上把孔墨的人道原则变成了反人道原则，因为它用天命来维护权威，为封建社会的人的依赖关系作理论论证，正是不尊重人的尊严和价值”[⑤]。中国封建社会中央集权的政治制度要求社会价值体系的集权化，

---

① 朱贻庭教授认为，《论语》中所说的“人”，是泛指相对于己而言的他者，可以是贵族，也可以是民，甚至是奴隶。《乡党》载：“厩焚，子退朝。曰：‘伤人乎？’即是其证。因此仁者“爱人”，其所爱的对象，显然越出了“爱亲”的范围，不仅体现了“爱”由近及远，由亲而疏的量的变化，而且包含了质的升华。参见朱贻庭《中国传统伦理思想史》，华东师范大学出版社 1989 年版，第 37 页。

② 《论语·颜渊》，杨伯俊译注，中华书局 2005 年版，第 131 页。

③ 《孟子·尽心下》，杨伯俊译注，中华书局 2005 年版，第 329 页。

④ 同上书，第 307 页。

⑤ 冯契：《冯契文集·人的自由和真善美》（第 3 卷），华东师范大学出版社 1997 年版，第 111—112 页。

因此以孔孟为代表儒家价值体系也出现了向集权主义演化的轨迹，这是中国传统德性断裂的社会和理论自身的因素。

中国进入现代化过程中伴随复杂的内外因素，与西方相比，德性伦理传统的断裂似乎更为复杂，并且更为猛烈。自 19 世纪中叶起，伴随着火与剑的征服，西方科学理性——人本精神东渐，叩开了中华帝国这一文明古国的门扉。西方各种新兴的文化思想自西涌入，各种流派应运而生，国粹与舶来品在这片土地上争战不已，在思想文化的诸多领域都产生了重大的精神巨变。西方不同的哲学文化和政治品质融进了中华民族的文化血液和政治性格中。如果撇开西方国家对中国殖民掠夺的性质来说，从中西冲突的物质条件对比来说，鸦片战争是先进的资本主义工业国对落后的传统农业国的征服——从魏源的“师夷长技以制夷”到轰轰烈烈的“洋务运动”是对此在“科技”层面上的回应；另一方面，近代中西不同的历史条件，还包括“社会制度的优劣”这样一个文化意义上最为重要的问题，中西冲突的结局，显示了资本主义的民主制对封建君主制的冲击。这就决定了中国近代化的实质不仅是资本主义工业化，而且包含着民主化的深刻要求。科学和民主成为中国社会转型的两面旗帜。“技术—科学—民主制度”是近代中国人向西方学习的历史轨迹。在这一过程中，先进的中国人探索救国救民的真理。就思想文化方面，当时中国的知识分子在吸收、学习西方文化的同时，上演了一场声势浩大的“打倒孔家店”的五四新文化运动，这不能不说是对传统文化的一次沉重打击。无独有偶，新中国成立后经过多次社会文化运动的反复，特别是经过“文化大革命”的十年浩劫，我们社会的道德信仰危机更加严重。另一方面，十月革命一声炮响，给中国人送来了马克思主义，从此，马克思主义成了中国无产阶级进行社会革命和斗争的思想武器。在取得革命胜利后，马克思主义迅速占领了中国文化和思想的阵地。马克思主义的社会本质论的伦理学思维过分强调“本质”的思想，强调社会价值领域内集体主义对个人主义的至上性的思想，势必造成对人的个性的挤压，随之出现了假道德、泛道德的现象。这些因素综合在一起，加速了德性伦理传统的断裂。

三　德性伦理传统资源的现代转化

西方德性伦理传统的断裂是西方社会现代化过程中的客观事实。麦金太尔主张“回归亚里士多德传统”不能使西方社会走出现代性的道德困境，他的这一思路同样也不能解决我国的道德建设中出现的德性失落的问题。因为，一方面，中国德性伦理失落有自己独特的理论原因和社会现实。另一方面，中国的现代化并不一定非要以德性的失落为代价，中国有着深厚的德性资源，在一种道德类型学的意义上，中国并没有出现规范伦理与德性伦理分离的现象，中国儒家德性伦理本质上就是一种完整意义上的伦理学，即是德性与规范的统一。①但是这并不意味着他的这一思路就完全没有可资借鉴之处，至少他重视德性与传统的思维是值得我们认真加以审视的。

儒家传统德性的思想形成、发展及其作用的发挥有着特殊的社会结构与社会体制，它是以封建的等级社会结构和自然经济的经济制度为基础的。这样的社会结构、经济基础和文化土壤在现代社会已经不具有普遍性或主导性。但是，这并不意味着传统的德性资源对于生活在现代社会中的人们就没有意义可言。“传统之所以会发展，是因为那些获得并且继承了传统的人，希望创造出更真实、更完美、或更便利的东西。”②这就意味着，要使德

① 参见詹世友《孟子道德学说的美德伦理特征及其现代省察》，《道德与文明》2008 年第 3 期。戴兆国：《心性与德性：孟子伦理思想的现代阐释》，安徽人民出版社 2005 年版，第 245 页。

② [美] 希尔斯：《论传统》，傅铿、吕乐译，上海人民出版社 1991 年版，第 19 页。

性所蕴含的道德原理和道德智慧在现代社会生活中发挥作用，使它成为滋养和培育现代个体德性的思想沃土，就必须根据现代社会及其发展的客观要求，对传统德性进行创造性的现代转化。

这种转化涉及的问题是多方面的和复杂的，大致说来主要有以下几个问题：一是传统德性资源为什么要转化，即它实现现代转化的必要性问题；二是传统德性资源能否转化，即它实现现代转化的可能性问题；三是传统德性资源向哪里转化，即它的现代转化的指向问题；四是传统德性资源如何转化，即它的现代转化的方式问题。传统德性资源转化的必要性和可能性是不言而喻的，因为它根源于现代与传统之间的内在关联性。这一点正如希尔斯教授所言："现代生活的大部分仍处在与那些从过去继承而来的法规相一致的、持久的制度之中；那些用来评判世界的信仰也是时代相传的遗产的一部分。"[①]在传统德性资源转化的必要性和可能性问题上，国内学者万俊人教授给出了理论和实践方面的理由，应该说这些理由还是相当具体和充分的。[②]这里似乎更为重要的是传统德性资源如何转化的问题。传统资源的现代转化大体上受两个方面因素的制约和影响，一方面，社会经济发展及其结构演变对转化的内容和形式起着最终的决定作用。虽然"经

① [美]希尔斯：《论传统》，傅铿、吕乐译，上海人民出版社1991年版，第32页。

② 万俊人教授给出的理由是：首先，作为中国社会两千多年的主导性伦理传统，儒家伦理不单是中华民族道德智慧的结晶，也是我们无法抛开或摆脱的传统纽带。唯一可取的方式只能是促成其现代转化，而不是简单抛弃，这是一种文化的天命。其次，我们不能简单地把儒家伦理传统看作是一块僵死的封建社会或传统社会的文化化石，它是一块活着的有生命力的文化精神，一种持续连贯的不可中断的道德谱系。儒家伦理实际上也仍然在为现代中国社会，乃至东方社会提供有益的道德文化资源，甚至在今天的世界范围内也有着现实可感的道德文化资源意义。再次，现代中国甚至整个"文化中国"的社会伦理生活经验表明，儒家伦理观念乃至具体伦理规范仍然发挥着独特持久的影响。若要取代或消除作为社会内在精神的道德伦理传统，需要创造一种新的足以替代传统的新传统。换句话说，任何新传统的创造本身也只能在旧传统基础上借助其传统资源转化而成，绝无另起炉灶而获成功的可能。尽管经过包括五四新文化运动和"文革"在内的历次社会文化运动对传统伦理的冲击，但儒家伦理作为一种传统的道德价值观念，仍然对于我们的生活有着一定的影响。万俊人教授同时指出，儒家伦理的现代转化体现在三个方面：社会伦理精神或价值观念的再生；社会伦理生活传统的经验转变；社会伦理秩序的整体转化。参见万俊人《现代性的伦理话语伦理》，黑龙江人民出版社2002年版，第252—254页。

济在这里并不重新创造出任何东西，但是它决定着现有思想材料的改变和进一步发展的方式”[①]。另一方面，这种转化又总是从已有的思想材料出发，形成一个相对独立的、前后相继的连续转化过程。关于这两个方面，转化的基本形式有两种，一种是“破旧立新”的形式，一种是“推陈出新”的形式。前者表现了经济社会变革引发的思想观念变化的事实，后者表现了思想观念转换的相对独立性的事实。前者本质上不是转化问题，而是替代的问题。从严格的意义上来说，后者才是一个转化的问题。

关于德性伦理在现代社会的生存问题，这里只给出一个粗浅的看法。现代社会从“公共生活领域”向“私人生活领域”的结构转型，[②]并非意味着德性伦理就没有存在的空间，或者说，德性伦理只是一种前现代的伦理形态，已经丧失了生命力而无法适应现代社会。事实上，德性作为人的一种精神品质状态，它镶嵌在人的生命中，是个体人格中永远无法消除的因素。就现代社会来说，现代人的生活离不开各种各样的共同体，现代人道德生活的很大部分必然也是通过各种各样的伦理共同体来进行的。现代市场经济、民主政治和现代文化为真正意义上的伦理共同体的建构提供了平台，随着人们交往空间的扩大和交往程度的提高，随着现代社会分工的复杂化和精密化，社区共同体、职业共同体等越来越成为现代人德性养成和实践的重要场所。在现代社会，传统意义上的家族共同体的形式已经基本消失，家庭或家族不可能成为现代伦理共同体的范型，但家庭或家族仍是培育和养成德性的社会细胞之一，对现代德性的形成与发展还是具有很大的影响的。从这个意义上来说，以麦金太尔和桑德尔等人为代表的社群主义的理论主张还是具有相当的生命力的。

---

① 《马克思恩格斯选集》（第 4 卷），人民出版社 1995 年版，第 704 页。

② ［德］哈贝马斯：《公共领域的结构转型》，曹卫东等译，学林出版社 2004 年版。

最后需要交代的一个问题是，本书所讨论的是西方德性伦理传统的相关话题，但是我们把讨论的重点放在了古希腊，对于德性伦理传统的刻画，主要还是在亚里士多德意义上进行的。这一点，无论是对亚里士多德德性论本身的批判还是麦金太尔“回归亚里士多德主义”的批判上，都体现得比较明显。就此而言，我们似乎对希腊化罗马时期的德性观没有给予足够的重视，只是为了逻辑上的需要，对其做了一个必要的交代。当然这样做也是有客观原因的，一方面，希腊化罗马时期道德观念并非麦金太尔所说的属于亚里士多德德性传统的构成部分，在他的几部关于德性论的作品中也没有出现对这一时期道德生活的描述和评论。另一方面，这一时期律法主义的倾向明显占支配地位。换句话说，在希腊化罗马时期社会秩序的整饬上，法律是最为主要的调节方式，这与当时的社会环境是相适应的。这一变化可能是古希腊德性伦理延续过程中出现裂痕的一个非常重要的因素，而对这个问题我们没有去做进一步的讨论。事实上，在古希腊罗马后期，希腊哲学的理性精神、罗马的法制精神和希伯来民族的宗教伦理精神整合而融汇为中世纪的基督教文明，哲学和神学携手成为支配世界秩序和人类生活的基本原则，而这也是整个西欧文明的精神资源和基本内核。

结语的内容交代了与本书相关的两个主要问题，一是本书只是涉及了多元视角中德性伦理研究的部分内容；另一个是通过文化意义上的比较，从对中国德性伦理传统相关问题的研究中延伸出一种思考当代道德实践中德性伦理的地位、传统德性伦理转化的有效方式。如此来说，德性伦理的研究还是一个开放的课题。

主要参考文献

（一）著作类

[1]［古希腊］亚里士多德：《尼各马可伦理学》，廖申白译注，商务印书馆 2003 年版。

[2]［古希腊］亚里士多德：《形而上学》，吴寿春译，商务印书馆 1959 年版。

[3]［古希腊］亚里士多德：《政治学》，颜一等译，中国人民大学出版社 2003 年版。

[4]［古希腊］色诺芬：《回忆苏格拉底》，吴永泉译，商务印书馆 1997 年版。

[5]［古希腊］修昔底德：《伯罗奔尼撒战争》，徐松岩译，广西师范大学出版社 2004 年版。

[6]［古希腊］柏拉图：《柏拉图全集》（第 1 卷），王晓朝译，人民出版社 2002 年版。

[7]［古希腊］柏拉图：《柏拉图全集》（第 3 卷），王晓朝译，人民出版社 2002 年版。

[8]［古希腊］柏拉图：《柏拉图的〈会饮〉》，刘小枫等译，华夏出版社 2003 年版。

[9]［古希腊］柏拉图：《理想国》，郭斌和、张竹明译，商务印书馆2002年版。

[10]［古希腊］荷马：《荷马史诗：伊利亚特》，陈中梅译，中国戏剧出版社2005年版。

[11]［古罗马］奥古斯丁：《上帝之城》，王晓朝译，人民出版社2006年版。

[12]［古罗马］奥古斯丁：《忏悔录》，周士良译，商务印书馆1963年版。

[13]［西］巴尔塔沙·葛拉西安：《智慧书》，李汉昭译，哈尔滨出版社2004年版。

[14]［法］卢梭：《社会契约论》，何兆武译，商务印书馆1980年版。

[15]［法］卢梭：《爱弥尔》，李平沤译，商务印书馆1981年版。

[16]［法］韦尔南：《希腊思想的起源》，秦海鹰译，生活·读书·新知三联书店1996年版。

[17]［法］齐格蒙特·鲍曼：《后现代伦理学》，张成岗译，江苏人民出版社2003年版。

[18]［法］利奥塔：《后现代性与公正游戏》，谈瀛洲译，上海人民出版社1997年版。

[19]［法］涂尔干：《社会分工论》，渠敬东译，生活·读书·新知三联书店2000年版。

[20]［法］霍尔巴赫：《自然的体系》（上卷），管士滨译，商务印书馆1963年版。

[21]［英］基托：《希腊人》，徐卫翔，黄韬译，上海人民出版社2006年版。

[22]［英］伯林：《自由论：〈自由四论〉扩充版》，胡传胜译，译林出

版社 2005 年版。

[23]［英］边沁：《道德与立法原理导论》，时殷弘译，商务印书馆 2000 年版。

[24][英] 休谟：《人性论》（上卷），关文运译，商务印书馆 1980 年版。

[25][英] 休谟：《人性论》（下卷），关文运译，商务印书馆 1980 年版。

[26]［英］休谟：《道德原则研究》，曾小平译，商务印书馆 2001 年版。

[27]［英］吉登斯：《现代性：吉登斯访谈录》，尹宏毅译，新华出版社 2001 年版，

[28]［英］吉登斯：《现代性与自我认同》，赵旭东译，生活·读书·新知三联书店 1998 年版。

[29]［英］安东尼·吉登斯：《现代性的后果》，田禾译，译林出版社 2006 年版。

[30]［英］约翰·密尔：《功用主义》，唐钺译，商务印书馆 1957 年版。

[31]［英］约翰·密尔：《论自由》，程崇华译，商务印书馆 1959 年版。

[32]［英］西季威克：《伦理学方法》，廖申白译，中国社会科学出版社 1993 年版。

[33]［英］罗素：《西方哲学史》（上卷），何兆武等译，商务印书馆 1963 年版。

[34]［英］梅因：《古代法》，沈景一译，商务印书馆 1984 年版。

[35]［美］格里芬：《后现代精神》，王成兵译，中央编译出版社 1998 年版。

[36]［美］丹尼尔·贝尔：《社群主义及其批评者》，李琨译，商务印书馆 2002 年版。

[37]［美］丹尼尔·贝尔：《资本主义文化矛盾》，赵一凡等译，生活·读书·新知三联书店 1989 年版。

[38]［美］弗兰克纳：《善的求索》，黄伟合等译，辽宁人民出版社1987年版。

[39]［美］彼彻姆：《哲学的伦理学》，雷克勤等译，中国社会科学出版社1990年版。

[40]［美］希尔斯：《论传统》，傅铿，吕乐译，上海人民出版社1991年版。

[41]［美］杜威：《哲学的改造》，许崇清译，商务印书馆1958年版。

[42]［美］麦金太尔：《伦理学简史》，龚群译，商务印书馆2003年版。

[43]［美］麦金太尔：《谁之正义？何种合理性？》，万俊人等译，当代中国出版社1996年版。

[44]［美］麦金太尔：《德性之后》，龚群等译，中国社会科学出版社1995年版。

[45]［美］凯尔纳、贝斯特：《后现代理论》，张志斌译，中央编译出版社2001年版。

[46]［美］罗尔斯：《正义论》，何怀宏等译，中国社会科学出版社2001年版。

[47]［美］罗尔斯：《政治自由主义》，万俊人等译，译林出版社2000年版。

[48]［美］罗尔斯：《道德哲学史讲义》，张国清译，生活·读书·新知三联书店2003年版。

[49]［美］威尔·杜兰：《世界文明史：文艺复兴》，东方出版社1998年版。

[50]［美］桑德尔：《自由主义与正义的局限性》，万俊人等译，译林出版社2001年版。

[51]［美］康芒斯：《制度经济学》（上卷），于树生译，商务印书馆

1994 年版。

[52]［美］德沃金：《认真对待权利》，信春鹰等译，中国大百科全书出版社 1998 年版。

[53]［意大利］加林：《意大利人文主义》，李玉成译，生活·读书·新知三联书店 1998 年版。

[54]［瑞士］布克哈特：《意大利文艺复兴时期的文化》，何新译，商务印书馆 1991 年版。

[55]［德］哈贝马斯：《现代性的哲学话语》，曹卫东等译，译林出版社 2004 年版。

[56]［德］哈贝马斯：《公共领域的结构转型》，曹卫东等译，学林出版社 2004 年版。

[57]［德］韦伯：《新教伦理与资本主义精神》，于晓等译，陕西师范大学出版社 2006 年版。

[58]［德］文德尔班：《哲学史教程》（上卷），罗达仁译，商务印书馆 1987 年版。

[59]［德］白舍客：《基督教宗教伦理学》（第 1 卷），静也等译，生活·读书·新知三联书店 2002 年版。

[60]［德］白舍客：《基督教宗教伦理学》（第 2 卷），静也等译，生活·读书·新知三联书店 2002 年版。

[61]［德］包尔生：《伦理学体系》何怀宏等译，中国社会科学出版社 1988 年版。

[62]［德］柯武刚：《制度经济学》，韩朝华译，商务印书馆 2002 年版。

[63]［德］康德：《历史理性批判文集》，何兆武译，商务印书馆 2005 年版。

[64]［德］康德：《道德形而上学原理》，苗力田译，上海人民出版社

2002 年版。

[65]［德］康德：《实践理性批判》，邓晓芒译，人民出版社 2003 版。

[66]［德］策勒尔：《古希腊哲学史纲》，翁绍军译，山东人民出版社 1996 年版。

[67]［德］黑格尔：《历史哲学》，王造时译，商务印书馆 1956 年版。

[68]［德］黑格尔：《法哲学原理》，范扬、张企泰译，商务印书馆 1961 年版。

[69]［德］黑格尔：《哲学史讲演录》（第 1 卷），贺麟等译，商务印书馆 1995 年版。

[70]［德］黑格尔：《哲学史讲演录》（第 2 卷），贺麟等译，商务印书馆 1995 年版。

[71]［德］黑格尔：《哲学史讲演录》（第 3 卷），贺麟等译，商务印书馆 1995 年版。

[72]［德］斐迪南·滕尼斯：《共同体与社会》，林荣远译，商务印书馆 1999 年版。

[73]《马克思恩格斯选集》（第 1 卷），人民出版社 1995 年版。

[74]《马克思恩格斯选集》（第 4 卷），人民出版社 1995 年版。

[75]《马克思恩格斯全集》（第 42 卷），人民出版社 1979 年版。

[76]《马克思恩格斯全集》（第 46 卷，上册），人民出版社 1979 年版。

[77]《圣经》（和合本），2009 年。

[78]《李觏集》，中华书局 1981 年版。

[79]《新编剑桥世界近代史》（第 1 卷），中国社会科学出版社 1988 年版。

[80] 万俊人：《比照与透析：中西伦理学的现代视野》，广州：广东人民出版社 1998 年版。

[81] 万俊人：《伦理学新论：走向现代伦理》，中国青年出版社 1994

年版。

[82] 万俊人：《寻求普世伦理》，商务印书馆 2001 年版。

[83] 万俊人：《现代性的伦理话语》，黑龙江人民出版社 2002 版。

[84] 王岳川、尚水主编：《后现代主义文化与美学》，北京大学出版社 1992 年版。

[85] 王晓朝：《希腊哲学简史：从荷马到奥古斯丁》，生活·读书·新知三联书店 2007 年版。

[86] 冯作民：《西洋全史》（卷三），台北：燕京文化事业股份有限公司，1979 年版。

[87] 冯契：《冯契文集·人的自由和真善美》，华东师范大学出版社 1997 年版。

[88] 包利民：《生命与逻各斯：希腊伦理思想史论》，东方出版社 1996 年版。

[89] 包利民：《现代性价值辩证论》，学林出版社 2000 年版。

[90] 北大西语系编：《从文艺复兴到十九世纪资产阶级文学家艺术家有关人道主义人性论选辑》，商务印书馆 1971 年版。

[91] 北京大学哲学系编译：《十八世纪法国哲学》，商务印书馆 1963 年版。

[92] 卢风：《启蒙之后》，湖南大学出版社 2003 年版。

[93] 田薇：《信仰与理性：中世纪基督教文化的兴衰》，河北大学出版社 2001 年版。

[94] 石元康：《从中国文化到现代性典范转移》，生活·读书·新知三联书店 2000 年版。

[95] 任剑涛：《中国现代思想脉络中的自由主义》，北京大学出版社 2004 年版。

[96] 刘小枫：《现代性社会理论绪论：现代性与现代中国》，生活·读书·新知三联书店1998年版。

[97] 刘小枫选编：《舍勒选集》（下卷），生活·读书·新知三联书店1999年版。

[98] 成中英：《文化、伦理与管理》，贵州人民出版社1991年版。

[99] 朱学勤：《道德理想国的覆灭：从卢梭到罗伯斯庇尔》，生活·读书·新知三联书店2003年版。

[100] 朱贻庭：《中国传统伦理思想史》，华东师范大学出版社1989年版。

[101] 牟博主编：《中西哲学比较卷》，商务印书馆2002年版。

[102] 何怀宏：《公平的正义：解读罗尔斯〈正义论〉》，山东人民出版社2002年版。

[103] 何怀宏：《良心论：传统良知的社会转化》，生活·读书·新知三联书店1993年版。

[104] 何怀宏：《底线伦理》，辽宁人民出版社1998年版。

[105] 何怀宏：《契约伦理与社会正义》，中国人民大学出版社1993年版。

[106] 宋希仁主编：《西方伦理思想史》，中国人民大学出版社2004年版。

[107] 李佑新：《走出现代性道德困境》，人民出版社2006年版。

[108] 李秀林：《辩证唯物主义和历史唯物主义原理》，中国人民大学出版社1995年版。

[109] 杨伯俊：《论语译注》，中华书局2005年版。

[110] 杨伯俊：《孟子译注》，中华书局2005年版。

[111] 杨国荣：《伦理与存在：道德哲学研究》，上海人民出版社2002年版。

[112] 汪子嵩、范明生等：《希腊哲学史》（第1卷），人民出版社1997年版。

[113] 汪子嵩、范明生等：《希腊哲学史》（第 2 卷），人民出版社 1997 年版。

[114] 汪子嵩、范明生等：《希腊哲学史》（第 3 卷），. 人民出版社 1997 年版。

[115] 汪晖、陈燕谷主编：《文化与公共性》，生活 · 读书 · 新知三联书店 1998 年版。

[116] 陈根法：《德性论》，上海人民出版社 2004 年版。

[117] 陈真：《当代西方规范伦理学》，南京师范大学出版社 2006 年版。

[118] 周辅成：《西方伦理学名著选辑》（上卷），商务印书馆 1964 年版。

[119] 周辅成：《西方伦理学名著选辑》（下卷），商务印书馆 1964 年版。

[120] 罗国杰：《伦理学》，人民出版社 1989 年版。

[121] 苗力田主编：《大伦理学》，徐开来译，中国人民大学出版社 1994 年版。

[122] 苗力田主编：《优台谟伦理学》，徐开来译，中国人民大学出版社 1994 年版。

[123] 范明生：《晚期希腊哲学和基督教神学》，上海人民出版社 1993 年版。

[124] 金生鈜：《德性与教化》，湖南大学出版社 2003 年版。

[125] 俞可平：《社群主义》，中国社会科学出版社 2005 年版。

[126] 俞吾金：《现代性现象学》，上海社会科学院出版社 2002 年版。

[127] 赵汀阳：《论可能生活》，中国人民大学出版社 2004 年版。

[128] 赵林：《神旨的感召：西方文化的传统与演进》，武汉大学出版社 1993 年版。

[129] 赵敦华：《基督教哲学 1500 年》，人民出版社 1994 年版。

[130] 徐向东：《自我、他人与道德：道德哲学导论》（上册），商务印

书馆 2007 年版。

[131] 徐向东：《美德伦理与道德要求》，江苏人民出版社 2007 年版。

[132] 顾肃：《自由主义基本理念》，中央编译出版社 2003 年版。

[133] 高兆明：《存在与自由：伦理学引论》，南京师范大学出版社 2004 年版。

[134] 高国希：《走出伦理困境》，上海社会科学院出版社 1996 年版。

[135] 高国希：《道德哲学》，复旦大学出版社 2005 年版。

[136] 高恒天：《道德与人的幸福》，中国社会科学出版社 2004 年版。

[137] 崔宜明：《道德哲学引论》，上海人民出版社 2006 年版。

[138] 焦国成：《中国伦理学通论》（上册），山西教育出版社 1997 年版。

[139] 程志敏：《荷马史诗导读》，华东师范大学出版社 2007 年版。

[140] 詹世友：《道德教化与经济技术时代》，江西人民出版社 2002 年版。

[141] 戴兆国：《心性与德性：孟子伦理思想的现代阐释》，安徽人民出版社 2005 年版。

（二）论文类

[1] 万俊人：《“德性伦理”与“规范伦理”之间和之外》，《神州学人》1995 年第 12 期。

[2] 任剑涛：《向德性伦理回归：解读“化理论为德性”》，《学术月刊》1997 年第 3 期。

[3] 龚群：《回归共同体主义与拯救德性》，《哲学动态》1998 年第 6 期。

[4] 肖群忠：《规范与美德：现代伦理的合理选择》，《西北师范大学学报》1999 年第 5 期。

[5] 杨国荣：《论道德系统中的德性》，《中国社会科学》2000 年第 3 期。

[6] 詹世友：《对道德德性的哲学分析》，《人文杂志》2001 年第 2 期。

[7] 杨清荣：《略论制度伦理与德性伦理的关系》，《道德与文明》2001 年第 6 期。

[8] 赵士辉：《制度伦理之我见》，《道德与文明》2001 年第 6 期。

[9] 戴兆国：《德性伦理何以可能》，《南京晓庄学院学报》2002 年第 1 期。

[10] 吕耀怀：《道德建设：从制度伦理，伦理制度到德性伦理》，《学习与探索》2002 年第 2 期。

[11] 杨育民：《德性与制度化规则》，《人文杂志》2002 年第 2 期。

[12] 万俊人：《制度伦理与当代伦理学范式转移》，《浙江学刊》2002 年第 4 期。

[13] 崔宜明：《规范论与美德论》，《华东师范大学学报》2002 年第 5 期。

[14] 任剑涛：《德性伦理、自由社会与美好生活》，《宁波市委党校学报》2003 年第 1 期。

[15] 刘余莉：《西方美德伦理学的当代复兴》，《玉溪师范学院学报》2003 年第 1 期。

[16] 龚群：《德性思想的新维度》，《哲学动态》2003 年第 7 期。

[17] 高国希：《当代西方道德：挑战与出路》，《学术月刊》2003 第 9 期。

[18] 寇东亮：《现代性道德困境的理论表现与理论根源》，《延安大学学报》2004 年第 2 期。

[19] 高国希：《当代西方的德性伦理学运动》，《哲学动态》2004 年第 5 期。

[20] 肖群忠：《道德究竟是什么》，《西北师大学报》，2004 年第 6 期。

[21] 寇东亮：《论现代性伦理学的完型》，《广西大学学报》2005 年第 3 期。

[22] 张传有：《托马斯：德性伦理学向规范伦理学转化的中介》，《华中科大学报》2005 年第 5 期。

[23] 肖群忠：《美德诠释与美德伦理学研究》，《广西民族大学学报》2006 年第 5 期。

[24] 詹世友：《论美德的特征及其意义》，《道德与文明》2006 年第 2 期。

[25] 黄显中：《伦理话语中的古希腊城邦》，《北方论丛》2006 年第 3 期。

[26] 寇东亮：《德性概念的三层内涵》，《理论与现代化》2006 年第 6 期。

[27] 陈泽环：《多元视角中的德性伦理学》，《道德与文明》2008 年第3期。

[28] 詹世友：《孟子道德学说的美德伦理特征及其现代省思》，《道德与文明》2008 年第 3 期。

[29] 万俊人：《关于美德伦理学研究的几个理论问题》，《道德与文明》2008 年第 3 期。

[30] 万俊人：《美德伦理的现代意义》，《社会科学战线》2008 年第 5 期。

（三）英文类

[1] G.E.M.Anscomber, *Modern Moral Philosophy*, 1958.

[2] Carol Gilligan, *In a Different Voice*, Mass: Harvard University Press, 1982.

[3] Nell Noddings, *A Freminine Approach to Ethics and Moral Education*, University of California Press, 1984.

[4] Walter Schalle, "Are Virtue No More Than Dispositions to Obey Moral Rules?" in *Philosophia* 20, July 1990.

[5] Michele Lynn Svatos, *The Structure of Virtue Ethics*, 1994.

[6] Giovanna Borrsdori, *The American Philosopher*, The University of Chicago Press, 1994 .

[7] Daniel Statman, *Virtue Ethics*, Edinburgh university, 1997.

[8] Rosalind Hursthouse, *On Virtue Ethics*, Oxfod, 1999.

[9] Michael Slote, *Morality From Motives*, New York: Oxford University Press, 2001.

[10] Christine Swanton, "A Virtue Ethical Account of Right Action" in *Ethics*, Volume 112, No.1, October 2001.

[11] Onora O'Neill, *Towards Justice and Virtue*, Cambridge, 2002, digital

[12] William Frankena: "A Critique of Virtue-based Ethical Ethics" in Louis Pojam, ed.*Ethical Theory: Classical and Contemporary Readings*, CA:Wadsworth, 2002.

[13] C.H.Haskins, *The Renaissance of the Twelfth Century*, Cambridge, U.S.A1927.

[14] Printing. JohnE.Rexine, *The Concept of the Hero, in Kostas* Myrsiades(ed.), *Approaches to Teaching Homer's Iliad and Odyssey*.

后记

大学学习期间，在任万明老师的引导下，我对伦理学产生了浓厚的学习兴趣。2002年本科毕业，继续留在母校西北师范大学攻读伦理学专业硕士研究生。令人非常开心的是，西北师范大学伦理学专业的导师们有着深厚的学术功底和极高的敬业精神。三年的硕士学习中，恩师王翠英教授给予了我生活上的热心帮助和学业上的悉心指导。李朝东、陈晓龙、肖群忠、范鹏、李育红诸位教授在伦理学知识的传授中亦不断引导我们善品格的生成。

2005年硕士研究生毕业之际，又非常幸运地考取了中南大学伦理学专业博士研究生，师从吕耀怀教授研读西方伦理思想。在美丽的中南大学生活、学习期间，感受了老师和同学太多的善意和关爱。中南大学伦理学学科创始人、德高望重的曾钊新教授豁达的性格和对生活的超然态度，让我感受到他智慧的非凡。李建华教授激情的课堂演讲、对学术问题的睿智洞悉、生活中的幽默风趣、性格上的平易近人以及他对我的信任和鼓励是需要我终生去感受的。吕锡琛教授严谨的治学态度、优雅的学者风范、谦逊的人格魅力，都是我们这些后辈需要学习的。曹刚教授富有启发性的讲解每每使我们茅塞顿开，如坐春风！和左高山教授一起研读亚里士多德、休谟和康德的伦理思想中，迷惘之处，多蒙指点，获益颇多，那段日子也是非常令人怀念的。

德性伦理是近些年来引起伦理学界高度重视的研究范式之一，属于学科前沿问题。我硕士学位论文主要是对德性价值的研究。记得博士入学初，恩师吕耀怀教授亲临学校寝室看望我，关心我的学习和生活情况，让人倍受感动。吕老师早有对德性伦理系统研究的学术打算，他在对我博士期间学习整体规划的同时，建议我的博士论文在西方德性伦理领域选题。三年博士学习期间，恩师传道、授业、解惑，启发我如何化理论为德性。博士论文在匿名评审中，获得了国内五个专家全优的评价。没有吕老师的鼓励和帮助，我自己是没有勇气承担这一研究课题的。在此，向曾经付出辛勤劳动的老师们表示衷心的感谢！

本书是在我博士论文的基础上修改而成的。修改过程中，采纳了博士论文答辩中焦国成教授、李建华教授、廖小平教授、吕锡琛教授、曹刚教授、龙兴海教授提出的宝贵意见。本书始终坚持历史与逻辑相一致的原则，对西方德性伦理的内在逻辑、内在精神、现代命运等做了比较合理的把握。从思想文化和社会历史两个方面，对传统德性伦理失落的原因做了相对周延的考察和说明。从现代性精神理念入手，在对现代性道德理论图式生成言说的基础上，对规范伦理与德性伦理各自的理论限度做了讨论，探索出了一条超越德性与规范对峙的思路：从制度伦理走向德性伦理。在对制度伦理与德性伦关系的辨证考察中，确证了道德建设的地位和程序问题。本书侧重于对西方德性伦理传统失落原因的纵向探究。事实上，德性伦理的研究还涉及到更为深入和具体的领域。由于作者学识有限，本书纰误在所难免，期盼读者批评指正，同时真诚希望有更多的学界同仁提供更好的德性伦理的研究成果。

我院两届领导一直鼓励教师积极从事科学研究，余龙进教授给予我生活上的关心和工作中的帮助是需要我铭记在心的。中国社会科学出版社哲学宗教与社会学出版中心的凌金良老师和他的同事们为本书的出版付出了辛勤的劳动，在书稿编辑、修改、出版的过程中，凌老师的热心、耐心、细心让我倍感温暖。本书出版得到了教育部人文社会科学青年项目、杭州师范大学人文社会科学振兴计划“望道青年学者激励项目”和杭州市重点学科建设项目“思想政治教育”的资助，在此一并表示衷心的感谢。

最后，要感谢我的父母亲人多年来给我的无私关爱！感谢我妻子丁飞女士对我工作的支持，她的宽容、温贤、善良品质永远具有人性的魅力。我想，在这个充满有限性的世界上，只有感恩的生活才是无穷的。

胡祎赟

2008 年 6 月 28 日初稿于长沙岳麓山下

2015 年 6 月 20 日定稿于杭州运河人家